ISO 45001 / KS Q ISO 45001

안전보건경영시스템
운영 매뉴얼

장종경 편저

머 리 말

    2002년부터 현재까지 안전보건경영시스템 심사원으로 활동하면서 사업장에서 느낀 안전관리 현주소를 되돌아보면, 안전이라는 단어는 언제나 강조되어 오던 말이지만 최근 들어 더 자주 듣게 되는 것 같습니다. 우리나라는 지금 세계 10대 경제대국이 될 만큼 위상이 높아졌지만 이에 걸맞는 사회제도 특히 안전사고에서는 아직도 선진국 수준에 미치지 못함은 부정할 수 없는 현실입니다.

    현재 안전보건경영시스템을 구축하여 운영하는 일부 사업장에서 흔하게 놓치고 있는 안전관리사항을 정리하면 다음과 같이 네 가지로 요약해 볼 수 있습니다.

    첫째, 산업현장의 안전관리체계가 현실적이지 못하다는 것입니다.
ISO에서 제정한 안전보건경영시스템은 안전경영을 위한 최소한의 요구사항임에도 불구하고 사업장에서 적절하게 시스템을 구축하지 못하고 형식에 치우치는 경우가 허다한 것이 현실입니다.

    사업장 자체의 안전경영을 위하여 체계적으로 관리하는 곳이 더 많겠지만 때로는 고객 등 이해관계자가 인증을 원하니까 또는 사업상의 필요성을 충족하기 위하여 인증을 취득하는 경우도 없지 않고 이런 사업장에서 부실한 관리로 사고를 내는 것은 아닌지에 대해서 다시 한 번 점검해 볼 필요가 있습니다.

    둘째, 정해진 절차(문서)에 대한 철저한 이행이 부족하다는 것입니다.

    안전보건경영시스템의 심사는 회사가 정한 절차(문서)에 대한 충족성 여부를 객관적인 증거에 의하여 확인하는 일인데, 일부 사업장에서는 절차와 실제가 부합하지 못하는 경우가 발견되는데 이에 대한 원인은 여러 가지가 있다고 봅니다.

    즉 안전보건경영시스템을 구축할 때 사업장에서 시행하고 있는 관행을 충분히 반영하지 못한 것과 안전보건경영시스템에 대한 변경사항이 발생된 경우에도 시행 중인 시스템을 개정해주지 않아 절차와 실제가 상이하게 수행되는 것으로 봅니다.

    회사가 구축한 절차는 변경하지 못하는 철칙이 아니라 살아있는 시스템 문서가 되려면 변화가 생길 때마다 현실에 부합될 수 있게 개정해 주어야하겠지만 그럴 형편이 못될지라도 최소 연1회 이상 주기적으로 문서를 검토하여 보완하는 것이 좋을 것입니다.

    셋째, 이론에 앞서 실천이 우선되어야 합니다.

    산업안전보건법에 따르면, 근로자는 사업주가 제공해주는 해당 안전보호구를 착용하고 작업하여야 하나 불편하다는 등 갖가지 이유로 보호구를 착용하지 않는 사례를 자주 접하게 됩니다.

또 사업장에서 많은 비용을 들여 안전보호장치를 설치하였으나 작업과정에서 보호장치를 해체하거나 무력화시키는 경우도 가끔 볼 수 있는데, 만약의 경우 부주의나 실수로 인하여 다치는 것은 근로자 자신임을 한 번 더 생각해주면 좋겠습니다.

관리자도 예외는 아니라고 봅니다. 근로자에게 안전규정을 준수하고 안전하게 작업을 하라고 교육이나 현장 순찰을 통하여 독려하고 있지만 정작 자신들은 모범을 보이지 않는 현상을 자주 보게 됩니다.

경기도 소재의 한 회사에서 확인한 사항을 예를 들면, 이 사업장에는 여러 곳에 횡단보도가 설치되어 있는데 전 사원은 물론 경영자까지 횡단보도를 벗어나 보행하는 것을 볼 수가 없었습니다. 이렇게 전 임직원이 기본적인 안전기준을 철저하게 준수한 결과 현재 무재해기록이 20배수 이상을 달성하고 있는 것에서, 안전은 작은 것이라도 기본의 실천이 중요함을 보여주는 좋은 사례라고 봅니다.

넷째, 안전에 대한 전문지식의 결여라고 봅니다.

산업안전보건법에 사업주는 근로자에게 여러 종류의 교육을 시행하도록 요구하고 있는데 근로자가 바쁘거나 생산에 지장이 있다는 등의 이유로 법에서 정한 시간만큼 실질적인 교육을 시키지 못하는 것도 현실입니다. 그리고 안전보건 방침, 위험성평가결과, 안전보건시스템 문서, 안전보건 목표 및 안전보건 법규 요구사항에 대하여 해당 근로자에게 적절하게 교육시키는 것은 물론 안전관리에 대한 전문지식을 체계적으로 교육할 수 있는 방법에 대해서도 재검토가 필요한 것 같습니다.

최근 사회적으로 안전에 대한 요구가 높아지고, 정부에서는 산업안전과 관련된 법규의 강화 및 중대재해처벌법의 시행으로 기업의 부담이 가중되는 현실을 고려할 때 안전보건경영시스템의 구축, 운영이 절실히 요구됩니다.

우리나라 안전의 역사를 살펴보면, 신라 진평왕 때 남한산성을 축성하면서 '만일 3년 이내에 성벽이 무너지면 처벌을 받고 다시 무상으로 쌓겠다'는 서약과 함께 관계한 사람들의 직책, 성명, 출신지를 새기는 소위 실명제를 통하여 안전에 대한 책임을 강화하였으며, 세종대왕은 관가에 입역 중인 산모에게 산전산후 100일 휴가를 주고, 그 남편에게도 30일간의 휴가를 주었던 것을 생각해보면 조상의 안전 정신을 계승하지 못한 부끄러움을 감출 수 없습니다.

안전제일이라는 말을 사업장에서 자주 듣게 되는데 말로 하는 안전제일이 아닌 실제적인 안전제일의 경영이 요구됩니다. 미국의 US Steel의 케리 사장이 1906년부터 1912년까지 회사경영을 품질제1, 생산제2, 안전제3에서 안전제1, 품질제2, 생산제3으로 바꿔서 6년간 운영한 결과 중대사고를 43.2% 감소하여 회사의 생산성 향상과 안전사고 감소로 회사를 회생시킨 것이 안전제일의 유래가 되었다는 사실을 새삼 생각하게 됩니다.

안전사고는 갑자기 발생하지 않습니다. 1920년대 약 50,000건의 사고사례에 대한 하인리히의 사고 사례분석결과에 의하면 300건의 무상해사고가 발생하는 동안 29건의 경미한사고와 1건의 중대 사고가 발생했다는 조사결과를 발표했습니다. 즉 사소한 사고가 자주 발생한다는 것은 중대사고가 발생할 가능성이 그만큼 높아진다는 말이 됩니다. 사고는 사전에 조짐을 보이며 발생하기 때문에 산업현장에서 발생하는 사소한 사고를 가볍게 넘길 경우 더 중대한 사고가 일어날 수 있음을 명심하고 적절한 관리가 필요하다는 것입니다.

제가 ISO업무와 인연을 맺은 1992년 말 당시 근무하던 회사에서 ISO 9001(품질보증시스템)의 인증추진팀장 업무를 맡아서 1993년 인증을 취득한 후, 1999년 퇴사할 때까지 실무에서 ISO시스템의 운영경험을 쌓았습니다. 이 과정에서 배운 지식을 토대로 1999년부터는 ISO인증을 준비하는 사업장에 컨설팅도 하고, 심사원으로서 많은 활동을 수행했고, 연수기관에서 심사원 양성교육 등을 하면서 ISO경영시스템의 구축, 유지 및 관리에 관련된 현황도 파악할 수 있었으며, 심사원자격시험도 관리하는 등 오랜 기간 동안 다양한 ISO업무를 수행해 왔습니다.

지금도 산업현장에서 ISO업무 때문에 스트레스를 받거나 어떻게 해야 할지를 고민하고 있는 많은 담당자와 관련자들을 생각하면서 조금이라도 빨리 저의 경험이 전달되어 그분들의 고민해결에 보탬이 되기를 바라는 마음입니다.

생산현장에서 경험했던 노하우와 심사와 컨설팅 및 강의과정에서 느꼈던 바를 언젠가는 많은 관계자와 공유하고 싶었으나 컨설팅, 강의가 지속되는 현실에서 따로 시간을 내어 준비하지 못했던 것을 코로나19로 활동에 제약이 생기면서 오히려 용기와 시간을 내게 되었고 2년여의 준비기간을 거쳐 이제야 그 결실을 맺게 되었습니다.

이 책은 ISO업무를 처음 접하거나 실무를 담당하는 사람들의 궁금증 해소와 시행착오를 줄이는데 조금이라도 도움을 주기 위하여 사업장 경력, 심사 및 컨설팅 등 그간의 경험한 사례를 중심으로 총 5장 및 부록으로 내용을 구성하였습니다.

1장은 ISO 45001의 요구사항에 대한 해설과 시스템 구축을 위하여 준비해야할 사항 및 심사에서 발견된 사항에 대하여,

2장은 문서화된 정보에 대한 설명과 매뉴얼과 절차서 작성 방법에 대하여,

3장은 위험성평가의 종류와 4M, KRAS 및 HAZOP 평가방법에 대하여,

4장은 안전보건기준에 관한 규칙을 중심으로 안전보건 운영관리에 대하여,

5장은 내부심사의 수행 절차 및 방법에 대하여,

부록에는 시스템 구축 및 운영에 필요한 양식을 정리했습니다.

안전보건경영시스템 운영 매뉴얼에서 언급하고 있는 사항이 모두가 정답은 아니라고 봅니다. 개인마다 생각이 다를 수 있고 업종이나 규모 등이 다를 수 있기 때문에 그냥 중견기업 정도의 기업수준으로 생각하시고 참조하시기 바랍니다.

그리고 이 책이 나올 수 있게 많은 조언과 협조를 아끼지 않았던 동료 심사원들과 자료수집에 도움을 주신 산업체 관계자분들께 이 자리를 빌어 특별히 감사드리며, 그 외에도 다운샘출판사의 김영환 사장님, 관련 직원들과 물심양면으로 도움을 주신 분들께 무한의 감사드립니다.

이번 안전보건경영시스템 운영 매뉴얼을 발간하며 나름대로 완벽을 기한다고 하였으나 일부 부족한 점이 있을 수 있으므로 독자 분들의 많은 질정을 바랍니다.

이 책이 안전보건경영시스템의 구축, 운영에 애로를 겪고 계실 분들께 많은 도움이 되기를 기원합니다.

2022. 02. 26

장 종 경

ISO 45001, KS Q ISO 45001 안전보건경영시스템 운영 매뉴얼

목 차

1장 안전보건경영시스템 (ISO 45001:2018)

가. 개요 ·· 16
- 0.1 배경 ·· 16
- 0.2 안전보건경영시스템의 목표 ·· 16
- 0.3 성공 요인 ·· 17
- 0.4 계획-실행-검토-조치 사이클 ·· 18
- 0.5 이 표준의 내용 ·· 19

나. 안전보건경영시스템 요구사항 및 사용지침 ·· 20
- 1. 적용범위 ·· 20
- 2. 인용 표준 ·· 21
- 3. 용어와 정의 ·· 21
- 4. 조직 상황 ·· 28
- 5. 리더십과 근로자 참여 ·· 35
- 6. 기획 ·· 42
- 7. 지원(support) ·· 54
- 8. 운용 ·· 64
- 9. 성과 평가 ·· 72
- 10. 개선 ·· 80

다. 부속서 A. ·· 85
- A.1 일반사항 ·· 85
- A.2 인용표준 ·· 85
- A.3 용어와 정의 ·· 85
- A.4 조직 상황 ·· 87

A.5 리더십과 근로자 참여 ·· 89
　　　A.6 기획 ··· 91
　　　A.7 지원 ··· 97
　　　A.8 운용 ··· 99
　　　A.9 성과 평가 ·· 103
　　　A.10 개선 ··· 106

2장　문서화된 정보

가. 문서화된 정보 ·· 110
　　　1. 개요 ·· 110
　　　2. 경영시스템 구성 ·· 111
　　　3. 경영시스템 문서화 ··· 111
　　　4. 문서 작성 프로세스 ·· 114

나. 매뉴얼 작성 ··· 116
　　　1. 매뉴얼 일반사항 ·· 116
　　　2. 매뉴얼(경영시스템 요소) ··· 117
　　　3. 안전보건 매뉴얼(샘플) ·· 119

다. 절차서(규정) ·· 151
　　　1. 절차서 작성 ·· 151
　　　2. 절차서(샘플) ··· 153

라. 지침서 ·· 158
　　　1. 일반사항 ·· 158

3장　위험성평가

가. 위험성평가 종류 ·· 162
　　　1. 정성적 평가 ·· 162
　　　2. 정량적 평가 ·· 162
　　　3. 위험성 평가 기법의 선정 시 고려 사항 ··························· 163

나. 4M 위험성평가 ··· 167
1. 위험성평가 대상 ··· 167
2. 위험성평가 시기 ··· 167
3. 4M 위험성평가 ·· 167
4. 4M 위험성평가에 대한 접근 ································ 168
5. 평가 진행과정에서의 주의사항 ······························· 168
6. 4M 위험성평가 방법 및 절차 ································ 169
7. 위험성평가 실시요령 ·· 171

다. KRAS 위험성평가(사업장 위험성평가 지침에 근거) ············ 174
1. 위험성평가의 목적 ··· 174
2. 적용범위 ·· 174
3. 위험성평가의 실시 시기 ·· 174
4. 위험성평가의 방법 ··· 175
5. KRAS 위험성평가 절차 ·· 176
6. 사전준비 ·· 176
7. 유해위험요인 파악 ··· 177
8. 위험성 추정 ·· 177
9. 위험성 결정 ·· 178
10. 위험성 감소대책 수립 및 실행 ····························· 178
11. 기록 및 보존 ··· 179
12. 위험성평가 기준 ·· 179

라. HAZOP(위험과 운전분석) 위험성 평가 ······················· 185
1. 개요 ·· 185
2. 평가준비 ·· 187
3. 평가 ·· 188
4. 보고서 작성 ·· 195

마. 위험성평가에 관한 지침 ······································· 196

4장 안전보건 운영관리

가. 재해예방 기술(운용관리) ········· 210
1. 폭발(연소) ········· 210
2. 소화기 종류 및 설치기준 ········· 211
3. 안전표지의 종류 ········· 214

나. 기계장치의 재해예방 ········· 215
1. 양중기 ········· 215
2. 연삭기/그라인더 안전장치 ········· 216
3. 안전 보호구 ········· 217
4. 지게차 ········· 220
5. 프레스 ········· 222
6. 절단기 ········· 223
7. 컨베이어 ········· 225
8. 공기압축기 ········· 228
9. 산업용 보일러 ········· 230
10. 밀폐공간 작업 ········· 232
11. 도장작업 ········· 237
12. 크레인 ········· 238
13. 용접작업 ········· 239
14. 사출성형기 ········· 242
15. 소음진동 ········· 243
16. 사다리 작업 ········· 245

다. 보건기준 ········· 247
1. 관리대상 유해물질에 의한 건강장해의 예방 ········· 247
2. 금지유해물질에 의한 건강장해의 예방 ········· 254
3. 분진에 의한 건강장해의 예방 ········· 257
4. 근골격계부담 작업으로 인한 건강장해의 예방 ········· 260

라. 물질안전보건자료(MSDS) ········· 263
1. 법규요구사항 ········· 263
2. 안전보건자료의 교육 ········· 266
3. MSDS 구성 및 그림문자 ········· 270

5장 내부심사

가. 일반사항 ··· 274
　　1. 심사 관련 용어 ··· 274

나. 내부심사 전과정 ··· 277
　　1. 심사계획 ··· 278
　　2. 심사수행 ··· 281
　　3. 심사보고 ··· 284
　　4. 후속조치 ··· 287
　　5. 내부심사 프로세스개선 ·· 289

다. 심사팀 구성 ·· 290
　　1. 심사원 자격 ·· 290
　　2. 심사팀의 역할 ·· 292
　　3. 부서별 업무 ·· 293

부 록 ·· 295
　　양식 1~46
　　　- 12쪽 양식 목차 참조

양식 목차

- 양식 1 – 내부/외부 이슈파악서 ·· 296
- 양식 2 – 이해관계자 요구사항 파악서 ·· 297
- 양식 3 – 프로세스 분석서 ··· 298
- 양식 4 – 근로자의 참여 및 협의 현황표 ··· 299
- 양식 5 – 리스크, 기회 평가 ·· 300
- 양식 6 – 안전보건정보 ··· 301
- 양식 7 – 위험성평가표 ··· 302
- 양식 8 – 개선실행 계획서 ··· 303
- 양식 9 – 법규목록표 ··· 304
- 양식 10 – 법규등록부 ··· 305
- 양식 11 – 목표 현황표 ··· 306
- 양식 12 – 목표 추진계획서 ··· 307
- 양식 13 – 목표 추진실적 보고서 ·· 308
- 양식 14 – 기계장치(설비) 관리대장 ·· 309
- 양식 15 – 보건설비 목록 ··· 310
- 양식 16 – 안전장치 목록 ··· 311
- 양식 17 – 유해물질 목록표 ··· 312
- 양식 18 – 내부자격부여 대상 및 자격기준 ·· 313
- 양식 19 – 자격인정 관리대장 ··· 314
- 양식 20 – 교육훈련 계획서 ··· 315
- 양식 21 – 교육결과보고서(사내) ··· 316
- 양식 22 – 교육결과보고서(사외) ··· 317
- 양식 22 – 의사소통 관리대장 ··· 318
- 양식 23 – 문서관리대장 ··· 319
- 양식 24 – 문서 목록표 ··· 320
- 양식 25 – 외부출처 문서관리대장 ·· 321

- 양식 26 - 위험요소 감소대책 검토서 ·· 322
- 양식 27 - 계측기 관리대장 ·· 323
- 양식 28 - 모니터링, 측정 계획 및 실적 ····································· 324
- 양식 29 - 측정장비 검교정계획서 ·· 325
- 양식 30 - 준수평가 체크리스트 ·· 326
- 양식 31 - 심사일정계획서 ·· 327
- 양식 32 - 심사 체크리스트 ·· 328
- 양식 33 - 심사보고서 ··· 329
- 양식 34 - 부적합 보고서 ·· 330
- 양식 35 - 개선 권고사항 ·· 331
- 양식 36 - 경영검토 회의록 ·· 332
- 양식 37 - 비상훈련 계획서 ·· 333
- 양식 38 - 비상훈련 결과보고서 ·· 334
- 양식 39 - 비상훈련평가 체크리스트 ··· 335
- 양식 40 - 반입물품 안전점검표 ·· 336
- 양식 41 - 소화기 관리대장 ·· 337
- 양식 42 - 안전보호구 관리대장 ·· 338
- 양식 43 - 보호구 개인별 지급대장 ·· 339
- 양식 44 - 심사 체크리스트 ·· 340
- 양식 45 - MSDS 관리대장 ··· 341
- 양식 46 - 안전작업허가서(1) ··· 342
- 양식 46 - 안전작업허가서(2) ··· 343

1장

안전보건경영시스템
(ISO 45001:2018)

가. 개요
나. 안전보건경영시스템 요구사항 및 사용지침
다. 부속서 A

가. 개요

0.1 배경

조직은 근로자와 작업 활동에 영향을 받을 수 있는 모든 인원의 안전보건에 대한 책임이 있다. 이 책임에는 신체적, 정신적 건강을 보호하고 증진하는 것이 포함된다.

안전보건(OH&S)경영시스템 도입은 조직이 안전하고 건강한 작업환경을 제공하고 업무와 관련된 상해 및 건강상 장해를 방지하며 지속적으로 안전보건 성과를 향상시킬 수 있도록 하기 위한 것이다.

0.2 안전보건경영시스템의 목표

안전보건경영시스템의 목적은 안전보건 리스크 및 기회 관리를 위해 그 틀을 제공하기 위한 것이다. 안전보건경영시스템의 목표 및 의도된 결과는 근로자의 업무와 관련된 상해 및 건강상 장해를 방지하고 안전하고 건강한 작업장을 제공하는 것이다.
결과적으로 조직이 위험요인을 제거하고 효과적인 예방 및 보호조치를 취함으로써 안전보건 리스크를 최소화하는 것이 매우 중요하다.

이러한 조치가 안전보건경영시스템을 통해 조직에 적용되면 안전보건 성과가 향상된다. 안전보건 성과의 향상을 위한 기회를 다루기 위해 사전적인 조치를 취할 때 안전보건경영시스템은 더욱 효과적이고 효율적일 수 있다.

이 표준에 따라 안전보건경영시스템을 이행함으로써 조직이 안전보건 리스크를 관리하고 안전보건 성과를 향상할 수 있게 한다. 안전보건경영시스템은 법적 요구사항 및 기타 요구사항을 충족시키기 위해 조직에 도움이 될 수 있다.

0.3 성공 요인

안전보건경영시스템의 실행은 조직을 위한 전략적 및 운용적인 의사결정이다. 안전보건경영시스템의 성공 여부는 조직의 리더십, 의지표명 및 모든 계층과 기능의 참여에 달려 있다.

안전보건경영시스템의 실행과 유지, 그 효과성과 의도된 결과를 달성하는 능력은 다음 사항을 포함하는 많은 핵심 요소에 의존한다.

a) 최고경영자의 리더십, 의지표명, 책임 및 책무
b) 최고경영자의 안전보건경영시스템에 대한 의도된 결과를 지원하는 조직문화를 개발, 선도 및 증진
c) 의사소통
d) 근로자와 근로자 대표(있는 경우)의 협의 및 참여
e) 안전보건경영시스템을 유지하기 위해 필요한 자원의 할당
f) 조직의 전반적인 전략적 목표 및 방향에 적절한 안전보건 방침
g) 위험요인 파악, 안전보건 리스크 관리 및 안전보건 기회의 활용을 위한 효과적인 프로세스
h) 안전보건 성과의 개선을 위한 안전보건경영시스템에 지속적인 성과평가와 모니터링
i) 안전보건경영시스템을 조직의 비즈니스 프로세스에 통합
j) 안전보건 방침과 일치되고 조직의 위험요인, 안전보건 리스크와 기회를 반영한 안전보건 목표
k) 법적 요구사항 및 기타 요구사항 준수

이 표준의 성공적인 실행에 대한 실증은 근로자 및 다른 이해관계자에게 보증을 제공하기 위해, 효과적인 안전보건경영시스템이 있는 조직에 의해 사용될 수 있다.
그러나 이 표준의 채택이 근로자에 대한 업무관련 상해 및 건강상 장해의 예방을 보장하지는 않으며, 안전하고 건강한 작업장 및 개선된 안전보건성과의 제공을 보장하지는 않는다.

조직의 안전보건경영시스템의 성공을 보장하기 위한 상세 수준, 복잡성, 문서화된 정보의 범위와 필요한 자원은 다음과 같은 요소에 따라 달라질 수 있다.
- 조직 상황(예: 근로자 수, 규모, 지리적 위치, 문화, 법적 요구사항 및 기타 요구사항)
- 조직의 안전보건경영시스템 적용범위
- 조직의 활동 및 관련된 안전보건 리스크의 본질(nature)

0.4 계획-실행-검토-조치 사이클

이 표준에 적용된 안전보건경영시스템 접근법은 PDCA(Plan-Do-Check-Act) 개념에 기반을 두고 있다.
PDCA 개념은 지속적 개선을 달성하기 위해 조직에 의해 사용되는 반복적인 프로세스이다. 이것은 다음 사항과 같이 경영시스템과 개별 요소 각각에 적용할 수 있다.

a) 계획(Plan): 안전보건 리스크, 안전보건 기회 그리고 기타 리스크와 기타 기회를 결정 및 평가하고, 안전보건 방침에 따라서 결과를 만들어 내는 데 필요한 안전보건 목표 및 프로세스 수립
b) 실행(Do): 계획대로 프로세스 실행
c) 검토(Check): 안전보건 방침과 목표에 관한 활동 및 프로세스를 모니터링 및 측정하고, 그 결과를 보고
d) 조치(Act): 의도된 결과를 달성하기 위하여 안전보건 성과를 지속적으로 개선하기 위한 조치 시행

이 표준은 〈그림 1〉에서 볼 수 있듯이 PDCA 개념을 새로운 틀에 통합한다.

〈그림 1〉 이 표준에서 PDCA와 틀과의 관계

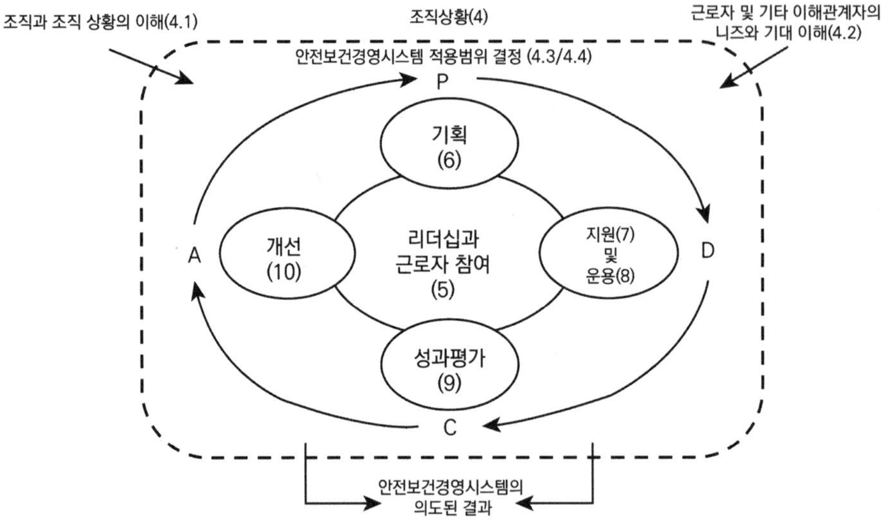

비고 1 괄호 안의 숫자는 이 표준의 각 절을 의미한다.

0.5 이 표준의 내용

이 표준은 ISO 경영시스템 표준 요구사항에 적합하다.
이 요구사항은 여러 ISO 경영시스템 표준을 사용하는 사용자들에게 도움이 되도록 설계된 상위 문서 구조(high level structure), 동일한 핵심 문구, 공통 용어 및 핵심 용어 정의를 포함한다.

이 표준의 요소들은 품질, 사회적 책임, 환경, 보안 또는 재무 경영과 같은 다른 경영시스템과 정렬되거나 통합될 수 있지만 이 표준은 다른 경영시스템에 특정한 요구사항을 포함하지 않는다.

이 표준은 조직이 안전보건경영시스템을 실행하고 적합성을 평가하기 위해 사용할 수 있는 요구사항을 포함한다. 조직은 다음 사항과 같은 방법을 통하여 이 문서에의 적합성을 실증할 수 있다.

- 자기주장 및 자기선언
- 고객 등 조직의 이해관계자에 의해 조직의 적합성에 대한 확인을 추구
- 조직의 외부 당사자에 의해 자기선언의 확인을 추구
- 외부 조직에 의한 안전보건경영시스템 인증/등록 추진

이 표준의 1절에서 3절까지는 이 표준의 사용에 적용되는 적용범위, 인용 표준 및 용어와 정의를 설정한 반면, 4절에서 10절까지는 표준과의 적합성 평가를 위해 사용되는 요구사항을 포함한다.
부속서 A는 이러한 요구사항에 대한 참고가 되는 설명을 제공한다. 3절의 용어와 정의는 개념상의 순서에 따라 배열되었다.

이 표준에서는 다음 사항과 같은 조동사 형태를 사용한다.
a) "하여야 한다(shall)"는 요구사항을 의미한다.
b) "하여야 할 것이다/하는 것이 좋다(should)"는 권고사항을 의미한다.
c) "해도 된다(may)"는 허용을 의미한다.
d) "할 수 있다(can)"는 가능성 또는 능력을 의미한다.

"비고"로 표시된 정보는 관련 요구사항을 이해하거나 명확히 하기 위한 가이던스(guidance)다. 3절에서 사용된 "비고(Notes to entry)"는 용어에 대한 부가적인 정보를 제공하며 용어 사용과 관련된 조항을 포함할 수 있다.

나. 안전보건경영시스템 요구사항 및 사용지침
(OH&S - Requirements with guidance for use)

1. 적용범위

이 표준은 안전보건경영시스템에 대한 요구사항을 규정하고 있으며 조직이 업무와 관련된 상해 및 건강상 장해를 예방하고 안전보건 성과를 적극적으로 개선함으로써 안전하고 건강한 작업장을 제공 할 수 있도록 활용 가이던스를 제공한다.

이 표준은 안전보건 개선, 위험요인 제거 및 안전보건 리스크(시스템 결함 포함) 최소화, 안전보건 기회 활용, 조직 활동과 관련된 안전보건경영시스템 부적합 사항을 다루기 위하여 안전보건경영시스템을 수립, 이행, 유지하고자 하는 모든 조직에 적용 가능하다.

이 표준은 조직이 안전보건경영시스템의 의도된 결과를 달성하도록 지원한다. 조직의 안전보건 방침과 일관성이 있는 안전보건경영시스템의 의도된 결과는 다음 사항을 포함한다.

a) 안전보건 성과의 지속적 개선
b) 법적 요구사항 및 기타 요구사항의 충족
c) 안전보건 목표의 달성

이 표준은 조직의 규모, 형태, 성질에 관계없이 모든 조직에 적용할 수 있다. 이 표준은 조직이 운용 되고 있는 상황과 근로자 및 기타 이해관계자의 니즈와 기대 같은 요소를 반영하여 조직의 관리하에 있는 안전보건 리스크에 적용할 수 있다.

이 표준은 안전보건의 성과에 대한 특정 기준을 명시하지 않으며 안전보건경영시스템의 설계에 관한 규범도 아니다.

이 표준은 조직이 안전보건경영시스템을 통하여 근로자의 건강/웰빙과 같은 안전보건의 다른 측면을 통합할 수 있도록 한다.

이 표준은 근로자 및 이해관계자의 리스크를 넘어서는 제품안전, 재산피해 또는 환경영향과 같은 이슈(issues)를 다루지 않는다.

이 표준은 안전보건경영을 체계적으로 개선하기 위하여 전체적 또는 부분적으로 사용될 수 있다. 그러나 이 표준의 모든 요구사항이 조직의 안전보건경영시스템에 통합되어 예외 없이 충족되지 않을 경우에는 이 표준과의 적합성을 주장할 수 없다.

2. 인용 표준

이 표준의 인용 표준은 없다.

3. 용어와 정의

이 표준의 목적을 위하여 다음의 용어와 정의를 적용한다.

ISO 및 IEC는 다음 주소에서 표준화에 사용되는 용어 데이터베이스를 유지 관리한다.
- ISO Online browsing platform: https://www.iso.org/obp에서 이용 가능
- IEC Electropedia: http://www.electropedia.org/에서 이용 가능

3.1 조직(organization)

조직의 목표(3.16) 달성에 대한 책임, 권한 및 관계가 있는 자체의 기능을 가진 사람 또는 사람의 집단

> **비고** 조직의 개념은 다음을 포함하나 이에 국한되지 않는다. 개인 사업자, 회사, 법인, 상사, 기업, 국가 행정기관, 파트너십, 자선단체 또는 기구, 혹은 이들이 통합이든 아니든 공적이든 사적이든 이들의 일부 또는 조합

3.2 이해관계자(interested party) - 표준 용어(preferred term)
이해당사자(stakeholder) - 허용 용어(admitted term)

의사결정 또는 활동에 영향을 줄 수 있거나, 영향을 받을 수 있거나 또는 그들 자신이 영향을

받는 다는 인식을 할 수 있는 사람 또는 조직(3.1)

3.3 근로자(worker)

조직(3.1)의 관리하에서 업무/작업 또는 업무 관련 활동을 수행하는 인원/사람

> **비고 1** 인원은 정규적 또는 비정규적으로, 간헐적 또는 계절적으로, 임시 또는 파트타임 기반 등 다양한 계약 하에 유급 또는 무급으로 업무 또는 업무 관련 활동을 수행한다.
>
> **비고 2** 근로자에는 최고경영자(3.12), 관리자 및 관리자가 아닌 인원이 포함된다.
>
> **비고 3** 조직의 통제하에서 수행되는 업무 또는 업무 관련 활동은 조직에 고용된 근로자, 또는 외부 공급업체 소속 근로자, 계약자, 개인, 파견(용역) 근로자에 의해 수행될 수 있으며, 조직상황에 따라 조직이 자신의 업무 또는 업무 관련 활동을 관리하는 정도까지 다른 인원에 의해 수행될 수 있다.

3.4 참여(participation)

의사결정 과정에의 참여(involvement)

> **비고** 참여에는 안전보건위원회 및 근로자 대표(있는 경우)와의 적극적 참여가 포함된다.

3.5 협의(consultation)

의사결정을 내리기 전에 의견을 구함.

> **비고** 협의에는 안전보건위원회 및 근로자 대표(있는 경우)와의 협의가 포함된다.

3.6 작업장(workplace)

인원이 업무 목적으로 근무하거나 업무를 위하여 이동할 필요가 있는 조직(3.1)의 관리하에 있는 장소

> **비고** 작업장에 대한 안전보건경영시스템(3.11)에 따른 조직의 책임은 작업장에 대해 관리하는 정도에 달려 있다.

3.7 계약자(contractor)

합의된 계약서(specification), 규정 및 조건에 따라 조직에 서비스를 제공하는 외부 조직(3.1)

> **비고** 서비스에는 건설 업무도 포함될 수 있다.

3.8 요구사항(requirement)

명시적인 니즈 또는 기대, 일반적으로 묵시적이거나 의무적인 요구 또는 기대

비고 1 "일반적으로 묵시적"이란 조직(3.1) 및 이해관계자(3.2)의 요구 또는 기대가 고려되는 관습 또는 일상적인 관행을 의미한다.

비고 2 규정된 요구사항은, 예를 들면 문서화된 정보(3.24)에 명시된 것을 말한다.

3.9 법적 요구사항 및 기타 요구사항
(legal requirements and other requirements)

조직(3.1)이 준수하여야 하는 법적 요구사항과 조직이 준수해야 하거나 준수하기로 선택한 기타 요구사항(3.8)

비고 1 이 표준의 목적에 따라 법적 요구사항 및 기타 요구사항은 안전보건경영시스템(3.11)에 관련된 것을 말한다.

비고 2 "법적 요구사항 및 기타 요구사항"에는 단체협약 조항이 포함된다.

비고 3 법적 요구사항 및 기타 요구사항에는 법률, 규정, 단체협약 및 관행에 따라 근로자(3.3) 대표를 결정하는 요구사항이 포함된다.

3.10 경영시스템(management system)

방침(3.14)과 목표(3.16)를 수립하고 그 목표를 달성하기 위한 프로세스(3.25)를 수립하기 위해 상호 관련되거나 상호작용하는 조직(3.1) 요소의 집합

비고 1 경영시스템은 하나 또는 다수의 전문분야를 다룰 수 있다.

비고 2 시스템 요소에는 조직의 구조, 역할과 책임, 기획, 운영, 성과 평가와 개선이 포함된다.

비고 3 경영시스템의 적용범위에는 조직 전체, 구체적으로 파악된 조직의 기능, 구체적으로 파악된 조직의 부문, 또는 조직 그룹 전체에 있는 하나 또는 그 이상의 기능을 포함해도 된다.

3.11 안전보건경영시스템
(occupational health and safety management system)

안전보건 방침(3.15)을 달성하기 위해 사용되는 경영시스템(3.10) 또는 경영시스템의 일부

비고 1 안전보건경영시스템의 의도된 결과는 근로자(3.3)의 상해 및 건강상 장해(3.18)를 예방하고 안전하고 건강한 작업장(3.6)을 제공하는 것이다.

비고 2 "보건안전"(OH&S)과 "안전보건(OSH)"은 동일한 의미를 가진다.

3.12 최고경영자(top management)

최고계층에서 조직(3.1)을 지휘하고 관리하는 사람 또는 그룹

> **비고 1** 최고경영자는 안전보건경영시스템(3.11)에 대한 최종적인 책임이 있으며 조직 내에서 권한을 위임하고 자원을 제공하는 힘(power)을 가진다.
>
> **비고 2** 경영시스템(3.10)의 적용범위가 조직의 일부만을 다루는 경우 최고경영자는 조직의 해당부분을 지휘하고 통제하는 인원을 지칭한다.

3.13 효과성(effectiveness)

계획된 활동이 실현되어 계획된 결과가 달성되는 정도

3.14 방침(policy)

최고경영자(3.12)에 의해 공식적으로 표명된 조직(3.1)의 의도 및 방향

3.15 안전보건 방침(occupational health and safety policy)

근로자(3.3)의 작업과 관련된 상해 및 건강상 장해(3.18)를 예방하고 안전하고 건강한 작업장(3.6)을 제공하기 위한 방침(3.14)

3.16 목표(objective)

달성되어야 할 결과

> **비고 1** 목표는 전략적, 전술적, 또는 운영적일 수 있다.
>
> **비고 2** 목표(예를 들면 재무, 안전보건, 그리고 환경 목표)는 다른 분야와 관련될 수 있고 상이한 계층[예를 들면 전략적, 조직 전반, 프로젝트, 제품 그리고 프로세스(3.25)]에 적용될 수 있다.
>
> **비고 3** 목표는 다른 방식, 예를 들면 안전보건 목표(3.17)로서 의도된 결과, 목적, 운용 기준 또는 비슷한 의미를 갖는 다른 용어[예를 들면 목적(aim), 목표(goal), 세부 목표(target)]의 사용에 의해 표현될 수 있다.

3.17 안전보건 목표(occupational health and safety objective)

안전보건 방침(3.15)과 일관되게 특정한 결과를 달성하기 위해 조직(3.1)이 설정한 목표

3.18 상해/부상 및 건강상 장해(injury and ill health)

사람의 신체적, 정신적 또는 인지적 상태에 대한 악영향

비고 1 이러한 악영향에는 직업병, 질병 및 사망이 포함된다.

비고 2 "상해 및 건강상 장해"라는 용어는 부상 또는 건강상 장해가 단독 또는 조합하여 존재함을 의미한다.
참고: 'Injury'를 안전관리의 경우 주로 '부상'으로 번역하여 사용하고 있다.

3.19 위험요인(hazard)

상해 및 건강상 장해(3.18)를 가져올 잠재적인 요인

비고 위험에는 해를 끼치거나 위험한 상황을 유발할 수 있는 잠재 요인(source) 또는 상해 및 건강상 장해에 이르게 하는 노출 가능성이 있는 상황이 포함될 수 있다.

3.20 리스크(risk)

불확실성의 영향

비고 1 영향은 긍정적 또는 부정적 예측으로부터 벗어나는 것이다.

비고 2 불확실성은 사건, 사건의 결과 또는 발생 가능성에 대한 이해 또는 지식에 관련된 정보의 부족 또는 부분적으로 부족한 상태이다.

비고 3 리스크는 흔히 잠재적인 "사건"과 "결과" 또는 이들의 조합으로 특징지어진다.

비고 4 리스크는 흔히 (주변환경의 변화를 포함하는)사건의 결과와 연관된 "발생가능성"의 조합으로 표현된다.

비고 5 이 표준에서 "리스크와 기회"라는 용어가 사용되면, 이는 안전보건 리스크(3.21), 안전보건 기회(3.22) 그리고 경영시스템의 기타 리스크 및 기타 기회를 의미한다.

3.21 안전보건 리스크(occupational health and safety risk)

업무/작업과 관련하여 위험한 사건 또는 노출의 발생 가능성과 사건 또는 노출로 야기될 수 있는 상해 및 건강상 장해(3.18) 심각성의 조합

3.22 안전보건 기회(occupational health and safety opportunity)

안전보건 성과(3.28)의 개선을 가져올 수 있는 상황 또는 상황의 집합

3.23 역량/적격성(competence)

의도된 결과를 달성하기 위해 지식 및 스킬을 적용하는 능력

3.24 문서화된 정보(documented information)

조직(3.1)에 의해 관리되고 유지되도록 요구되는 정보 및 정보가 포함되어 있는 매체

비고 1 문서화된 정보는 어떠한 형태 및 매체일 수 있으며 어떠한 출처로부터 올 수 있다.

비고 2 문서화된 정보는 다음 사항으로 설명될 수 있다.
    a) 관련 프로세스(3.25)를 포함하는 경영시스템(3.10)
    b) 조직에서 운영하기 위해서 만든 정보(문서화)
    c) 달성된 결과의 증거(기록)

3.25 프로세스(process)

입력을 사용하여 의도된 결과를 만들어 내는 상호 관련되거나 상호 작용하는 활동의 집합

3.26 절차(procedure)

활동 또는 프로세스(3.25)를 수행하기 위하여 규정된 방식

비고 절차는 문서화 될 수도 있고 문서화되지 않을 수도 있다.

3.27 성과(performance)

측정 가능한 결과

비고 1 성과는 정량적 또는 정성적 발견 사항과 관련될 수 있다. 결과는 정량적 또는 정성적 방법으로 결정하고 평가될 수 있다.

비고 2 성과는 활동, 프로세스(3.25), 제품(서비스 포함), 시스템 또는 조직(3.1)의 경영에 관련될 수 있다.

3.28 안전보건 성과(occupational health and safety performance)

근로자(3.3)에 대한 상해 및 건강상 장해(3.18) 예방의 효과성(3.13)과 관련된, 그리고 안전하고 건강한 작업장(3.6)의 제공과 관련된 성과(3.27)

3.29 외주처리하다, 동사(outsource, verb)

외부 조직(3.1)이 조직의 기능 또는 프로세스(3.25)의 일부를 수행하도록 하다.

> **비고** 외주처리 된 기능 또는 프로세스가 경영시스템의 범위 내에 있다 하더라도 외부 조직은 경영시스템(3.10) 범위 밖에 있다.

3.30 모니터링(monitoring)

시스템, 프로세스(3.25) 또는 활동의 상태를 확인 결정

> **비고** 상태를 확인 결정하기 위해서는 확인, 감독 또는 심도 있는 관찰이 필요할 수 있다.

3.31 측정(measurement)

값(value)을 결정하는 프로세스(3.25)

3.32 심사(audit)

심사 기준에 충족되는 정도를 결정하기 위하여 심사 증거를 수집하고, 이를 객관적으로 평가하기 위한 체계적이고 독립적이며 문서화된 프로세스(3.25)

> **비고 1** 심사는 내부 심사(1자 심사), 또는 외부 심사(2자 또는 3자)가 있으며, 결합 심사(둘 이상의 분야가 결합)가 있을 수 있다.
>
> **비고 2** 내부 심사는 조직 자체에 의해서 수행하거나 조직을 대신하여 외부 당사자가 수행한다.
>
> **비고 3** "심사 증거"와 "심사 기준"은 KS Q ISO 19011에 규정되어 있다.

3.33 적합(conformity)

요구사항(3.8)의 충족

3.34 부적합(nonconformity)

요구사항(3.8)의 불충족

> **비고** 부적합은 이 표준 요구사항과 조직(3.1)이 스스로 설정한 추가적인 안전보건경영시스템(3.11) 요구사항과 관련된다.

3.35 사건(incident)

상해 및 건강상 장해(3.18)를 초래하거나, 초래할 수 있는 작업으로부터 일어나는, 또는 작업 중에 발생한 것(occurring).

비고 1 상해 및 건강상 장해가 발생하는 사건을 때때로 "사고"(accident)라고 한다.

비고 2 상해 및 건강상 장해는 없지만 잠재성을 가진 사건은 "아차사고"(near-miss), "돌발상황"(near-hit), "위기일발"(close call)이라고 할 수 있다.

비고 3 사건과 관련된 하나 이상의 부적합(3.34)이 있을 수 있지만 부적합이 없는 경우에도 사건은 발생할 수 있다.

3.36 시정조치(corrective action)

부적합(3.34)이나 사건(3.35)의 원인을 제거하고 재발을 방지하기 위한 조치

비고 사건이 안전보건에서 핵심 요소이므로 "사건"을 포함하여 용어를 수정하였다. 사건 해결에 필요한 활동은 부적합을 시정조치를 통하여 해결하는 활동과 같다.

3.37 지속적 개선(continual improvement)

성과(3.27)를 향상시키기 위하여 반복하는 활동

비고 1 성과를 향상시키는 것은 안전보건 방침(3.15)과 안전보건 목표(3.17)와 일관성 있는 전반적인 안전보건 성과(3.28) 개선을 달성하기 위한 안전보건경영시스템(3.11)의 활용과 관련 된다.

비고 1 지속적(continual)이라는 의미는 계속적(continuous)을 의미하지 않으므로 모든 영역에서 동시에 활동을 수행할 필요는 없다.

4. 조직 상황

4.1 조직과 조직 상황의 이해

조직은 조직의 목적에 부합하고 안전보건경영시스템의 의도된 결과를 달성할 수 있도록 조직의 능력에 영향을 주는 외부와 내부 이슈를 정하여야 한다.

1. 해설

비즈니스 세계에서 자신의 조직이 어떤 상황에 처해 있는가를 이해하기 위하여 내부와 외부에 대한 이슈를 파악하여 안전보건경영시스템의 수립, 실행, 유지 및 지속적 개선을 위해 사용하여야 한다. 자신의 현재상황을 정확히 알아야 앞으로 조직이 나아갈 방향을 파악할 수 있기 때문이다.

그리고 이 이슈는 시간이 지남에 따라 주변여건의 변화에 따라 달라질 수 있기 때문에 지속적으로 모니터링하여 중요한 이슈의 변화가 발생되면 이를 검토하여 현재 실행 중에 있는 안전보건경영시스템에 반영여부를 결정하여 필요한 조치를 취하여야 할 것이다.

내부 이슈의 예로는
1) 거버넌스, 조직 구조, 역할, 책무
2) 방침, 목표 및 이를 달성하기 위한 전략
3) 자원, 지식 및 역량(예: 자본, 시간, 인적자원, 프로세스, 시스템, 기술)으로 이해되는 능력
4) 조직에 의해 채택된 표준, 지침 및 모델
5) 계약 관계의 형태와 범위, 예를 들면 외주화된 활동을 포함
6) 근무시간 조정, 작업 조건

외부 이슈의 예로는
1) 국제적, 국가적, 지역적 또는 지방적인 문화적, 사회적, 정치적, 법적, 재무적, 기술적, 경제적 및 자연적 환경 및 시장 경쟁
2) 새로운 경쟁자, 계약자, 하도급 업자, 공급자, 파트너와 제공자, 신기술, 새로운 법률의 도입과 새로운 직업의 출현
3) 제품에 대한 새로운 지식과 안전보건에 미치는 영향
4) 조직에 영향을 주는 산업 또는 분야와 관련된 핵심 요인(key drivers)과 추세
5) 조직의 외부 이해관계자와 관계, 인식 및 가치

내부와 외부 이슈는 긍정적 또는 부정적일 수 있고, 안전보건경영시스템에 영향을 줄 수 있는 조건, 특성 또는 변화하는 환경을 포함한다.
내부는 조직 자체를 의미하며, 외부는 이해관계자들을 의미하므로 외부 이슈는 조직의 입장에서 본 이해관계자에 대한 이슈라고 보는 것이 좋겠다.

2. 준비사항

1) 조직의 내부와 외부 이슈를 파악하여 중요도를 결정한다(양식---001)
2) 조직 상황의 변화를 주기적으로 모니터링하고 검토 및 관련조치를 취한다.

3. 심사사례

1) 외부 이슈 파악 대상에 대한 누락의 경우가 있음
2) 조직 전체에 대한 이슈만 파악하고 부서 고유의 이슈가 누락되는 경우가 있음.

4.2 근로자 및 기타 이해관계자의 니즈와 기대 이해

조직은 다음 사항을 정하여야 한다.
a) 안전보건경영시스템과 관련이 있는 근로자와 기타 이해관계자
b) 근로자 및 기타 이해관계자의 니즈와 기대(즉, 요구사항)
c) 이러한 니즈와 기대 중 어느 것이 법적 요구사항 및 기타 요구사항인지 또는 될 수 있는지 여부

---

1. 해설

근로자라고 함은 조직의 관리하에서 업무와 관련된 활동을 수행하는 인원으로 다양한 인원이 포함되기 때문에 니즈와 기대(요구사항)를 파악하는 대상을 어디까지로 정할 것인지에 대해서는 어느 정도 한정할 필요가 있다고 본다.

근로자를 제외한 이해관계자 역시도 조직의 경영에 관련 있는 모두를 대상으로 한다면 범위가 넓어지고, 설사 그들의 요구사항을 파악한다고 해도 큰 의미가 없을 것이므로 이해관계자 중에서 조직의 안전보건경영시스템에 영향을 미치는 정도에 따라 일반 이해관계자와 관련 이해관계자를 결정하는 과정이 필요하다.

조직에서는 보통 경영시스템에 영향을 많이 미치는 이해관계자를 관련(중요 또는 핵심)이해관계자로 분류하고 이들의 요구사항을 파악하고 있는 경우가 많다.
이해관계자에는 다음 사항을 포함할 수 있다.

1) 법적 기관 및 규제 기관(지방, 지역, 도, 국내 또는 국제)
2) 모기업 조직
3) 공급자, 계약자, 하도급 업자
4) 근로자 대표
5) 근로자 조직(노조) 및 사용자 조직
6 소유자, 주주, 의뢰자, 방문자, 지역사회와 이웃 조직 및 일반 대중
7) 고객, 의료 및 기타 지역사회 서비스, 미디어, 학계, 사업 협회 및 비정부 조직
8) 안전보건 조직과 안전보건 전문가

조직의 규모나 업무특성에 따라 정도의 치이는 있을 수 있겠지만 조직이 조치할 수 있는 능력이 있고, 조치에 따른 효과가 큰 사항을 우선적으로 취급하는 것은 당연한 일이다.
다음 그림은 이해관계자의 구분을 쉽게 이해할 수 있도록 도식화한 것이다.

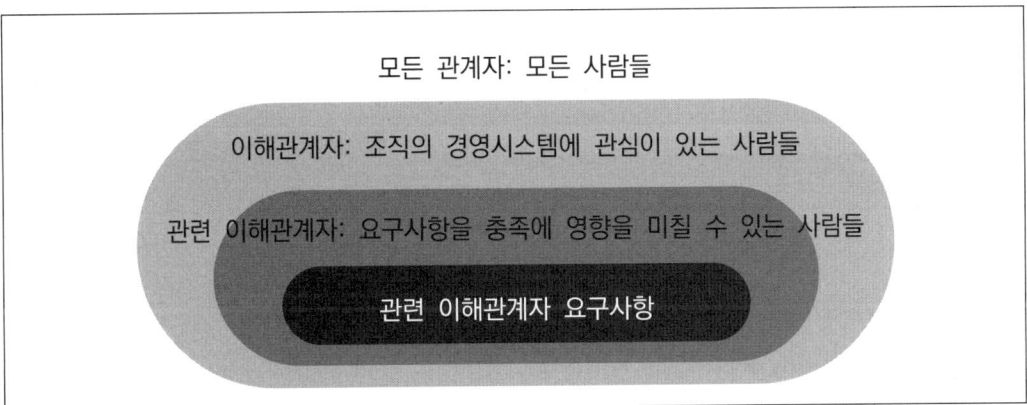

2. 준비사항

1) 근로자와 이해관계자를 파악한다.
2) 파악한 근로자와 이해관계자 중에서 관련(핵심)이해관계자를 결정한다.
3) 관련 이해관계자의 요구사항 파악 및 중요도 결정(양식-0 002)

3. 심사시례

1) 관련 이해관계자를 정하지 않아 요구사항의 중요도가 무의미한 경우가 있음.
2) 이해관계자의 요구사항 파악에서 근로자의 요구사항 파악이 누락되는 경우가 있음.
3) 파악된 관련 이해관계자의 요구사항에 대한 중요도를 결정하지 않아 업무 과중 우려 있음.

4.3 안전보건경영시스템 적용범위 결정

조직은 안전보건경영시스템의 적용범위를 설정하기 위하여 안전보건경영시스템의 경계 및 적용 가능성을 정하여야 한다.

적용범위를 정할 때 조직은 다음 사항을 고려하여야 한다.
a) 4.1에 언급된 외부와 내부 이슈 고려
b) 4.2에 언급된 요구사항의 반영
c) 계획되거나 수행된 작업 관련 활동의 반영

안전보건경영시스템은 조직의 안전보건 성과에 영향을 줄 수 있는 조직 관리 또는 영향 내에 있는 활동, 제품 및 서비스를 포함하여야 한다.

적용범위는 문서화된 정보로 이용할 수 있어야 한다.

1. 해설

적용범위는 이해관계자를 현혹하지 않도록 하는 조직의 안전보건경영시스템 내에 포함된 조직 운용의 사실적이고 대표적인 진술이다.
안전보건경영시스템의 적용범위를 조직의 관리하에 업무가 수행되는 작업장으로 정하는 것이 원만하다고 본다.

여기서 작업장은 주 활동이 수행되는 작업장 외에도 출장과 같이 여행 중에 있거나, 이해관계자와의 업무 협조를 위하여 이해관계자의 작업 현장에 파견하여 업무를 수행하는 경우 및 최근 코로나 등의 사정으로 증가하고 있는 재택근무를 수행하는 장소도 작업장으로 보는 것이 포괄적 의미의 작업장이라고 볼 수 있다.

사업장별로는 생산이 이루어지는 현장과 생산을 지원하는 사무 행정이 이루어지는 장소가 있는 조직이 있는데, 이들 장소가 떨어져 있는 경우라면 현장만 적용할 것인지 아니면 둘다 적용할 것인지를 사전에 결정하는 것이 좋겠다.

통상적으로 사무 행정이 이루어지는 곳이 대도시의 규모가 있는 빌딩이라면 대부분의 경우

빌딩 관리업체에서 빌딩의 환경, 안전보건 등의 전반적인 관리업무를 수행하기 때문에 조직이 별도의 안전보건경영시스템을 구축한다고 해도 운용측면에서는 큰 의미가 없다고 판단될 경우에는 이 부분은 제외시키는 것도 하나의 방법이 될 수 있다.

2. 준비사항

1) 적용범위가 결정되면 이를 문서화하여야 한다.
2) 별도의 양식은 필요하지 않으나 과거에는 매뉴얼에 적용범위를 반영하도록 요구하였으나 현재는 매뉴얼을 문서화할 것을 요구하고 있지 않기 때문에, 매뉴얼을 만들지 않는다면 문서화된 정보로 이용 가능하도록 하기 위하여 어느 문서에 반영할 것인지 결정하면 될 것 같다.

3. 심사사례

1) 과거의 매뉴얼을 개정하여 계속 유지하면서 매뉴얼에 적용범위 반영하고 있는 경우
2) 표준 요구사항에 따라 작성되는 문서화된 절차서 중의 하나에 반영하고 있는 경우
3) 적용범위가 문서화되지 않은 경우도 있음.

4.4 안전보건경영시스템

조직은 이 표준의 요구사항에 따라 필요한 프로세스와 그 프로세스의 상호작용을 포함하는 안전보건경영시스템을 수립, 실행, 유지 및 지속적으로 개선하여야 한다.

1. 해설

요구사항에는 필요한 프로세스와 프로세스의 상호작용을 포함하는 시스템을 수립, 실행, 유지 및 지속적으로 개선할 것을 요구하고 있다.

품질경영시스템의 요구사항(4.4)에 프로세스에 대한 요구사항이 충분히 반영되어 있으므로 구체적인 사항은 품질경영시스템의 요구사항을 참조하고, 여기서는 안전보건경영시스템에서 프로세스의 구축, 실행 및 유지하도록 요구하고있는 사항을 정리하면 아래와 같다.

1) 근로자의 협의 및 참여를 위한 프로세스를 수립하고 실행을 보장(5.1.i)
2) 근로자의 협의와 참여를 위한 프로세스를 수립, 실행, 유지(5.4)
3) 리스크와 기회를 결정하고 다루는데 필요한 프로세스와 조치(6.1.1)
4) 위험요인파악을 위한 프로세스를 수립. 실행, 유지(6.1.2.1)
5) 안전보건경영시스템에 대한 리스크와 기타 리스크평가 프로세스(6.1.2.2)
6) 조직, 방침, 프로세스 또는 활동에 대한 계획된 변경을 반영하면서 안전보건 성과를 향상시킬 수 있는 안전보건 기획 프로세스를 수립, 실행, 유지(6.1.2.3)
7) 위험요인, 리스크, 안전보건경영시스템에 적용할 수 있는 최신 법적 및 기타 요구사항의 결정과 이용을 위한 프로세스(6.1.3)
8) 내부 외부 의사소통에 필요한 프로세스의 수립, 실행, 유지(7.4.1)
9) 안전보건 요구사항 충족, 리스크와 기회에 대한 조치 사항의 실행에 필요한 프로세스의 수립, 실행, 유지(8.1.1)
10) 위험요인 제거, 안전보건 리스크를 감소 위한 프로세스를 수립, 실행, 유지(8.1.2)
11) 안전보건 성과에 영향 미치는 변경의 실행 관리 위한 프로세스를 수립할 것(8.1.3)
12) 제품 및 서비스 조달을 관리하는 프로세스의 수립, 실행, 유지(8.1.4.1)
13) 계약자와 조직의 조달 프로세스를 조정하야 한다(8.1.4.2)
14) 외주처리기능 및 프로세스가 관리됨을 보장(8.1.4.3)
15) 비상시 대비 및 대응 프로세스의 수립, 실행, 유지(8.2)
16) 모니터링, 측정, 분석 및 성과평가 위한 프로세스의 수립, 실행, 유지(9.1.1)
17) 법적, 기타요구사항의 준수를 평가하기 위한 프로세스의 수립, 실행, 유지(9.1.2)
18) 사건, 부적합의 보고, 조사, 조치 실행 프로세스의 수립, 실행, 유지(10.1)

2. 준비사항

1) 필요한 프로세스와 프로세스의 상호작용을 도식화
2) 요구사항에 따라 프로세스를 수립(양식--003)

3. 심사사례

1) 요구사항에서 요구하는 프로세스가 수립되지 않고 절차서로 대체하고 있는 경우
2) 프로세스는 수립하였으나 성과지표와 관리기준 등의 사항이 누락된 경우
3) 프로세스의 이행사항을 주기적으로 점검 및 확인하지 않는 경우

5. 리더십과 근로자 참여

5.1 리더십과 의지표명

최고경영자는 안전보건경영시스템에 대한 리더십과 의지표명을 다음 사항에 따라 실증하여야 한다.

a) 안전하고 건강한 작업장 및 활동의 제공뿐만 아니라 작업과 관련된 상해 및 건강상 장해 예방을 위한 전반적인 책임과 책무
b) 안전보건 방침 및 관련된 안전보건 목표가 수립되고 조직의 전략적 방향과 조화됨을 보장
c) 안전보건경영시스템 요구사항이 조직의 비즈니스 프로세스와 통합됨을 보장
d) 안전보건경영시스템의 수립, 실행, 유지 및 개선을 위하여 필요한 자원의 가용성 보장
e) 효과적인 안전보건경영의 중요성과 안전보건경영시스템 요구사항과의 적합성에 대한 중요성을 의사소통
f) 안전보건경영시스템이 의도한 결과를 달성함을 보장
g) 안전보건경영시스템의 효과성에 기여하도록 인원을 지휘하고 지원
h) 지속적 개선을 보장하고 촉진
i) 기타 관련 경영자의 책임 분야에 리더십이 적용될 때 그들의 리더십을 실증하도록 경영자 역할에 대한 지원
j) 안전보건경영시스템의 의도된 결과를 지원하는 조직의 문화를 개발, 선도 및 촉진
k) 사건, 위험요인, 리스크와 기회 보고 시 보복으로부터 근로자를 보호
l) 조직이 근로자의 협의 및 참여를 위한 프로세스를 수립하고 실행을 보장(5.4 참조)
m) 안전보건위원회 수립 및 기능을 지원[5.4 e) 1) 참조]

> **비고** 표준에서 "비즈니스"에 대한 언급은 조직의 존재 목적의 핵심이 되는 활동을 의미하는 것으로 광범위하게 해석될 수 있다.

1. 해설

앞의 0.4 계획(Plan)-실행(Do)-검토(Check)-조치(Act) 사이클의 그림에서 보았듯이 요구사항 5절의 리더십과 근로자 참여는 PDCA 중 어느 한 단계에만 별도로 포함되지 않고 중앙에 그려져서 PDCA의 모든 과정에 골고루 영향을 미치고 있음을 보여 준다.
이것은 최고경영자가 리더십을 발휘하여 계획에서부터 운용, 성과평가 및 개선의 의지를 골고루 반영하고 있음을 나타낸다고 볼 수 있겠다.

최고경영자가 리더십을 발휘하는 방법 중에는 근로자가 사고와 위험요인을 보고하도록 격려함은 물론 보고하였을 경우 근로자를 보호해 주는 것도 포함된다.
의도된 성과 달성을 위해서는 인식, 책임성, 적극적인 지원 및 피드백을 포함하여 조직의 최고경영자가 제시한 리더십 및 의지표명이 중요하다.

2. 준수사항

1) 조직을 정하고 조직의 역할, 책임 및 권한을 부여할 때 근로자와 협의가 필요하다.
2) 해당되는 경우 안전보건위원회를 수립하고 기능을 지원하는 것이 요구된다.

3. 심사사례

1) 최고경영자의 의지표명에 대한 사항을 최고경영자를 통하여 확인할 수 있도록 조치하는 방법 중에는 "KOSHA-MS"에서 시행하고 있는 "안전보건경영관계자 면담분야" 중에서 "경영자가 알아야할 사항"을 경영자면담 시에 확인하는 경우가 있다.
2) 인증기관에서 심사일정에 반영하여 경영자면담 시간에 경영자의 의지를 확인할 수 있도록 사전에 필요한 자료를 작성하게 하여 확인하는 경우도 있다.
  그러나 경영자면담이 강제사항이 아니어서 심사기간 동안 최고경영자를 면담할 수 있는 기회는 거의 없고, 경영자를 대리하는 인원과 면담하는 경우가 많아 최고경영자의 의지를 확인하는 데는 한계성이 있다.

5.2 안전보건 방침

최고경영자는 다음 사항과 같은 안전보건방침을 수립, 실행 및 유지하여야 한다.
a) 업무관련 상해 및 건강상 장해의 예방을 위한 안전하고 건강한 근로 조건을 제공하기 위한 의지 표명을 포함하고 조직의 목적, 규모 및 상황 그리고 안전보건 리스크와 기회의 특정한 성질에 적절
b) 안전보건 목표의 설정을 위한 틀을 제공
c) 법적 요구사항 및 기타 요구사항의 충족에 대한 의지 표명을 포함.
d) 위험요인을 제거하고 안전보건 리스크를 감소하기 위한 의지 표명을 포함(8.1.2 참조)
e) 안전보건경영시스템의 지속적 개선에 대한 의지 표명을 포함.
f) 근로자 및 근로자 대표(있는 경우)의 협의와 참여에 대한 의지 표명을 포함.

안전보건 방침은 다음 사항과 같아야 한다.
- 문서화된 정보로 이용 가능
- 조직 내에서 의사소통
- 해당되는 경우, 이해관계자가 이용 가능
- 관련되고 적절

1. 해설

안전보건 방침을 개발할 때, 조직은 다른 방침과의 일관성과 조정을 고려하여야 한다.
최고경영자의 안전보건 방침은 조직이 안전보건 성과를 향상할 수 있도록 지원하고, 지속적인 개선을 유도하기 위하여 조직의 장기적인 경영방향을 표시하는 의지를 담은 문서이기 때문에 전 조직원이 이해하고, 시스템의 의도된 성과를 달성할 수 있도록 업무에 반영하여야 한다. 안전보건 방침은 문서화하고, 조직원에 의사소통하고, 이해관계자가 필요시 이용가능하게 조치하여야 한다. 의사소통의 방법으로는 교육, 게시, 회사 수첩 및 매뉴얼 등 조직 구성원이 쉽게 접할 수 있도록 조치하는 것도 하나의 방법이 될 수 있다.

- 의지표명은 조직이 강건하고, 믿을 수 있고, 신뢰할 수 있는 안전보건경영시스템을 보장하기 위해 수립하는 프로세스에 반영된다.
- "최소화"라는 용어는 안전보건경영시스템에 대한 조직의 목표를 설정하기 위해 안전보건리스크와 관련하여 사용된다.
- "감소"라는 용어는 이를 달성하기 위한 프로세스를 설명하는 데 사용된다.

2. 준비사항

1) 안전보건 방침 수립(최고경영자 서명)
2) 안전보건 방침의 문서화
3) 안전보건 방침을 조직내 인원과 의사소통
4) 안전보건 방침의 적절성에 대한 검토 수행
5) 안전보건 방침은 근로자와 협의가 필요하다.

3. 심사사례

1) 안전보건 방침의 적절성에 대한 사항은 십년이 넘는 기간이 지나도록 개정이나 변경없이 사용되고 있는 조직을 가끔 보게 된다. 그간 조직의 주변 경영여건과 환경 등 경영방침에 영향을 미칠 수 있는 많은 변화가 있었음에도 안전보건 방침이 변하지 않았다는 것은 안전보건 방침을 상징적으로만 수립해 두고 현실과는 무관하게 보는 것은 아닌지 의심하게 된다.
2) 요구사항에서 적절해야 된다고 요구하고 있는데 적절한지를 별도로 검토하기 보다는 매년 실시하는 경영검토 자료에 포함하여 검토하는 것이 바람직하다고 본다.
3) 그룹사의 경우 그룹 본사의 안전보건방침을 그대로 사용하고 있는 경우도 있다.

5.3 조직의 역할, 책임 및 권한

최고경영자는 안전보건경영시스템과 관련한 역할에 대한 책임과 권한을 조직 내 모든 계층에 부여하고 의사소통을 하며 문서화된 정보로 유지함을 보장하여야 한다. 조직 각 계층의 근로자는 자신이 관리하는 안전보건경영시스템의 측면에 대한 책임을 져야 한다.

비고 책임과 권한은 부여될 수 있지만 궁극적으로 최고경영자는 안전보건경영시스템의 기능에 대해서 책무가 있다.

최고경영자는 다음 사항에 대하여 책임과 권한을 부여하여야 한다.
a) 안전보건경영시스템이 이 표준의 요구사항에 적합함을 보장
b) 안전보건경영시스템의 성과를 최고경영자에게 보고

1. 해설

조직의 안전보건경영시스템과 관련한 역할에 대한 책임과 권한을 문서화하여 조직 내 모든 계층과 의사소통하여야 한다.

책임있는 최고경영자란 조직을 지배하는 기관, 법적인 관계 당국 및 더 나아가 조직의 이해 관계자에 관하여 결정과 행동에 대하여 책임을 지는 것을 의미한다. 책임있는 최고경영자는 궁극적인 책임을 진다는 것을 의미하며 또한 수행하지 않거나, 적절하게 수행하지 않거나, 목표 달성에 기여하지 못했거나 목표를 달성하지 못하였을 때 책임을 지는 인원과 관련된다.

종전의 표준 요구사항에는 경영자대리인이 있어 최고경영자의 역할을 대행하게 하였으나, 이번에는 요구사항에서 경영자대리인에 대하여 별도로 요구하고 있지 않기 때문에 회사에서는 애로를 느낄 수도 있지만, 기존에 시스템을 구축하여 경영자대리인을 지명하여 운영하는 경우에는 굳이 경영자대리인을 없앨 필요는 없고, 신규로 시스템을 구축하는 조직이라면 최고경영자 아래에 각 분야별 경영자 각자가 경영자대리인이라는 생각으로 각자에 주어진 역할과 책임을 충실히 수행할 수 있게 조치하는 것으로 충분할 것이다. 다만 최고경영자에게 이 표준의 요구사항에 적합함과 성과를 보고(경영검토 등)하는 담당부서는 별도로 지정하여 관리할 수 있도록 조치하면 될 것으로 본다.

또한 근로자에게는 위험한 상황을 보고하고 조치를 취할 수 있는 권한을 주어야 할 것이다. 근로자는 해고, 징계 또는 기타 보복의 위협 없이 필요시 책임 있는 관계 당국에 우려사항을 보고할 수 있도록 하여야 할 것이다.

2. 준비사항

1) 회사 및 부서별 조직도
2) 조직도에 따른 부서별, 개인별 안전보건관련 업무분장
3) 업무분장을 결정하는 과정에 근로자와 협의
4) 각자의 역할과 책임에 대한 인식
5) 요구사항에 적합함과 안전보건경영시스템의 성과를 최고경영자에게 보고할 책임과 권한

3. 심사사례

1) 현장 근로자들이 자신의 책임과 권한이 무엇인지 잘 알지 못하는 경우가 있음.
2) 조직의 업무분장을 무시하고 안전보건을 주관하는 부서에서 전 부서의 업무까지 대리 수행하고 결과나 관련정보를 공유하지 않는 경우도 있음.
3) 안전보건관련 업무는 주관부서에서 수행하는 것이고 현장에서는 오직 생산만 하면 되는 것으로 오해하는 경우가 있음.

5.4 근로자 협의 및 참여

조직은 안전보건경영시스템의 개발, 기획, 실행, 성과 평가 및 개선을 위한 조치에 대하여 모든 적용 가능한 계층과 기능의 근로자와 근로자 대표(있는 경우)와의 협의와 참여를 위한 프로세스를 수립, 실행 및 유지하여야 한다.

조직은 다음 사항에 대해 실행하여야 한다.
a) 협의 및 참여를 위하여 필요한 방법(mechanisms), 시간, 교육 훈련 및 자원을 제공
  비고 1 근로자 대표제는 협의와 참여를 위한 방법이 될 수 있다.

b) 안전보건경영시스템에 대하여 명확하고, 이해 가능하며 관련된 정보에 시의적절한 접근 제공
c) 참여에 대한 장애 또는 장벽을 결정하여 제거하며 제거할 수 없는 것은 최소화
  비고 2 장애 및 장벽에는 근로자의 의견이나 제안, 언어 또는 독해(literacy) 장벽, 보복 또는 보복 위협, 근로자 참여를 방해하거나 처벌하는 방침 또는 관행에 대한 대응 실패가 포함될 수 있다.

d) 관리자가 아닌 근로자와 다음 사항에 대하여 협의하도록 강조
  1) 이해관계자의 니즈와 기대를 결정(4.2 참조)
  2) 안전보건 방침 수립(5.2 참조)
  3) 적용 가능한 경우 조직의 역할, 책임 및 권한 부여(5.3 참조)
  4) 법적 요구사항 및 기타 요구사항을 충족시키는 방법을 결정(6.1.3 참조)
  5) 안전보건 목표 수립과 목표 달성 기획(6.2 참조)

6) 외주처리, 조달 및 계약자에게 적용 가능한 관리 방법 결정(8.1.4 참조)
7) 모니터링, 측정 및 평가가 필요한 사항 결정(9.1 참조)
8) 심사 프로그램의 기획, 수립, 실행 및 유지(9.2.2 참조)
9) 지속적 개선 보장(10.3 참조)

e) 관리자가 아닌 근로자가 다음 사항에 참여하도록 강조
 1) 근로자의 협의와 참여를 위한 방법 결정
 2) 위험요인을 파악하고 리스크와 기회를 평가(6.1.1 및 6.1.2 참조)
 3) 위험요인을 제거하고 안전보건 리스크를 감소하기 위한 조치 결정(6.1.4 참조)
 4) 역량 요구사항, 교육 훈련 필요성, 교육 훈련 및 교육 훈련 평가의 결정(7.2 참조)
 5) 의사소통이 필요한 사항과 의사소통 방법을 결정(7.4 참조)
 6) 관리 수단과 관리 수단의 효과적인 실행 및 사용 결정(8.1, 8.1.3과 8.2 참조)
 7) 사건 및 부적합의 조사 그리고 시정조치 결정(10.2 참조)

비고 3 관리자가 아닌 근로자의 협의와 참여를 강조하는 것은 업무활동을 수행하는 인원에 적용하는 것을 의도하지만, 예를 들어 조직에서 업무 활동 또는 기타 요인에 의해 영향을 받는 관리자를 배제하는 것을 의도하지는 않는다.

비고 4 근로자에게 무료로 교육 훈련을 제공하는 것, 그리고 가능한 경우 근무시간에 교육훈련을 제공하는 것은 근로자의 참여에 중대한 장벽을 제거할 수 있는 것으로 인정된다.

1. 해설

조직의 안전보건과 관련된 업무는 근로자의 참여와 협조 없이는 성과를 달성하기 어려운 부분이다.

업무를 계획하는 단계와 실행하는 단계에서 근로자의 참여 및 협의가 이루어지지 않는다면 근로자가 이행할 수 없거나 실행의 효과성이 떨어질 결정을 할 수도 있을 것이다.

실제적으로 현장에서 신체적 정신적으로 피해를 당하는 당사자는 근로자 자신이기 때문에 근로자는 여기에 예민할 수 밖에 없다.

근로자가 표준에서 요구하는 참여 및 협의 사항에 직접적으로 참여하기에는 한계가 있을 수

있다. 참여와 협의 방법은 노사가 정하여 안전보건경영시스템의 개발, 기획, 실행, 성과 평가 및 개선을 위한 조치에 대하여 관련 근로자와 협의와 참여하기 위한 필요한 방법, 시간, 교육훈련 및 자원을 제공하여야 한다. 그리고 안전보건경영시스템에 대한 이해 및 관련된 정보에 적절하게 접근할 수 있게 조치하고 참여에 대한 장애, 장벽을 결정하여 제거 및 최소화하는 프로세스를 수립, 시행, 유지하면 될 것이다.

근로자의 참여 및 협의를 위한 근로자는 근로자 각자가 될 수 도 있겠지만 근로자를 대표하는 노동조합, 노사협의회, 안전보건위원회 등을 활용하는 것이 더 바람직하다고 본다.

2. 준비사항

1) 참여 및 협의 대상 근로자의 결정(근로자, 근로자 대표)
2) 근로자의 참여 및 협의 방법
3) 근로자의 참여 및 협의에 대한 교육훈련 및 자원 제공
4) 근로자의 협의 및 참여대상 사항에 대한 방법 및 절차 제시(양식-004)

3. 심사사례

1) 근로자의 참여 및 협의 방법이 항목별로 결정되지 않은 경우
2) 근로자와 협의하고 근로자가 참여한 객관적 증거가 부족한 경우
3) 근로자와 협의 및 참여가 일부 사항에서만 수행되는 경우

6. 기획

6.1 리스크와 기회를 다루는 조치

6.1.1 일반사항

안전보건경영시스템을 기획할 때 조직은 4.1(조직과 조직 상황의 이해)에서 언급한 이슈, 4.2(근로자 및 기타 이해관계자의 니즈와 기대 이해) 및 4.3(안전보건경영시스템 적용범위 결정)에서 언급한 요구사항을 고려하여야 하고 다음 사항을 다룰 필요가 있는 리스크와 기회를 결정하여야 한다.

> a) 안전보건경영시스템이 의도된 결과를 달성할 수 있음을 보증
> b) 바람직하지 않은 영향의 예방 또는 감소
> c) 지속적 개선의 달성
>
> 안전보건경영시스템에 대한 리스크와 기회, 그리고 다루어야 할 필요가 있는 의도된 결과를 결정할 때 조직은 다음 사항을 반영하여야 한다.
> - 위험요인(6.1.2.1 참조)
> - 안전보건 리스크 및 기타 리스크(6.1.2.2 참조)
> - 안전보건 기회 및 기타 기회(6.1.2.3 참조)
> - 법적 요구사항 및 기타 요구사항(6.1.3 참조)
>
> 조직은 기획 프로세스에서 조직, 프로세스 또는 안전보건경영시스템에서의 변경과 연관된 안전보건경영시스템의 의도된 결과와 관련된 리스크와 기회를 결정하고 평가하여야 한다. 계획된 변경의 경우 영구적이든 또는 임시적이든 이러한 평가는 변경이 실행되기 전에 수행되어야 한다(8.1.3 참조).
>
> 조직은 다음 사항에 대하여 문서화된 정보를 유지하여야 한다.
> - 리스크와 기회
> - 프로세스와 조치가 계획된 대로 수행된다는 확신을 하는데 필요한 정도까지 리스크와 기회(6.1.2에서 6.1.4 참조)를 결정하고 다루는 데 필요한 프로세스와 조치

1. 해설

안전보건 성과를 달성하기 위한 기획에서 고려해야할 사항과 다룰 필요가 있는 리스크와 기회를 결정하여야 한다. 다룰 필요가 있는 의도된 결과를 결정할 때 먼저 고려해야 할 사항으로는 4절에서 파악한 내부, 외부 이슈, 근로자와 이해관계자의 요구사항 및 시스템의 적용범위이다.

그리고 다루어야 할 필요가 있는 사항으로는 의도된 결과를 달성할 수 있음을 보장하고, 바람직하지 않은 영향의 감소 및 예방할 수 있는 지와 지속적인 개선을 달성할 수 있는 지에 대한 리스크와 기회를 결정하는 일이 중요한 사항이다.

안전보건의 성과를 향상시킬 수 있는 기회에 대한 예시는 부록에서 제시하고 있으므로 조직의 성과 개선 기획시 이를 고려하는 것이 좋겠다.

위험요인을 파악하고 리스크와 기회를 평가할 때는 실제 작업을 수행하고 위험에 노출되고 있는 근로자의 참여로 실질적인 평가를 보장할 수 있을 것이다.

리스크평가에 관련된 전문적인 자료는" ISO 31000 리스크관리"를 참조하면 도움이 될 것이다. 기획은 일회성 업무가 아니라, 변화하는 상황을 예측하고 리스크와 기회를 지속적으로 결정하는 연속적인 프로세스이므로 전체적으로 경영시스템에 대한 활동과 요구사항 간의 관계 및 상호작용을 고려하고 이는 근로자와 안전보건경영시스템 모두에 해당한다.

기획단계의 결과물은 목표가 되어야하는데 이 목표를 수립하기 위하여 4절에서 내부와 외부 이슈를 파악하고 근로자 및 관련이해관계자의 요구사항을 파악한 것을 대상으로 한다.

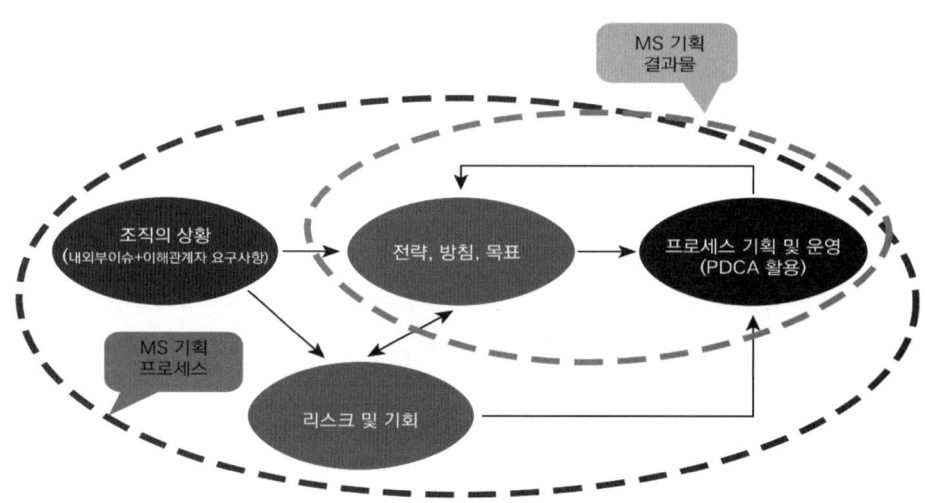

이 절차는 현재까지 조직에서 목표 수립을 위하여 수행하던 것과 차이점이 없다고 본다. 이번 표준에서의 변화는 파악된 조직 상황을 바로 목표로 수립하여 목표달성을 추진하는 과정에서 예상되는 리스크와 기회가 어떤 것이 있는지를 먼저 파악하여 리스크를 해결하고 기회를 살릴 수 있는 대책을 추진계획에 반영하여 목표달성률을 향상하려는 취지로 인식하는 것이 좋겠다.

그러므로 4절에서 파악된 각각의 이슈와 근로자 및 관련 이해관계자 요구사항별로 리스크와 기회를 파악 및 평가하여 결과를 반영할 때 목표달성률이 높아져서 목표 미달성에 따른 시정조치 할 대상이 감소할 것이고 이것이 바로 조직의 의도된 결과를 달성하는데 부합하는 것이다.

2. 준비사항

1) 리스크 및 기회 평가 실시(양식-005)

3. 심사사례

1) 심사현장에서 가끔 발견되는 사항 중에는 리스크(불확실성의 영향)를 오해하여 조직의 목표가 달성되지 못했을 경우에 조직에 미치는 리스크로 이해하고 있는 경우가 있어 바로잡고자 한다. 다시 말하지만 리스크라는 용어는 예방조치의 성격을 띠고 있어 예방조치를 대체한 용어라는 것을 이해하여주기 바란다.
2) 심사에서 발견되는 사항 중에는 SWOT분석 기법을 활용하여 리스크와 기회 분석을 실시하는 경우를 볼 수 있는데 이들 중 대부분의 사업장에서는 SWOT분석만 실시하고 4개의 분야에 해당하는 사항에 대하여 관련 조치가 수행되지 않고 있음을 발견한다. 내부환경요인에 따른 강점, 약점 및 외부환경요인에 따른 위협과 기회에서 분석된 결과를 전략, 방침 및 목표와 연계하는 후속조치가 수행되지 않은 경우이다.

6.1.2 위험요인 파악 및 리스크와 기회의 평가

6.1.2.1 위험요인 파악

조직은 지속적이고 적극적인 위험요인 파악을 위한 프로세스를 수립, 실행 및 유지하여야 한다.
프로세스에는 다음을 반영해야 하지만 이에 국한하지 않는다.
a) 작업 구성방법, 사회적 요소(작업량, 작업시간, 희생강요, 괴롭힘 및 따돌림 포함), 리더십 및 조직 문화
b) 다음 사항으로부터 발생하는 위험요인을 포함하여 일상적 및 비일상적 활동 및 상황
   1) 기반구조, 장비, 재료, 물질 및 작업장의 물리적 조건

    2) 제품 및 서비스 설계, 연구, 개발, 시험, 생산, 조립, 건설, 서비스 인도, 유지보수 및 폐기
    3) 인적 요인
    4) 작업 수행방법
c) 비상사태를 포함하여 조직의 내부 또는 외부와 관련된 과거의 사건과 그것들의 원인
d) 잠재적 비상 상황
e) 다음 사항의 포함을 고려한 인원
    1) 근로자, 계약자, 방문자 및 기타 인원을 포함하여 작업장 및 그들 활동에 접근할 수 있는 인원
    2) 조직의 활동으로 영향을 받을 수 있는 작업장 주변 인원
    3) 조직이 직접 관리하지 않는 장소에 있는 근로자
f) 다음 사항의 포함을 고려한 기타 이슈
    1) 관련 근로자의 니즈와 능력에 대한 그들의 적응을 포함하여 작업 구역, 프로세스, 설치, 기계/장비, 운용 절차 및 작업 구성의 설계
    2) 조직의 관리하에 있는 작업 관련 활동으로 인해 작업장 인근에서 발생하는 상황
    3) 조직에 의해 관리되지 않고 작업장 인근에서 발생하는 상황으로 작업장에 있는 사람에게 상해 및 건강상 장해를 일으킬 수 있는 상황
g) 조직, 운용, 프로세스, 활동 및 안전보건경영시스템에서의 실제(actual) 또는 제안된 변경
h) 위험요인에 대한 지식 및 정보의 변화

6.1.2.2 안전보건경영시스템에 대한 안전보건 리스크와 기타 리스크의 평가

조직은 다음 사항을 위한 프로세스를 수립, 실행 및 유지하여야 한다.
a) 기존 관리 대책의 효과를 반영하면서 파악된 위험요인으로부터 안전보건 리스크를 평가
b) 안전보건경영시스템의 수립, 실행, 운용 및 유지와 관련된 기타 리스크를 결정 및 평가

안전보건 리스크 평가를 위한 조직의 방법론 및 기준은 그 적용범위, 특성(nature) 및 시기에 관하여 사후 대응적이기보다는 사전 예방적이며 체계적인 방식으로 사용됨을 보장하도록 정의되어야 한다. 방법론 및 기준에 관한 문서화된 정보는 유지 및 보유 되어야 한다.

> #### 6.1.2.3 안전보건경영시스템에 대한 안전보건 기회와 기타 기회의 평가
>
> 조직은 다음 사항을 평가하기 위한 프로세스를 수립, 실행 및 유지하여야 한다.
> a) 조직, 방침, 프로세스 또는 활동에 대한 계획된 변경을 반영하면서 안전보건 성과를 향상 시 킬 수 있는 안전보건 기회, 그리고 다음 사항의 기회
>   1) 근로자에게 작업, 작업 구성 및 작업환경을 적용하기 위한 기회
>   2) 위험요인을 제거하고 안전보건 리스크를 감소하기 위한 기회
> b) 안전보건경영시스템 개선을 위한 기타 기회
>
> **비고** 안전보건 리스크 및 안전보건 기회는 조직에 기타 리스크 및 기타 기회를 초래할 수 있다.

1. 해설

위험성평가는 안전보건경영시스템 구축에서 가장 중요하면서 가장 어려운 업무 중 하나이다. 사실 조직의 위험성이 적절하게 파악되지 못한다면 당면하고 있는 위험을 감소하거나 제거하는 데 별로 도움이 되지 않을 수도 있다고 본다.

위험성평가를 위해서는 먼저 평가에 사용할 평가기법의 선택이 중요하며, 사용하는 평가기준도 중요하다. 대부분의 조직에서는 KRAS 또는 4M 평가기법을 사용하고 있다. 평가를 위해서는 안전보건정보를 수집하여야 하는데 이때 업무활동에 사용되는 기계장치와 유해 물질을 누락없이 파악하여 일상과 비일상적 활동에 대한 평가를 수행하여야 한다.
위험성평가에 대한 사항은 제3장에서 구체적으로 설명되어 있으므로 참조하기 바란다.

2. 준비사항

1) 업무분장에 따른 부서별 평가대상의 결정
2) 위험정보 파악(양식—006)
3) 위험성평가표(양식—007)
3) 위험성평가 기준
4) 위험성평가결과 중대 위험성에 대한 관리기준
5) 개선실행계획서(양식—008)

3. 심사사례

1) 최초심사는 많은 경우 위험성평가 대상을 너무 많이 누락시킨 경우가 있으며, 사후평가에서는 위험성평가 주기를 준수하지 않거나 평가결과가 이전 또는 최초평가와 동일한 경우가 일부 있음.
2) 위험요인의 변동사항 발생할 경우에 실시하는 수시(비정기)평가 대상 발생에 대한 평가 누락
3) 공통적인 사항으로는 위험성평가를 실시했다는 평가담당자 조차도 위험성평가에 대한 내용을 구체적으로 숙지하고 있지 못함.
4) 어떤 조직에서는 위험성평가 담당자에 내부자격을 부여하여 운영하거나 평가를 실시하기 전에 평가담당자들에 교육을 실시한 후 평가를 실시하는 조직도 있음.
5) 위험성평가 절차가 준수되지 않는 경우(양식, 평가기준 및 결과에 대한 조치기준 등)

6.1.3 법적 요구사항 및 기타 요구사항의 결정

조직은 다음 사항을 위한 프로세스를 수립, 실행 및 유지하여야 한다.
a) 위험요인, 안전보건 리스크 및 안전보건경영시스템에 적용할 수 있는 최신 법적 요구사항 및 기타 요구사항의 결정과 이용
b) 이러한 법적 요구사항 및 기타 요구사항이 어떻게 조직에 적용되고 무엇이 의사소통 될 필요가 있는지 결정
c) 안전보건경영시스템을 수립, 실행, 유지 및 지속적으로 개선할 때 이러한 법적 요구사항 및 기타 요구사항을 반영

조직은 법적 요구사항 및 기타 요구사항에 대한 문서화된 정보를 유지 및 보유하여야 하고 모든 변경을 반영하기 위해 갱신됨을 보장하여야 한다.

비고 법적 요구사항 및 기타 요구사항은 조직에 리스크와 기회를 초래할 수 있다.

---

1. 해설

조직이 적용되는 현재의 법규 요구사항을 준수하여야 하는 것은 물론 앞으로 강화, 개정되는 법규 요구사항도 적기에 파악하여 업무에 반영하고 준수하여야하는 것은 당연한 일이다.

법규위반사항이 없도록 관리하기 위해서는 먼저 조직의 위험요인, 안전보건 리스크 및 안전보건경영시스템에 적용할 수 있는 안전보건관련 대상 법규를 먼저 결정하여 정리(통상 법규목록)하여야 한다. 이들 대상 법규들의 요구사항 중에서 조직에 적용되는 내용을 파악하여 등록(법규 등록부)하여야한다. 법규 등록부를 관련 부서에 송부하여 해당 업무를 수행하는 인원에 인식시켜 자신의 업무를 수행할 때 준수하도록 해야 한다.

여기서 법규 요구사항이라고 말하는 것은 안전보건관련 법규를 말하며, 기타 요구사항이라는 것은 이해관계자와의 합의 및 계약사항 등 조직이 준수하기로 상대와 약속한 사항을 말한다. 법규와 기타 요구사항은 아래의 a), b)를 참조바란다.

법규 요구사항은 개정될 수 있기 때문에 이를 주기적으로 확인하여 변경된 요구사항 중에 조직에 적용되는 것이 있다면 법규등록부에 이 사항을 반영하여 개정하고 내용을 관련부서에 제공하여 이행할 수 있도록 하여야 한다. 다시 말해서 최신의 법규요구사항이 파악되고 업무에 반영 및 이행되어야 한다.

a) 법적 요구사항에 포함될 수 있는 사항의 예로는
   법령 및 규정을 포함한 법규(국가, 지역), 법령 및 지침, 규제 당국이 발급한 명령, 단체협약 허가, 면허 또는 다른 형태의 승인, 법원 또는 행정법원의 판결, 조약, 협약, 의정서
b) 기타 요구사항에 포함될 수 있는 사항의 예로는
   조직의 요구사항, 계약 조건, 고용 계약, 이해관계자와의 합의, 보건 당국과의 합의
   비강제적 표준, 합의 표준 및 지침, 자발적 원칙, 실무 규범, 기술 규격, 선언문

2. 준비사항

1) 회사의 활동과 관련되는 산업안전관련 법규 및 기타 요구사항의 대상 파악(양식--009)
2) 파악된 법규 및 기타 요구사항에서 회사에 적용되는 요구사항을 파악(양식--010)
3) 안전보건경영시스템의 수립, 실행, 유지 및 지속적 개선에 법규 요구사항을 반영 한다.
4) 법규 요구사항을 충족시키는 방법을 결정할 때 근로자와 협의한다.

3. 심사사례

1) 산업안전관련법규의 요구사항은 그런대로 파악하고 있으나 기타 요구사항에 대해서 파악, 관리하고 있는 곳은 별로 많지 않음.
2) 법규 요구사항을 별도로 파악하여 정리하지 않고 필요시 법규를 확인할 수 있도록 관련

사이트만 안내하고 있는 곳도 있고, 법규 요구사항 전체를 출력하여 배포하는 경우 등 현실적으로 적절하지 않는 방법을 택하고 있음.
3) 법규 요구사항을 모든 사람이 필요할 때마다 관련 사이트를 방문하여 확인하게 한다면 시간의 낭비는 물론 법에 대한 전문성이 부족하기 때문에 목적을 달성하기도 쉽지 않음.

6.1.4 조치의 기획

조직은 다음 사항을 기획하여야 한다.
a) 다음 사항에 대한 조치
  1) 리스크와 기회를 다룸(6.1.2.2 및 6.1.2.3 참조).
  2) 법적 요구사항 및 기타 요구사항을 다룸(6.1.3 참조).
  3) 비상 상황에 대한 대비 및 대응(8.2 참조)
b) 다음 사항에 대한 방법
  1) 조치를 안전보건경영시스템 프로세스 또는 기타 비즈니스 프로세스에 통합하고 실행
  2) 이러한 조치의 효과성을 평가

조직은 조치를 취하기 위한 기획 시 관리 단계(8.1.2 참조) 그리고 안전보건경영시스템의 결과를 반영하여야 한다.

조직은 조치를 기획할 때 모범 사례, 기술적 선택, 그리고 재무, 운용 및 비즈니스 요구사항을 고려하여야 한다.

1. 해설

조치 기획의 대상으로 리스크와 기회, 법적 요구사항 및 기타 요구사항, 비상 상황에 대한 대비 및 대응에 대한 사항을 다루어야 한다.
조치를 기획 할 때는 모범사례, 기술적 선택, 그리고 재무, 운용 및 비즈니스 요구사항 등을 고려해야 한다. 조치기획에서 추가할 사항은 조치를 취하기 전에 이 조치로 인하여 또 다른 위험요인이 발생하지 않는지 검토하는 일이며 조치 결정에 근로자를 참여 시켜야 한다.

2. 준비사항

조치 기획에 대한 검토 실시

3. 심사사례

조치계획을 품질, 환경, 비즈니스연속성, 리스크, 재정 또는 인적자원 관리를 위해 수립된 다른 비즈니스 프로세스와 통합하지 않고 안전보건관리만 기획하고 있음.

6.2 안전보건목표와 목표 달성 기획

6.2.1 안전보건 목표

조직은 안전보건경영시스템 및 안전보건 성과를 유지하고 지속적으로 개선하기 위해 관련 기능과 계층에서 안전보건 목표를 수립하여야 한다(10.3 참조).

안전보건 목표는 다음 사항과 같아야 한다.
a) 안전보건 방침과 일관성이 있어야 함.
b) 측정 가능하거나(실행 가능한 경우) 성과 평가가 가능하여야 함.
c) 다음 사항을 반영해야 함.
   1) 적용 가능한 요구사항
   2) 리스크와 기회의 평가 결과(6.1.2.2 및 6.1.2.3 참조)
   3) 근로자 및 근로자 대표(있는 경우)와 협의 결과(5.4 참조)

d) 모니터링을 하여야 함.
e) 의사소통을 하여야 함.
f) 해당되는 경우, 갱신하여야 함.

1. 해설

안전보건목표는 안전보건경영시스템 수립단계에서 기획의 결과물이다.

앞에서 목표를 수립하기 위하여 4절에서 내부, 외부 이슈와 관련 이해관계자의 요구사항을 파악하여 관리대상을 결정하였고, 조직의 안전보건관련 위험성이 어떤 것이 있으며, 이 중에서 관리해야 할 위험요인이 무엇인지를 평가를 통하여 결정했다. 조직에 적용되는 법규 및 기타 요구사항을 파악하였고 이에 대한 리스크평가를 수행한 결과를 토대로 조직이 의도된 결과를 달성하기 위하여 관리해야 할 사항을 정하여 관련된 모든 기능이나 계층에서 조직의 특성을 고려하여 목표를 수립하여야 한다.

여기에서 목표라고하는 것은 통상적으로 조직에서 말하는 목표와 세부 목표를 포함하고 있다.

일반적으로 목표는 전사적이거나 중장기적인 사항을 말하고, 세부목표는 부서적인 것 또는 단기간에 달성해야 할 사항을 말한다.

특히 목표는 측정 가능해야 하는데 그렇지 못할 경우에는 주기적으로 달성 실적을 분석할 때 달성율을 판단하기 어렵기 때문이다. 어떤 경우는 측정 가능한 목표를 수립하기 어려워 정성적으로 수립 할 경우도 있을 수 있겠지만 정량화하는 것보다 관리가 쉽지 않을 수 있다.

2. 준비사항

1) 조직의 안전보건 목표(양식-- 011)

3. 심사사례

1) 목표는 회사에서 정한 핵심성과지표(KPI)와 통합할 수 있다면 통합하는 것이 좋음.
   안전보건 목표(시스템 목표)와 핵심성과지표를 달리 수립하여 운영하는 조직들 중의 일부는 핵심성과지표는 부서 평가와 연계되어 있기 때문에 철저하게 이행하고 있으나 안전보건 목표는 그렇지 못한 사례가 일부 발견됨.
2) 안전보건경영시스템의 외부심사결과를 핵심성과지표에 반영하여 관리함에 따라 외부심사에서 부적합사항이 발견되면 심사원의 입장이 난처한 경우도 발생

3) 목표는 수립하였으나 목표달성에 기여하여야 할 인원에게 의사소통이 되지 않아 담당자가 목표를 알지 못하는 경우도 있음.

6.2.2 안전보건 목표 달성 기획

조직은 안전보건 목표를 어떻게 달성할 것인지 기획할 때 다음 사항을 결정하여야 한다.
a) 무엇을 할 것인가
b) 어떤 자원이 필요한가
c) 누가 책임을 질 것인가
d) 언제 완료할 것인가
e) 모니터링을 위한 지표를 포함하여 결과를 어떻게 평가할 것인가
f) 안전보건 목표 달성을 위한 조치를 조직의 비즈니스 프로세스에 어떻게 통합시킬 것인가

조직은 안전보건 목표와 목표 달성 계획에 관한 문서화된 정보를 유지 및 보유하여야 한다.

1. 해설

현장에서는 "안전보건 목표 달성 기획"을 어렵게 받아들이는 모습을 많이 느낄 수 있다. 조직에서는 주로 목표 추진계획이라고 하고 있기 때문이다. 이런 모습을 보면서 ISO를 대하는 사용자들이 시스템을 얼마나 어렵게 생각하는지 알 수 있는 부분이다.

목표 달성 기획(목표 추진계획)을 수립할 때 목표를 보다 효과적으로 달성하기 위해서 결정해야할 6가지 사항을 요구하고 있다.

이 사항은 조직에서 기 시용하고 있는 목표 추진계획 양식에 반영하는 것으로 충분하다고 본다.

목표에서도 말했지만 조직의 KPI와 다르게 관리되고 있는 면은 개선의 대상이라고 본다. 다시 말해서 목표를 조직의 KPI 등 다른 목표와 통합하여 수립하고 동일하게 실행하는 방안의 검토가 요구된다.

목표에 대한 추진계획을 수립할 때는 실제적인 추진 활동이 근로자에 의해서 수행되기 때문에 해당 근로자와의 협의가 필요하며, 계획서는 문서화되고 기록은 관리되어야 한다.

2. 준비사항

1) 목표 추진계획서(양식--012)
2) 목표 추진실적보고서(양식--013)

3. 심사사례

1) 추진계획서에 요구사항 중에서 필요한 자원, 모니터링 지표 및 평가방법이 정해지지 않음.
2) 계획대비 미달된 경우에 대한 조치 기준이 없거나 조치가 이행되지 않은 경우가 있음.

7. 지원(support)

7.1 자원

조직은 안전보건경영시스템의 수립, 실행, 유지 및 지속적 개선에 필요한 자원을 결정하고 제공하여야 한다.

1. 해설

이 절의 요구사항은 안전보건경영시스템과 관련된 자원을 결정하고 결정된 자원은 시스템을 효과적으로 실행할 수 있도록 제공하여야 한다는 것이다.

통상 자원이라고 말하면 기계장치 및 설비 등에 한정하는 것이 보통이지만 이 시스템에서는 이후 어디에서도 자원에 대한 요구사항이 존재하지 않기 때문에 이 절에서 전반적인 자원인 기계장치 및 설비뿐만 아니라 기반 구조, 기술, 재정 등도 포함하여야 한다.
다만 인원에 대해서는 별도의 요구사항이 있기 때문에 포함에서 제외하는 것이 당연하다고 본다.

2. 준비사항

1) 유해위험 기계장치 및 설비 목록표(양식--014)
2) 보건설비 목록표(양식--015)
3) 안전장치 목록표(양식--016)
4) 유해위험물질 목록표(양식--017)

3. 심사사례

1) 안전보건경영에 관련되는 자원 및 유해위험물질이 파악되어 있지 않는 경우
2) 기계장치 및 설비의 작업표준에 안전보건과 관련 사항이 누락되어 있는 경우

7.2 역량/적격성

조직은 다음 사항을 실행하여야 한다.

a) 안전보건경영시스템 성과에 영향을 미치거나 미칠 수 있는 근로자에게 필요한 역량을 결정
b) 근로자가 적절한 학력, 교육 훈련 또는 경험에 근거한 역량(위험요인을 파악할 수 있는 능력 포함)을 가지고 있음을 보장
c) 적용 가능한 경우, 필요한 역량을 확보하고 유지하기 위한 조치를 취하고, 취해진 조치의 효과성을 평가
d) 역량의 증거로서 적절한 문서화된 정보를 보유

비고 적용할 수 있는 조치에는, 예를 들어 현재 고용된 인원에 대한 교육 훈련 제공, 멘토링이나 재배치 시행, 또는 역량이 있는 인원의 고용이나 그러한 인원과의 계약체결을 포함할 수 있다.

---

1. 해설

이 절의 요구사항에서는 조직의 안전보건성과에 영향을 미치는 인원을 결정하는 것이 우선이다. 품질, 환경영경영시스템 등 다른 경영시스템을 구축한 업체라면 해당 업무수행에 필요한 인원에 대하여 내부자격기준을 정하여 자격을 부여했던 것을 기억하면 쉽게 이해가 될 것이다.

안전보건의 경우는 법적으로 요구하고 있는 자격이 많기 때문에 내부자격대상은 많지 않을 것 같지만 재해예방과 무재해를 달성하는데 영향을 일정부분 이상 미치는 인원에 대해서는 자체적으로 자격을 부여하여 업무를 수행하게 하는 것이 효과적이기 때문에 진지한 고려가 필요하다.

내부자격부여 대상과 자격 별 기준을 정하고 필요한 조치를 취하는 것과 취해진 조치에 대한 효과를 평가하는 일련의 과정에 근로자의 참여가 필요하다.

적격성 확보를 위하여 취할 수 있는 조치로는 현재 인원에 대하여 교육훈련을 제공하거나, 현재 인원의 재배치 또는 적격한 인원을 신규로 고용하거나 필요한 인원과 계약을 체결하여 해결하는 등 여러가지를 검토하여 최선의 방법으로 결정하면 좋을 것 같다.

2. 준비사항

1) 내부자격부여 대상 및 자격기준(양식-- 018)
2) 내부자격 관리대장(양식-- 019)

3. 심사사례

1) 사내자격대상을 너무 확대하여 거의 전체 직원에 대하여 자격을 부여한다거나 자격기준을 너무 높게 정하여 적용이 현실적이지 못한 사례가 자주 발견됨.
2) 자격을 부여한 이후에 사후관리를 하지 않아 자격관리대장에 등재된 인원에 대하여 확인해보면 일부는 퇴사, 전직 등 해당 업무와 관련이 없는 인원이 등록된 상태로 유지되고 있는 경우
3) 외부기관에서 자격을 취득한 자격자에 대하여 사내에서 추가로 자격기준을 정하여 관리함에 따라 실효성에 문제가 있는 경우
4) 자격기준을 정하여 자격을 부여하였으나 그에 대한 증빙자료가 존재하지 않는 경우

7.3 인식

근로자는 다음 사항을 인식하도록 하여야 한다.
a) 안전보건 방침과 안전보건 목표
b) 개선된 안전보건 성과의 이점을 포함한 안전보건경영시스템의 효과성에 대한 자신의 기여
c) 안전보건경영시스템 요구사항에 부합하지 않을 경우의 영향(implication) 및 잠재적 결과
d) 근로자와 관련이 있는 사건과 그 사건과 관련된 조사 결과
e) 근로자와 관련이 있는 위험요인, 안전보건 리스크 및 결정된 조치
f) 근로자가 자신의 생명이나 건강에 긴급하고 심각한 위험을 초래할 수 있다고 생각하는 작업상황에서 스스로 벗어날 수 있는 권한, 그리고 그렇게 하는 것에 대한 부당한 결과로부터 근로자를 보호하기 위한 준비(arrangements)

1. 해설

모든 근로자는 그들이 처한 업무상황에서 노출된 안전보건 리스크가 무엇인지 정확히 알아야 능동적으로 대처할 수 있다. 근로자뿐만 아니라 조직과 관련하여 업무를 수행하는 조직의 방문자, 계약자 등도 마찬가지이다. 이들에게 안전보건 리스크를 인식시켜야 안전이 확보될 수 있기 때문에 인식의 대상을 누구로 할 것인지, 그리고 각각의 대상에 대하여 무엇을 어떻게 인식시킬 것인지를 정하여 체계적으로 인식시키는 것이 요구된다.

현장에서 직접 업무활동을 수행하는 근로자가 인식해야 할 사항을 간단하게 살펴보면 안전보건 방침, 안전보건 목표, 안전보건 업무와 관련한 자신의 책임과 권한, 자신의 업무와 관련된 법규 요구사항, 해당 업무와 관련된 위험성평가결과, 업무수행에 필요한 절차서 등의 문서, 비상시 대비 및 대응 절차와 역할, 사고발생 조사보고서 등은 근로자가 인식하고 있어야 할 사항이다.

인식을 위하여 회사에서 취하는 여러 가지 방법 중 우선적으로 시행해야 하는 것은 교육을 통하는 방법이다. 이 경우에는 조직의 연간교육계획에 위에서 언급한 사항들이 포함될 수 있도록 수립하는 것이 좋겠다.

2. 준비사항

1) 교육대상자 결정
2) 교육계획 수립(양식-020)
3) 교육실시 및 평가
4) 교육훈련 결과보고(양식-021)

3. 심사사례

1) 교육계획에 시스템과 관련한 필수적으로 인식하여야 할 사항이나 개선조치를 위하여 추진하겠다고 정한 교육내용들이 교육계획에서는 누락되는 경우
2) 안전보건경영시스템과 관련된 교육을 법적안전교육과 병행하여 실시함으로써 별도의 교육시간을 할애하지 않아도 되게 운영하는 경우
3) 안전보건관련 교육은 물론 현장 근로자가 인식하여야 할 사항을 동영상으로 제작하여 근로자가 보기 쉬운 작업장 입구 또는 휴게실에서 주기적으로 상영하는 경우도 있음.
4) 교육대상자가 확정되지 않고 불참자에 대한 후속조치가 수행되지 않은 경우
5) 계약자, 방문자 들에 대하여 필요한 교육이 제공되지 않아 계약자가 출입금지구역을 모르고 들어가서 사고를 일으킨 경우

7.4 의사소통

7.4.1 일반사항

조직은 다음 사항의 결정을 포함하여 안전보건경영시스템에 관련되는 내부 및 외부 의사소통에 필요한 프로세스를 수립, 실행 및 유지하여야 한다.
a) 무엇에 대해 의사소통을 할 것인가
b) 언제 의사소통을 할 것인가
c) 누구와 의사소통을 할 것인가
   1) 조직 내부의 다양한 계층과 기능
   2) 계약자와 작업장 방문자
   3) 기타 이해관계자

d) 어떻게 의사소통을 할 것인가

조직은 의사소통의 니즈를 고려할 때 다양한 측면(예: 성별, 언어, 문화, 독해 능력, 장애)을 반영하여야 한다.

조직은 의사소통 프로세스를 수립하는 과정에서 외부 이해관계자의 의견에 대한 고려를 보장하여야 한다.

의사소통 프로세스를 수립할 때, 조직은 다음 사항을 실행하여야 한다.
- 법적 요구사항 및 기타 요구사항의 반영
- 의사소통이 되는 안전보건 정보가 안전보건경영시스템 내에서 생성된 정보와 일관성이 있고, 신뢰할 수 있음을 보장

조직은 안전보건경영시스템에서 관련된 의사소통에 대응하여야 한다.

조직은 의사소통의 증거로서 적절하게 문서화된 정보를 보유하여야 한다.

7.4.2 내부 의사소통

조직은 다음 사항을 실행하여야 한다.
a) 안전보건경영시스템의 변경을 포함하여 조직의 다양한 계층과 기능 간에 안전보건경영시스템과 관련된 정보를 내부적으로 적절하게 의사소통
b) 조직의 의사소통 프로세스를 통하여 근로자가 지속적 개선에 기여할 수 있다는 것을 보장

7.4.3 외부 의사소통

조직은 의사소통 프로세스에 의해 수립되고 법적 요구사항 및 기타 요구사항을 반영한 안전보건경영시스템과 관련된 정보를 외부와 의사소통하여야 한다.

1. 해설

조직은 안전보건 관련하여 무엇에 대하여 누구와 언제, 어떻게 의사소통 할 것인지를 정해야 한다. 의사소통할 때에는 법적 및 기타 요구사항을 반영하고 안전보건경영시스템 내에서 생성된 정보와 일관성이 있어야 신뢰할 수 있다.

내부 의사소통은 시스템의 변경 등 시스템과 관련된 정보를 내부적으로 소통하여 근로자가 지속적 개선에 기여할 수 있게 하여야 하며, 법규 및 기타 요구사항을 반영한 정보를 외부와 의사소통하여야 한다.

의사소통에서 무엇을, 언제, 누구와, 어떻게 의사소통 할 것인지에 대해서 내부 의사소통과 외부 의사소통은 차이가 있을 수 있겠다.
내부 의사소통이라면 회사의 조직 체계나 여러가지 채널(제안제도, 고충처리 위원, 노동조합, 안전보건위원회 등)을 활용하면 되겠지만, 외부 의사소통의 경우는 달라질 수 있는데 때로는 품질경영시스템에서 요구되고 있는 고객불만처리와 같이 의사소통사항을 접수하고 이에 대한 중요도를 결정하고 중요도 처리기준에 따라 처리하기도 한다.

그리고 의사소통이 필요한 사항과 의사소통 방법을 결정할 때는 근로자가 참여해야 한다.

2. 준비사항

1) 의사소통관리 대장(양식--022)

3. 심사사례

1) 사회적으로 알려진 문제가 있었음에도 불구하고 의사소통대장에 등록되어있지 않는 사례
2) 외부정보를 수집하여 등록대장에만 작성하고 별도의 조치를 취하지 않은 경우
3) 정보를 접수하여 처리하고 이를 정보를 제공한 인원에 회신해주지 않은 사례
4) 외부 의사소통(불만사항 등)결과를 확인하지 않은 경우(만족 또는 효과)

7.5 문서화된 정보

7.5.1 일반사항

조직의 안전보건경영시스템에는 다음 사항이 포함되어야 한다.
a) 이 표준에서 요구하는 문서화된 정보
b) 조직에서 안전보건경영시스템의 효과성을 위하여 필요한 것으로 결정한 문서화된 정보

비고 안전보건경영시스템을 위한 문서화된 정보의 정도는 다음과 같은 이유로 조직에 따라 다를 수 있다.

- 조직의 규모와 활동, 프로세스, 제품 및 서비스의 유형
- 법적 요구사항 및 기타 요구사항의 충족을 실증할 필요성
- 프로세스의 복잡성과 프로세스의 상호 작용
- 근로자의 역량

7.5.2 작성 및 갱신

문서화된 정보를 작성하고 갱신할 경우 조직은 다음 사항의 적절함을 보장하여야 한다.
a) 식별 및 내용(예: 제목, 날짜, 작성자 또는 문서번호)
b) 형식(예: 언어, 소프트웨어버전, 그래픽) 및 매체(예: 종이, 전자 매체)
c) 적절성 및 충족성에 대한 검토 및 승인

7.5.3 문서화된 정보의 관리

안전보건경영시스템 및 이 표준에서 요구하는 문서화된 정보는 다음 사항을 보장하기 위하여 관리되어야 한다.
a) 필요한 장소 및 필요한 시기에 사용할 수 있고 사용하기에 적절해야 함.
b) 충분하게 보호되고 있어야 함(예: 기밀성 상실, 잘못된 사용, 완전성 상실로이부터).

문서화된 정보의 관리를 위하여 적용 가능한 경우, 다음 활동을 다루어야 한다.
- 배포, 접근, 검색 및 사용
- 읽을 수 있는 상태로의 보관 및 보존

> \- 변경 관리(예: 버전 관리)
> \- 보유 및 폐기
>
> 안전보건경영시스템의 기획과 운용을 위하여 필요하다고 조직이 정한 외부 출처의 문서화된 정보는 적절하게 식별되고 관리되어야 한다.
>
> **비고 1** 접근(access)은 문서화된 정보를 보는 것만 허락하거나, 문서화된 정보를 보고 변경하는 승인 및 권한에 관한 의사결정을 의미할 수 있다.
>
> **비고 2** 관련 문서화된 정보에 대한 접근은, 근로자 및 근로자 대표(있는 경우)의 접근도 포함한다.

1. 해설

문서화된 정보라는 용어는 상위 문서 구조(High level structure/ HLS)가 도입되면서 생겨났는데, 의미는 지난 규격의 문서와 기록을 합쳐서 부르는 용어라 할 수 있다.

시스템을 구축 및 운용하는 입장에서는 문서와 기록을 별도로 관리해야 하는데 번거롭게 된 것 같지만, 금번 규격에서는 문서화된 정보에 대하여 유지(문서화)와 보유(기록)하도록 요구하고 있고, 문서화된 정보를 유지하라는 요구사항은 극히 제한적이어서 요구사항에 따른 문서화 대상은 종전 대비하여 많이 감소되었다.

그러나 조직과 심사원 모두에게 번거로운 일이 일부 발생한다. 예로 문서는 조직에서는 일관성 있는 업무수행을 위한 지침으로 사용되는데 문서가 없어서 각 조직마다 업무수행에 일관성이 없다면 효과적인 업무수행이 될 수 없을 것이고, 심사원은 표준에서는 요구하지 않지만 문서화를 권고할 수 밖에 없는 상황이 되는 것이다.

표준에서 문서화하라고 요구하지 않는 사항이라도 조직이 자체적으로 판단하여 업무의 일관성 있는 수행이나 연속성을 유지하기 위해서는 문서화가 도움이 되므로, 문서화를 적게 하는 것이 능사는 아니다. 그리고 금번 요구사항에서 매뉴얼에 대한 언급이 없다고 많은 회사에서 매뉴얼을 만들지 않거나 과거부터 유지해오던 회사에서도 매뉴얼을 개정하지 않고 폐기하는 사례를 자주 접하게 되는데 매뉴얼이든 절차서이든 신입사원의 교육 및 업무의 체계를 이해할 수 있기 때문에 개정하여 유지할 것을 권고하고 싶다.

문서화된 정보관리에서 특별히 강조하고 싶은 것은 최근에는 문서가 대부분 전산으로 관리되고 있는데 이에 대한 관리기준이 수립되지 않은 조직이 예상외로 많음을 알게 되었다.

심사 수검 시에 과거에는 파일에 철해진 자료를 준비하여 수검장소에 들어왔으나 최근에는 개인컴퓨터(노트북)을 가져와서 심사에 대응하는 경우가 많아졌으나 정작 찾고자 하는 정보를 바로 찾지 못하고 시간을 낭비하는 경우도 가끔 볼 수 있는 현상이다.

표준에서 요구하고있는 문서화된 정보의 유지 및 보유에 대한 항목은 아래와 같다.
1) 적용범위는 문서화된 정보로 이용 가능하여야 한다(4.3).
2) 안전보건방침은 문서화된 정보로 이용 가능하여야 한다(5.2).
3) 조직의 역할, 책임 및 권한은 문서화된 정보로 유지하여야 한다(5.3).
4) 리스크와 기회를 결정, 다루기 위한 조치를 문서화된 정보로 유지하여야 한다(6.1.1).
5) 안전보건 리스크와 기타 리스크의 평가 방법론 및 기준을 문서화된 정보로 유지 및 보유하여야 힌다(6.1.2.2).
6) 법적 및 기타 요구사항에 대한 문서화된 정보로 유지 및 보유하여야 한다(6.1.3).
7) 안전보건목표 및 목표달성 계획에 관한 문서화된 정보를 유지 및 보유하여야 한다(6.2.2).
8) 역량/적격성의 증거를 적절한 문서화된 정보를 보유하여야 한다(7.2).
9) 의사소통의 증거를 적절한 문서화된 정보를 보유하여야 한다(7.4.1).
10) 운용 기획 및 관리가 수행되었음을 확신할 수 있는 문서화된 정보를 유지 및 보유하여야 한다(8.1.1).
11) 비상상황에 대비 프로세스 및 계획을 문서화된 정보로 유지, 보유하여야 한다(8.2).
12) 모니터링, 측정, 분석 및 성과평가의 증거와 측정장비의 유지보수, 교정 또는 검정에 대한 문서화된 정보를 보유하여야 한다(9.1.1).
13) 준수평가에 대한 문서화된 정보를 보유하여야 한다(9.1.2).
14) 내부심사 프로그램의 실행 및 심사결과에 대한 문서화된 정보를 보유하여야 한다(9.2.2).
15) 경영검토결과를 문서화된 정보를 보유하여야 한다(9.3).
16) 사건 또는 부적합에 취해진 후속조치와 효과성 파악에 대한 문서화된 정보를 보유하여야 한다(10.2).
17) 지속적 개선의 증거를 문서화된 정보를 유지 및 보유하여야 한다((10.3).

2. 준비사항

1) 문서의 발행 및 개정 관리(양식--023)
2) 문서 별 개정 관리(양식--024)
3) 외부출처 문서관리 대장(양식--025)

3. 심사사례

1) 문서가 해당 업무를 수행하는 곳에 배포되지 않고 사무실에만 보관하고 있는 경우
2) 문서를 최초 작성할 때 타사에서 사용하는 문서를 토대로 일부분 수정함에 따라 회사 업무체계와 불일치하는 경우
3) 현업과 문서간의 차이 발생시에 적기에 문서를 개정하지 않아 업무와 문서가 다른 경우

8. 운용

8.1 운용기획 및 관리

8.1.1 일반사항

조직은 다음 사항을 통하여 안전보건경영시스템의 요구사항을 충족하기 위해 필요한, 그리고 6절에서 정한 조치를 실행하기 위해 필요한 프로세스를 계획, 실행, 관리 및 유지하여야 한다.
a) 프로세스에 대한 기준 수립
b) 기준에 따른 프로세스의 관리 실행
c) 프로세스가 계획대로 수행되었음을 확신하는 데 필요한 정도로 문서화된 정보를 유지하고 보유
d) 근로자에게 적용하는 업무

복수 사업주의 작업장에서 조직은 안전보건경영시스템의 관련된 부분을 다른 조직과 조정하여야 한다.

1. 해설

6절에서 기획한 사항과 안전보건경영시스템의 요구사항을 충족하기 위하여 프로세스에 대한 기준을 수립하여 관리하고 실행하고 문서로 작성 및 실행 결과를 기록으로 관리하여야 한다. 실행을 통하여 작업장 및 활동에 따른 안전보건 리스크를 감소시켜 작업장의 안전보건을 향상시켜야 한다.

2. 준비사항

1) 프로세스의 기준 수립
2) 프로세스 운용관리 대상의 결정
3) 결정된 프로세스 및 프로세스 운용 결과 문서화

3. 심사사례

복수사업장이 있는 경우 사업장 별 특성에 맞는 운영관리 대상 및 관리기준을 수립하지 않고 모든 사업장에 동일한 대상과 기준을 적용하고 있는 경우가 있음.

8.1.2 위험요인 제거 및 안전보건 리스크 감소

조직은 다음 사항의 "관리 단계"를 활용하여 위험요인을 제거하고 안전보건 리스크를 감소하기 위한 프로세스를 수립, 실행 및 유지하여야 한다.
a) 위험요인 제거
b) 위험요인이 더 적은 프로세스, 운용, 재료 또는 장비로 대체
c) 기술적(engineering) 관리 및 작업 재구성 활용
d) 교육훈련을 포함한 행정적인 관리 활용
e) 적절한 개인보호구 착용

비고 많은 국가에서 법적 요구사항 및 기타 요구사항에 개인보호구를 근로자에게 무상으로 제공하는 요구사항을 포함해 놓았다.

1. 해설

안전보건리스크와 평가된 위험요인을 제거하기 위하여서는 요구사항에서 언급하고 있는 5단계를 검토하여 조직이 원하는 합리적이고 실행 가능한 수준만큼 낮출 수 있도록 하여야 하는데 일부 조치는 비용이 많이 소요되거나 기술의 부족 등이 부담스러워 편하게 조치할 수 있는 교육이나 보호구착용으로 결정하고 있는 것 같다.

다음 사항은 각 관리 단계의 수준에서 실행하는 방법을 설명하기 위한 예이다.

1) 제거: 위험요인을 제거하는 것, 예시는 유해한 화학물질 사용을 중단, 부정적인 스트레스를 주는 단조로운 일을 제거, 하나의 지역에서 지게차 트럭을 제거
2) 대체: 덜 위험한 것으로 위험물을 대체하는 것, 유성페인트를 수성페인트로 대체, 미끄러운 바닥 재료 변경, 장비의 전압 요구사항을 낮춤. 위험성이 낮은 장치로 대체
3) 기술적 관리, 작업 재구성하는 것, 사람들을 위험요인으로부터 격리, 집단 방호 조치(예: 격리, 기계 보호, 환기시스템) 시행, 소음 감소, 가드레일을 설치하여 고소에서 추락을 방지
4) 교육훈련을 포함한 행정적인 관리를 말하는 것, 정기적인 안전설비 점검 수행, 지게차 운전면허 관리, 작업자의 작업 패턴(예: 교대제) 변경, 위험에 처한 것으로 확인된 근로자(예: 청력, 손목 진동, 호흡기 질환, 피부질환 또는 노출 관련)에 대한 건강 또는 의료 감시 프로그램 관리, 근로자에게 적절한 지침을 제공(예: 출입 통제 프로세스)
5) 개인보호구(PPE)를 사용하는 것, 개인보호구 사용 및 유지보수를 위한 지침(예: 안전화, 보안경, 귀마개, 장갑)을 포함하여 적절한 개인보호구를 제공

2. 준비사항

1) 감소대책 검토서(양식—026)

3. 심사사례

위험요인 제거 및 감소를 위한 5단계 검토를 생략하고 감소, 제거 대책을 수립하고 있음.

8.1.3 변경 관리

조직은 다음 사항을 포함하는, 안전보건 성과에 영향을 주는 계획된 임시 및 영구적인 변경의 실행과 관리를 위한 프로세스를 수립하여야 한다.
a) 새로운 제품, 서비스 및 프로세스, 또는 기존 제품, 서비스 및 프로세스의 변경 사항:
  - 작업장 위치와 주변 환경
  - 작업 조직
  - 작업 조건
  - 장비
  - 노동력
b) 법적 요구사항 및 기타 요구사항의 변경
c) 위험요인 및 관련된 안전보건 리스크에 대한 지식 또는 정보의 변경
d) 지식과 기술의 발전

조직은 의도하지 않은 변경의 영향을 검토해야 하며 필요에 따라 부정적 영향을 완화하기 위한 조치를 하여야 한다.

비고 변경은 리스크와 기회를 초래할 수 있다.

1. 해설

변경관리는 작업장에서 취해지는 일시적이던 영구적이던 변경이 발생되면 그에 따른 위험요인이 달라지거나 새로 발생하게 되므로 싱응하는 관리가 필요한 것이다.

주로 4M(기계장치, 원재료, 작업방법, 근로자), 법적요구사항, 새로운 지식과 기술의 발전함에 따라 변경되는 위험성을 사전에 파악하여 관리해야 위험상황을 예방할 수 있다.

변경에 대한 관리 수단과 수단의 효과적인 실행 및 사용을 결정할 때는 근로자를 참여하는 것이 필요하다.

2. 준비사항

1) 변경관리 기준 수립 및 대상 결정
2) 변경사항에 대한 리스크와 위험성에 미치는 영향 파악
3) 변경에 따른 조치사항 결정 및 이행

3. 심사사례

1) 변경관리의 범위와 정도를 정하지 않고 변경사항을 관리한다고 절차에 언급만 하고 있음.
2) 변경관리와 수시(비정기)평가를 혼동하여 사용하고 있는 경우
3) 공정안전보고서를 제출한 사업장에서는 공정안전보고서의 변경관리와 병행하여 시행

8.1.4 조달

8.1.4.1 일반사항

조직은 안전보건경영시스템에 대한 제품 및 서비스의 적합성을 보장하기 위해 제품 및 서비스 조달을 관리하는 프로세스를 수립, 실행 및 유지하여야 한다.

8.1.4.2 계약자

조직은 다음 사항으로부터 발생하는 위험요인 파악 및 안전보건 리스크를 평가하고 관리하기 위하여 계약자와 조직의 조달 프로세스를 조정하여야 한다.
a) 조직에 영향을 주는 계약자의 활동과 운용
b) 계약자의 근로자에게 영향을 주는 조직의 활동과 운용
c) 작업장에서 기타 이해관계자에게 영향을 주는 계약자의 활동과 운용

조직은 조직의 안전보건경영시스템 요구사항이 계약자와 계약자의 근로자에 의해 충족되는 것을 보장하여야 한다.
조직의 조달 프로세스에는 계약자 선정에 대한 안전보건 기준이 정의되고 적용되어야 한다.

비고 계약서에 계약자 선정에 대한 안전보건 기준을 포함시키는 것이 도움이 될 수 있다.

8.1.4.3 외주처리

조직은 외주처리 기능 및 프로세스가 관리되는 것을 보장하여야 한다. 조직은 외주처리 준비(arrangements)가 법적 요구사항 및 기타 요구사항과 일관되고 안전보건경영시스템의 의도된 결과의 달성과 일관됨을 보장하여야 한다. 이러한 기능 및 프로세스에 적용될 관리의 유형과 정도는 안전보건경영시스템 내에 정의되어야 한다.

비고 외부 공급자와의 조정은 외주처리가 조직의 안전보건 성과에 미치는 영향을 다루는 데 도움이 될 수 있다.

1. 해설

1) 프로세스는 조달품(재료, 물질, 원자재, 장비, 구매한 소모품 등)과 관련된 위험요인을 결정, 평가, 제거하고 안전보건 리스크를 감소시킬 것과 계약자 선정에 대한 안전보건 기준이 정의되고 적용되어야 한다.
2) 계약자는 컨설턴트, 행정, 회계 및 기타 기능의 전문가를 포함할 수 있고, 이들의 활동으로는 유지보수, 건설, 운영, 보안, 청소 및 기타 여러 기능이 있다. 조직은 계약자가 작업을 진행하기 전에 업무를 수행할 수 있는지에 대하여 안전보건 성과, 근로자에 대한 역량 및 작업 준비가 충분한지 등에 대하여 검증하는 것이 좋다.
3) 외주처리의 기능 및 프로세스가 관리되는 것을 보장하기 위하여 외주처리 준비가 법적 요구사항과 안전보건경영시스템의 의도된 결과의 달성과 일관됨을 보장하여야 한다.
   외주처리, 조달 및 계약자에게 적용 가능한 관리방법 결정할 때 근로자의 협의가 필요하다.

2. 준비사항

1) 조달, 계약 및 외주처리 대상의 파악
2) 안전보건경영 요구사항을 충족시킬 능력에 대한 평가
3) 협의 사항의 교육 및 계약체결과 이행

3. 심사사례

1) 계약자의 활동이 사업장 내 관련 인원에 미치는 영향 파악이 수행되지 않음.
2) 조달 및 외주처리를 수행할 수 있는 능력에 대한 평가를 타 시스템에서 사용하는 협력업체평가에 안전보건에서 요구되는 일부 항목을 추가하여 통합 실행하는 경우도 있음.
3) 업체를 평가 및 등록한 후 계약을 체결하고 있으나 계약서 내용에서는 안전보건관련 사항이 거의 반영되지 않고, 실적에 대한 관리도 미흡한 경우가 있음.

8.2 비상시 대비 및 대응

조직은 다음 사항을 포함하여 6.1.2.1에서 파악한 잠재적인 비상 상황에 대비하고 대응하는데 필요한 프로세스를 수립, 실행 및 유지하여야 한다.
a) 응급조치 제공을 포함하여 비상 상황에 대응하는 계획 수립
b) 대응계획에 대한 교육 훈련 제공
c) 대응계획 능력에 대한 주기적인 시험 및 연습
d) 시험 후 그리고 특히 비상 상황 발생 후를 포함하여 성과를 평가하고 필요한 경우 대응계획을 개정
e) 모든 근로자에게 자신의 의무와 책임에 관한 정보를 의사소통 및 제공
f) 계약자, 방문자, 비상 대응 서비스, 정부기관 및 적절하게 지역사회와 관련 정보를 의사소통
g) 모든 관련 이해관계자의 니즈와 능력을 반영하고, 해당되는 경우 대응 계획 개발에 이해관계자의 참여를 보장

조직은 잠재적인 비상 상황에 대응하기 위한 프로세스 및 계획에 대하여 문서화된 정보를 유지하고 보유하여야 한다.

1. 해설

먼저 잠재적인 비상사태의 대상을 결정하여야 한다. 대상을 결정할 때 위험성평가결과와 과거의 사례와 추측이 가능한 인위적, 자연적 비상 및 조직 고유의 환경도 고려하여야 한다.

예를 들면, 급경사지 아래에 위치한 작업장이나 하천을 메워서 작업장을 조성한 경우 등의 경우에는 산사태와 폭우로 인한 비상사태를 고려하여 결정하는 것이 좋겠다.

대상이 결정되면 다음으로 대상 별로 대응계획을 수립하여야 하는데 이때에도 여러가지 방법을 고려하는 것이 좋겠다. 근무자는 근무유형에 따라 정상근무, 야간근무, 휴일근무 등을 고려하는 것이 좋다.
작성자는 현장 근로자의 참여와 협의를 거쳐 실현 가능한 대응계획을 수립해야 할 것이다. 또 조직 전체 및 부서별로 해당 비상상황에 부합하도록 작성하여야 할 것이다.

요구사항에서는 비상시 대비 및 대응을 위한 대응계획을 수립하여 근로자에 교육 훈련을 실시하고, 근로자의 의무와 책임에 대한 정보를 제공 및 대응 계획에 대한 능력을 향상시키기 위한 시험(연습)을 실시하고 성과평가와 대응 계획의 개정을 검토할 것을 요구하고 있다.

또한 대응계획을 개발할 때 이해관계자의 요구를 반영하고 참여시키켜야 한다.

2. 준비사항

1) 비상사태 대상을 결정
2) 비상사태 별 비상시 대비 및 대응계획(시나리오)작성
3) 비상시나리오의 교육 및 훈련계획 수립
4) 비상 조직도 및 비상연락망

3. 심사사례

1) 비상사태 대상에서 자연재해에 대한 사항이 누락됨(예: 태풍, 지진 등)
2) 비상시 대비 및 대응 절차에 대한 교육, 훈련계획이 존재하지 않은 경우
3) 비상훈련을 실시했으나 시나리오는 없고 훈련 사진만 보관하고 있는 경우
4) 비상훈련 보고서에 훈련에 대한 평가(강평)가 수행되지 않은 경우
5) 비상훈련 및 실제상황 발생 후 시나리오에 대한 적절성 검토가 없음.
6) 비상 조직도 및 비상연락망이 적기에 개정되지 않는 경우

9. 성과평가

9.1 모니터링, 측정, 분석 및 성과 평가

9.1.1 일반사항

조직은 모니터링, 측정, 분석 및 성과 평가를 위한 프로세스를 수립, 실행 및 유지하여야 한다.
a) 다음 사항을 포함한 모니터링 및 측정이 필요한 것.
　1) 법적 요구사항 및 기타 요구사항을 충족한 정도
　2) 위험요인, 리스크와 기회에 관련된 활동 및 운용
　3) 조직의 안전보건 목표 달성에 대한 진행 상황
　4) 운용 관리 및 기타 관리의 효과성
b) 유효한 결과를 보장하기 위하여, 적용 가능한 경우 모니터링, 측정, 분석 및 성과 평가에 대한 방법
c) 조직이 안전보건 성과를 평가할 기준
d) 모니터링 및 측정 수행 시기
e) 모니터링 및 측정 결과를 분석, 평가 및 의사소통해야 하는 경우

조직은 안전보건 성과를 평가하고 안전보건경영시스템의 효과성을 결정하여야 한다.
조직은 모니터링 및 측정 장비가 적용 가능한 경우 교정 또는 검증되었고 적절하게 사용되고 유지되고 있음을 보장하여야 한다.

> **비고** 모니터링 및 측정 장비에 대한 교정 또는 검증과 관련된 법적 요구사항 또는 기타 요구사항(예: 국가표준 또는 국제표준)이 있을 수 있다.

조직은 다음 사항과 같은 적절한 문서화된 정보를 보유하여야 한다.
- 모니터링, 측정, 분석 및 성과 평가의 증거
- 측정 장비의 유지보수, 교정 또는 검정

1. 해설

앞에서 수립한 계획에 자원을 투입하여 실행하고 그에 대한 성과를 측정하는 과정의 일부이다.

먼저 무엇에 대하여 모니터링 및 측정 할 것인지 대상을 결정하여야 하는데 여기에는 법규 요구사항을 충족한 정도와 목표달성에 대한 진행 현황 등 조직이 정한 계획에 따라 해당 사항이 정해질 수 있다.

다음으로는 모니터링, 측정의 시기, 성과 평가방법, 기준 및 결과에 대하여 의사소통을 하여야 하고, 모니터링 및 측정에 사용되는 장비에 대해서는 검증 또는 교정을 수행하여야 한다.

모니터링, 측정과 평가를 하여 필요한 사항을 결정할 때는 근로자와 협의가 필요하다.

2. 준비사항

1) 계측장비 관리대장(양식-027)
2) 모니터링 및 측정 결과 기록유지
3) 모니터링 및 측정 계획(양식-028)
4) 계측장비 검, 교정 계획(양식-029)
5) 계측장비 검, 교정 성적서

3. 심사사례

1) 계측기 관리대장에 신규 구입, 폐기 등에 대한 관련 사항의 기록 작성되지 않은 경우
2) 모니터링 및 계측 결과에 대한 조치가 수행되지 않은 경우
3) 계측 장비의 교정 결과인 성적서에 대한 적부여부 판단이 수행되지 않은 경우

9.1.2 준수평가

조직은 법적 요구사항 및 기타 요구사항의 준수를 평가하기 위한 프로세스를 수립, 실행 및 유지하여야 한다(6.1.3 참조).

조직은 다음 사항을 실행하여야 한다.
a) 준수평가에 대한 빈도(frequency)와 방법 결정
b) 준수평가를 하고 필요한 경우 조치를 취함(10.2 참조)
c) 법적 요구사항 및 기타 요구사항의 준수 상태에 대한 지식과 이해 유지
d) 준수평가 결과에 대한 문서화된 정보 보유

1. 해설

준수평가는 법규 요구사항 및 기타 요구사항에 대한 준수여부를 평가하는 것이다.

평가방법으로는 준수사항에 대한 별도의 체크리스트를 작성하여 평가하는 경우와 체크리스트 등 별도의 준비없이 법규 요구사항을 토대로 평가하는 경우도 있으며, 평가 주기에는 분기, 반기 등의 별도 주기를 정하거나 내부심사와 병행하는 등 조직의 사정에 따라 적절하게 평가하면 된다.

일부에서는 준수평가라는 용어를 달리 해석해서 회사가 정한 계획(기준)에 대한 실행 사항 전체를 준수평가 대상으로 정하여 준수평가를 수행하는 조직이 의외로 많이 발견된다.

법규외 사항은 앞장의 모니터링 및 측정에서 다루는 것이 옳지 않은지 재고하는 것이 좋겠다. 준수평가결과에서 미 준수된 사항이 발견될 경우에 재발방지 등의 관련된 후속조치를 취하는 것이 중요하다.
현재 실행되고 있는 법적 요구사항을 준수할 수 있어야 추후 강화되고 제, 개정되는 사항에 보다 효율적으로 대처할 수 있게 될 것이다.

2. 준비사항

1) 준수평가 계획(양식—030)
2) 준수평가 체크리스트(해당할 경우)

3. 심사사례

1) 준수평가를 법규 요구사항 등록부에 등록된 개별 사항 별로 평가를 실시하는 경우
2) 준수평가를 자체적으로 실시하지 않고 감독관청에서 점검받는 것으로 대체하는 경우

9.2 내부 심사

9.2.1 일반사항

조직은 안전보건경영시스템이 다음 사항에 대한 정보를 제공하기 위하여 계획된 주기로 내부 심사를 수행하여야 한다.
a) 다음 사항에 대한 적합성 여부
   1) 안전보건 방침 및 안전보건 목표를 포함한 안전보건경영시스템에 대한 조직의 자체 요구사항
   2) 이 표준의 요구사항
b) 효과적으로 실행되고 유지되는지 여부

9.2.2 내부 심사 프로그램

조직은 다음 사항을 실행하여야 한다.
a) 주기, 방법, 책임, 요구사항의 기획 및 보고를 포함하는 심사 프로그램의 계획, 수립, 실행 및 유지, 그리고 심사프로그램에는 관련 프로세스의 중요성, 조직에 영향을 미치는 변경, 그리고 이전 심사 결과를 고려
b) 심사 기준 및 개별 심사의 적용범위에 대한 규정
c) 심사 프로세스의 객관성 및 공평성을 보장하기 위한 심사원 선정 및 심사 수행
d) 심사 결과가 관련 경영자에게 보고됨을 보장하고 관련 심사 결과가 근로자 및 근로자대표(있는 경우) 그리고 기타 이해관계자에게 보고됨을 보장
e) 부적합 사항을 다루고 안전보건 성과를 지속적으로 개선하는 조치를 취함(10절 참조)
f) 심사 프로그램의 실행 및 심사 결과의 증거로 문서화된 정보의 보유

비고 심사 및 심사원 역량에 관한 더 많은 정보는 KS Q ISO 19011 참조

1. 해설

내부심사는 안전보건경영시스템에 대한 요구사항에의 적합성 여부와 효과적으로 실행 및 유지되고 있는지를 확인하여 부족한 점은 보완, 개선 및 결과를 최고경영자에 보고하는 프로세스이다. 내부심사는 주기적으로 수행하여야 하는데 그 주기는 보통 외부(2, 3차) 심사보다 약 2개월 정도 전에 실시하는 경우가 가장 많은 것 같다. 이유인즉 인증기관심사에서는 항상 내부 심사결과를 확인하도록 정해져 있기 때문이다.

그래서 내부심사를 최초 갱신심사 이전에는 년2회 실시하고, 갱신 후에는 보통 년1회 실시하고 있다.

내부심사는 자체에서 양성한 내부심사원으로 등록된 인원 중에서 해당 심사의 목적에 적합한 인원을 선정하여 심사를 수행하지만 때로는 내부심사를 제3의 전문기관에 위탁하기도 한다.

내부심사가 중요한 이유 중의 한가지는 인증기관의 심사에서는 한정된 시간과 인원으로는 시스템 전체를 심사할 수 없기 때문에 샘플링에 의존하는데 반해, 내부심사에서는 필요에 따라 다양하게 운영할 수 있기 때문에 인증기관심사에서 샘플링 되지 않은 부분도 심사하여 충족하지 못하는 부분을 찾아서 개선할 수 있기 때문이다.

내부심사를 수행하는 내부심사원의 자격을 자체적으로 사내 자격관리기준을 정하여 양성하는 경우가 대부분이나, 최근에는 외부 연수(교육)기관에서 시행하는 내부심사원 양성과정을 이수하게 하여 내부심사원으로 활용하는 경우가 증가하는 추세이므로 심사의 질적 향상을 위하여 참고할 만하다.
심사프로그램을 기획, 수립, 실행하고 유지할 때는 근로자 협의가 필요하다.
내부심사에 대하여는 5장에서 설명하고 있으므로 참조하기 바란다.

2. 준비자료

1) 내부심사 계획서(양식—031)
2) 내부심사 체크리스트(양식—032)
3) 내부심사결과 보고서(양식—033)
4) 부적합보고서(양식—034)
5) 개선 권고사항(양식 - 035)

3. 심사사례

1) 내부심사 주기를 준수하지 않거나 주기가 정해지지 않음.
2) 내부심사자에 대한 자격관리가 되지 않거나 자격이 부여되지 않은 인원에 의해 심사가 수행됨.
3) 심사계획 및 결과보고서를 경영자에 보고하지 않음.
4) 부적합사항에 대한 시정조치가 이행되지 않음.

9.3 경영 검토

최고경영자는 안전보건경영시스템의 지속적인 적절성, 충족성 및 효과성을 보장하기 위하여 계획된 주기로 조직의 안전보건경영시스템을 검토하여야 한다.

경영 검토는 다음 사항을 고려하여야 한다.
a) 이전 경영 검토에 따른 조치의 상태
b) 다음 사항을 포함한 안전보건경영시스템과 관련된 외부 및 내부 이슈의 변경:
    1) 이해관계자의 니즈와 기대
    2) 법적 요구사항 및 기타 요구사항
    3) 조직의 리스크와 기회
c) 안전보건방침 및 안전보건 목표의 달성 정도
d) 다음 사항의 경향을 포함한 안전보건 성과에 대한 정보:
    1) 사건, 부적합, 시정조치 및 지속적 개선
    2) 모니터링 및 측정 결과
    3) 법적 요구사항 및 기타 요구사항에 대한 준수 평가 결과
    4) 심사 결과
    5) 근로자의 협의 및 참여
    6) 리스크와 기회
e) 효과적인 안전보건경영시스템의 유지를 위한 자원의 충족성
f) 이해관계자와 관련된 의사소통
g) 지속적 개선을 위한 기회
경영 검토 아웃풋은 다음 사항과 관련된 결정사항을 포함하여야 한다.

> - 안전보건경영시스템의 의도된 결과의 달성에 대한 지속적 적절성, 충족성 및 효과성
> - 지속적 개선 기회
> - 안전보건경영시스템의 변경에 대한 필요성
> - 필요한 자원
> - 필요한 경우, 조치
> - 안전보건경영시스템과 기타 비즈니스 프로세스와의 통합을 개선하는 기회
> - 조직의 전략적 방향에 대한 영향(implication)
>
> 최고경영자는 경영검토와 관련한 아웃풋을 근로자 및 근로자 대표(있는 경우)와 의사소통하여야 한다(7.4 참조).
>
> 조직은 경영검토결과(results)의 증거로 문서화된 정보를 보유하여야 한다.

1. 해설

경영검토의 목적은 최고경영자에게 안전보건경영시스템의 지속적인 적절성, 충족성 및 효과성을 보고하여 최고경영자로 하여금 조직의 안전보건경영시스템을 검토하게 하는 것이다.

즉 경영검토는 경영시스템의 성과를 평가하는 단계로 최고경영자가 제시한 안전보건 방침을 이행하기 위하여 수립 및 실행된 결과를 전사적으로 정리하고 이에 대한 결론(출력물)을 도출하여 보고하는 행위이다.

검토를 시행하는 주기는 통상 년1회로 하고 있으며, 검토 방법은 회의체를 개최하거나 보고서로 제출하는 경우가 있으며, 회의 결과 최고경영자의 지시사항이나 회의에서 결정된 내용을 회의록으로 작성하여 결과를 해당부서에 통보하여 관련 조치를 취하게 하고 결과를 최고경영자에 보고하여야 한다.

최고경영자에게 경영검토자료를 정리하여 보고하는 것은 앞의 리더십에서 최고경영자가 경영성과를 보고하도록 책임과 권한을 부여 받은 조직에서 각부문의 자료를 취합하여 수행하면 된다.

심사현장에서 경영검토주기를 인증기관 심사직전으로 정하여 수행하는 경우가 있는데 인증

기관심사가 1분기에 수행할 경우는 문제가 없겠으나, 그 외 분기에 수행된다면 경영검토주기를 재고해 볼 필요가 있다. 즉 조직에서 생성하여 사용하는 모든 자료는 회계연도와 일치시키는데 심사수검을 위하여 인증심사기간에 맞춰서 별도의 자료를 정리하는 것은 년간 실적을 확인하는 데는 별 의미가 없을 뿐아니라 조직에서도 파악한 자료의 활용도가 낮기 때문에 업무의 낭비를 초래한다고 본다.

그리고 경영검토자료를 준비할 때 요구사항에서 요구하고 있는 항목이 발생되는 시기가 정해져있는 것이 아니기 때문에 년간 실적을 위해서는 회계연도와 일치시키는 것이 적절하다고 본다.

또 한가지는 경영검토자료를 한해의 실적에 한정시키다 보면 전반적인 경향을 확인할 수가 없어서 현실과 상이한 결론을 낼 경우도 있으므로 자료를 준비하는 부서에는 더 많은 자료가 필요한 경우에는 과거 수년간의 자료를 추가하여 경향을 파악할 수 있게 조치하는 것이 좋겠다.

2. 준비자료

1) 경영검토보고서
2) 경영검토 결과보고서
3) 경영검토 회의록(양식―036)

3. 심사사례

1) 경영검토 대상에 대한 일부 항목만 검토하고 나머지는 누락 경우
2) 경영검토 보고서에 경영검토 일자, 참석자 명단(회의로 검토 실시한 경우)가 없는 경우
3) 경영검토 자료만 정리되어 있고 아웃풋사항이 없는 경우
4) 경영검토 주기를 정하지 않고 월 또는 분기에 실시하는 회의 시에 당시에 발생된 사항을 반영하여 보고하고 별도의 경영검토를 시행하지 않는 경우
5) 경영검토시에 지시된 경영자지시사항에 대한 후속조치가 이행되지 않은 경우

10. 개선

10.1 일반사항

조직은 개선의 기회(9절 참조)를 정하고 조직의 안전보건경영시스템의 의도된 결과를 달성하기 위해 필요한 조치를 실행하여야 한다.

1. 해설

이제 P-D-C-A의 마지막 단계로서 앞에서 계획하고 실행했던 사항에 대하여 성과 평가를 했으므로 그 결과에 따른 조치를 하는 단계이다.

다시 말해 성과 평가에서 모니터링 및 측정결과의 분석 및 평가를 실시했고, 법적 요구사항 및 기타 요구사항에 대한 준수평가의 실시와 내부심사 및 경영검토를 실시한 결과를 토대로 시스템의 개선을 수행해야 하는 것이다.

개선은 잘된 부분은 더 향상될 수 있게 하고, 부족했던 부분은 시정조치 등의 방법을 통하여 재발을 방지하거나, 획기적인 변경 등의 관련조치를 취하는 것이다.

이때 사용할 수 있는 방법으로 QC 7가지 도구 및 다양한 경영기법 등을 활용하여 개선을 추진할 수 있다.

2. 준비자료

1) 성과 평가 결과 개선이 필요한 사항 결정
2) 개선 방법의 결정 및 개선계획 수립
3) 개선사항을 이행
4) 개선결과에 대한 효과성 파악

3. 심사사례

1) 개선대상을 결정하지 않고 부적합에 대한 시정조치만 이행하는 경우
2) 개선사항을 이행하였으나 효과성의 확인을 하지않는 경우

10.2 사건, 부적합 및 시정 조치

조직은 사건 및 부적합을 정하고 관리하기 위해 보고, 조사 및 조치 실행을 포함하는 프로세스를 수립, 실행 및 유지하여야 한다.

사건 또는 부적합이 발생할 때 조직은 다음 사항을 실행하여야 한다.
a) 사건 또는 부적합에 대해 시의적절하게 대응하고, 적용 가능한 경우
   1) 사건 또는 부적합을 관리하고 시정하기 위한 조치를 취함.
   2) 결과를 다룸.
b) 사건 또는 부적합이 재발하거나 다른 곳에서 발생하지 않도록 사건 또는 부적합의 근본 원인을 제거하기 위한 시정조치의 필요성을 근로자의 참여(5.4 참조) 및 기타 관련 이해관계자의 참여로 다음 사항을 평가:
   1) 사건 조사 또는 부적합 검토
   2) 사건 또는 부적합 원인의 결정
   3) 유사한 사건이 발생했는지, 부적합이 존재하는지 또는 잠재적으로 발생할 수 있는지 여부를 결정
c) 안전보건 리스크 및 기타 리스크에 대한 기존 평가사항의 적절한 검토(6.1 참조)
d) 관리 단계 및 변경관리에 따라 시정조치를 포함한 필요한 모든 조치의 결정 및 실행
e) 새로운 또는 변경된 위험요인과 관련된 안전보건 리스크를 조치하기 전에 평가
f) 시정조치를 포함한 모든 조치의 효과성 검토
g) 필요한 경우, 안전보건경영시스템의 변경 실행

시정조치는 발생한 사건 또는 부적합의 영향이나 잠재적 영향에 적절하여야 한다.

조직은 다음 사항의 증거로 문서화된 정보를 보유하여야 한다.
- 사건 또는 부적합의 성질 및 취해진 모든 후속 조치

> - 효과성을 포함하여, 모든 조치와 시정조치의 결과
>
> 조직은 이 문서화된 정보를 관련된 근로자, 근로자 대표(있는 경우) 및 기타 관련 이해관계자와 의사소통하여야 한다.
>
> **비고** 과도한 지연 없이 사건을 보고하고 조사하면 위험요인이 제거될 수 있고 연관된 안전보건리스크가 가능한 한 빨리 최소화될 수 있다.

1. 해설

계획대비 실적의 차이가 일정수준 이상 발생된 경우에 부적합으로 판정하고 이에 대한 시정조치를 취하게 되는데 조치는 사건, 부적합에 과하거나 부족하지 않고 적절해야 한다.

시정조치는 사건, 부적합에 대한 근본적인 원인을 분석하여 이를 제거함으로써 재발을 방지하여야 하고, 유사한 사건, 부적합이 없는지를 조사하여 만약 유사 부적합이 있다면 동일한 조치를 취하여야 한다. 특히 안전보건경영시스템에서는 부적합에 대한 시정조치를 취하기 전에 조치에 따른 새로운 위험성이 존재하는지에 대한 평가를 실시하여야 한다.

사고의 경우에는 사고보고서를 토대로 유사 사고를 예방하기 의하여 관련 근로자에 교육을 실시하여야 한다.

시정조치조치결과에 대한 효과성을 파악하고 필요한 경우에는 시스템의 변경도 고려하여야 한다. 시정조치에 대한 문서와 기록은 유지되어야 하고 사건 및 부적합의 조사와 시정조치 결정에 근로자의 참여가 필요하다.

2. 준비사항

1) 사건, 부적합의 시정조치 대상에 대한 기준 수립
2) 시정조치 대상에 대한 시정조치 요구(양식-035)
3) 사고보고서 작성

3. 심사사례

1) 사고발생 보고서가 작성되지 않고 사고를 은폐하는 경우
2) 사고보고서에 대한 내용을 관련 근로자에 교육하지 않은 경우
3) 사고에 대한 시정조치를 시행하기 전에 시정조치에 따른 위험성평가 미 실시
4) 시정조치에 따른 효과성을 확인하지 않은 경우
5) 사고조사 보고서에 사고 발생에 대한 사항만 있고 조치에 대한 사항이 빠진 경우

10.3 지속적 개선

조직은 다음 사항에 따라 안전보건경영시스템의 적절성, 충족성 및 효과성을 지속적으로 개선하여야 한다.
a) 안전보건성과 향상
b) 안전보건경영시스템을 지원하는 문화 촉진
c) 안전보건경영시스템의 지속적 개선을 위한 조치의 실행에 근로자 참여를 촉진
d) 지속적 개선의 관련 결과를 근로자 및 근로자 대표(있는 경우)와 의사소통
e) 지속적 개선의 증거로 문서화된 정보를 유지 및 보유

1. 해설

안전보건경영시스템의 의도된 결과 중 한가지는 조직의 안전보건성과의 지속적 개선이다. 9절의 성과평가결과를 분석하여 조직의 방침과 목표가 달성되었다면 이를 토대로 향후에는 보다 향상된 방침과 목표가 수립되어야 하고 그에 따른 계획의 수립, 운영, 성과측정, 개선과정을 거쳐 성과를 향상시키는 활동을 반복하여야 할 것이다.

전반적인 안전보건 성과 개선을 달성하기 위해서는 안전보건경영시스템을 활용하게 된다. 지속적인 개선을 위한 정보는 단순한 것보다는 중장기적인 경향에 대한 검토와 분석이 우선되어야 할 것이며 일부 조직에서는 QC 7가지 도구 등의 적절한 관리도구를 활용하는 경우도 있다.

2. 준비사항

1) 지속적 개선 대상의 결정 기준
2) 지속적 개선 대상에 대한 분석 및 방법의 결정 기준
2) 지속적 개선의 추진방법
3) 지속적 개선에 대한 실적 및 효과 파악

3. 심사사례

1) 지속적 개선 대상의 선정기준이 없는 경우
2) 지속적 개선 결과에 대한 평가가 이행되지 않는 경우

다. 부속서 A.

이 표준의 활용을 위한 가이던스

A.1 일반사항

이 부속서에서 제공하는 해설 정보는 이 표준에 포함된 요구사항에 대하여 잘못 해석하는 것을 방지하기 위한 것이다. 이 정보는 이러한 요구사항을 다루며 이러한 요구사항과 일관성이 있지만, 요구사항을 추가, 제외, 또는 어떤 수정을 하기 위한 것은 아니다.

이 표준의 요구사항은 시스템 관점에서 볼 필요가 있으므로 분리되어서는 안 된다. 즉, 한 조항의 요구사항과 다른 조항의 요구사항 간에 상호관계가 있을 수 있다.

A.2 인용표준

이 표준에는 인용표준이 없다. 사용자는 안전보건 지침 및 기타 ISO 경영시스템 표준에 대한 자세한 정보를 참고문헌에 나열된 문서를 통해 참조할 수 있다.

A.3 용어와 정의

3절의 용어와 정의에 추가하여, 잘못된 해석을 피하기 위해 선택된 개념에 대한 설명은 아래와 같다.

a) "지속적(continual)"은 일정 기간 동안 발생하는 지속시간을 나타낸다[중단 없는 지속 시간을 나타내는 "연속적(continuous)"과는 다름]. 따라서 "지속적"은 개선 상황에서 활용하기에 적합한 단어이다.

b) "고려하다(consider)"는 해당 주제에 대해 생각할 필요가 있지만 배제될 수 있다는 것을

의미 한다. "반영하다(take into account)"는 해당 주제에 대하여 생각할 필요가 있으나 배제될 수는 없다는 것을 의미한다.

c) "적절한(appropriate)"과 "적용 가능한(applicable)"은 서로 바꾸어 쓸 수 없다. "적절한"은 적절함의 의미와 약간의 자유도가 있음을 암시하며, 관련 내용을 가능하면 적절한 수준으로 실행해야 한다는 의미이다. 반면, "적용 가능한"은 관계가 있거나 적용이 가능함을 의미하며 적용이 가능한 경우에는 적용해야 할 의무가 있다는 의미이다.

d) 이 표준에서는 "이해관계자(interested party)"라는 용어를 사용한다. "이해당사자(stakeholder)"는 같은 개념을 나타내는 동의어이다

e) "보장하다(ensure)"는 책임(responsibility)은 위임될 수 있음을 의미하지만 조치가 수행되는지 확인하는 책무(accountability)를 의미하지는 않는다.

f) "문서화된 정보(documented information)"는 문서와 기록을 모두 포함하는데 이 표준에서는 "문서 화된 정보를 …의 증거로 보유 …"이라는 문구를 사용하여 기록을 의미하고 "문서화된 정보로 유지하여야 한다"는 절차를 포함하여 문서를 의미한다. "…의 증거로 문서화된 정보를 보유하는 것" 이라는 문구는 보유한 정보가 법적인 증거 요구사항을 충족할 것을 요구하기 위한 것이 아니다. 대신 보유해야 하는 기록의 유형을 규정하기 위한 것이다.

g) "조직의 공동관리하에 있는(under the shared control of the organization)" 활동은 조직이 법적인 요구사항 및 기타 요구사항에 따라 수단 또는 방법에 대한 관리를 공유하거나 안전보건 성과와 관련하여 수행한 작업의 방향을 공유하는 활동이다.

조직은 특정 용어와 의미의 사용을 요구하는 안전보건경영시스템과 관련된 요구사항의 적용을 받을 수 있다. 이 표준에서 다른 용어가 사용되더라도 이 표준과 적합성이 여전히 요구된다.

A.4 조직 상황

A.4.1 조직과 조직 상황의 이해

조직 상황의 이해는 안전보건경영시스템의 수립, 실행, 유지 및 지속적 개선을 위해 사용한다. 내부 와 외부 이슈는 긍정적 또는 부정적일 수 있고, 안전보건경영시스템에 영향을 줄 수 있는 조건, 특성 또는 변화하는 환경을 포함한다. 예를 들면:

a) 외부 이슈의 예:
   1) 국제적, 국가적, 지역적 또는 지방적인 문화적, 사회적, 정치적, 법적, 재무적, 기술적, 경제적 및 자연적 환경 및 시장 경쟁
   2) 새로운 경쟁자, 계약자, 하도급 업자, 공급자, 파트너와 제공자, 신기술, 새로운 법률의 도입과 새로운 직업의 출현
   3) 제품에 대한 새로운 지식과 안전보건에 미치는 영향
   4) 조직에 영향을 주는 산업 또는 분야와 관련된 핵심 요인(key drivers)과 추세
   5) 조직의 외부 이해관계자와 관계, 인식 및 가치
   6) 위의 사항과 관련된 변경
b) 내부 이슈의 예:
   1) 거버넌스, 조직 구조, 역할, 책무
   2) 방침, 목표 및 이를 달성하기 위한 전략
   3) 자원, 지식 및 역량(예: 자본, 시간, 인적자원, 프로세스, 시스템 및 기술)으로 이해되는 능력
   4) 정보시스템, 정보 흐름 및 의사결정 프로세스(공식 및 비공식)
   5) 새로운 제품, 재료, 서비스, 도구, 소프트웨어, 부지 및 장치 도입
   6) 근로자와 관계 및 근로자의 인식 및 가치
   7) 조직 문화
   8) 조직에 의해 채택된 표준, 지침 및 모델
   9) 계약 관계의 형태와 범위, 예를 들면 외주화된 활동을 포함.
   10) 근무시간 조정
   11) 작업 조건
   12) 위의 사항과 관련된 변경

A.4.2 근로자 및 기타 이해관계자의 니즈와 기대 이해

근로자(3.3) 이외의 이해관계자에 다음 사항을 포함할 수 있다.

a) 법적 기관 및 규제 기관(지방, 지역, 도, 국내 또는 국제)
b) 모기업 조직
c) 공급자, 계약자, 하도급 업자
d) 근로자 대표
e) 근로자 조직(노조) 및 사용자 조직
f) 소유자, 주주, 의뢰자, 방문자, 지역사회와 이웃 조직 및 일반 대중
g) 고객, 의료 및 기타 지역사회 서비스, 미디어, 학계, 사업 협회 및 비정부 조직(NGOs)
h) 안전보건 조직과 안전보건 전문가

어떤 니즈와 기대는 그들이 법과 규제에 통합되어 있기 때문에 의무적이다. 조직은 또한 자발적으로 다른 니즈나 기대(예: 단체협약을 따르거나 자발적 이니셔티브에 가입)에 동의하고 채택하도록 결정해도 된다. 조직이 이를 한번 채택하면 안전보건경영시스템을 기획하고 수립할 때 이를 다뤄야 한다.

A.4.3 안전보건경영시스템 적용범위 결정

조직은 안전보건경영시스템의 경계와 적용 가능성을 정의함에 있어 자유와 유연성을 가진다. 경계 및 적용 가능성은 전체 조직 또는 조직의 특정부분을 포함할 수 있다. 다만, 조직의 최고경영자는 안전보건경영시스템 구축을 위한 자체 기능, 책임 및 권한을 가지고 있어야 한다.

조직의 안전보건경영시스템의 신뢰성은 경계의 선택에 달려 있다. 적용범위의 설정을 조직의 안전보건 성과에 영향이 있거나 또는 영향을 줄 수 있는 활동, 제품 및 서비스를 제외하기 위해 또는 조직의 법적 요구사항과 기타 다른 요구사항을 회피하기 위해 사용하지는 말아야 한다. 적용범위는 이해관계자를 현혹하지 않도록 하는 조직의 안전보건경영시스템 내에 포함된 조직 운용의 사실적이고 대표적인 진술이다.

A.4.4 안전보건경영시스템

조직은 다음과 같은 세부 수준 및 범위를 포함하여, 이 표준의 요구사항을 충족시키는 방법을 결정하기 위해 권한, 책임 및 자율성을 보유한다.

a) 조직이 계획대로 관리되고 수행되어 안전보건경영시스템의 의도된 결과를 달성한다는 확신을 갖기 위해 하나 이상의 프로세스를 수립한다.
b) 안전보건경영시스템의 요구사항을 다양한 비지니스 프로세스(예: 설계 및 개발, 조달, 인적자원, 영업 및 마케팅)에 통합한다.

이 표준을 조직의 특정부분을 위해 실행하는 경우, 조직의 다른 부분에서 개발한 방침과 프로세스는 적용 대상이 되는 특정 부분에 적용할 수 있고 이 표준의 요구사항을 준수한다면 이 방침과 프로세스는 이 표준의 요구사항을 만족하기 위해 사용될 수 있다. 이런 예로는 기업의 안전보건 방침, 학력, 교육 훈련, 역량 프로그램, 조달 관리 등이 있을 수 있다.

A.5 리더십과 근로자 참여

A.5.1 리더십과 의지표명

안전보건경영시스템의 성공과 의도된 성과 달성을 위해서는 인식, 책임성, 적극적인 지원 및 피드백을 포함하여 조직의 최고경영자가 제시한 리더십 및 의지표명이 중요하다. 따라서 최고경영자는 개인적으로 관여해야 하거나 지시해야 하는 특정 책임을 진다.

조직의 안전보건경영시스템을 지원하는 문화는 주로 최고경영자에 의해서 결정되고 이는 안전 보건경영시스템에 대한 의지표명과 스타일(style) 및 숙련도를 결정하는 개인과 집단의 가치, 태도, 경영관행, 인식, 역량 및 활동 방식의 산물이다. 문화는 다음 사항에 한정하지는 않지만, 근로자의 적극적 참여, 상호신뢰를 바탕으로 한 협력과 의사소통, 안전보건 기회 발견에 적극적 참여, 예방 및 보호조치의 효과성에 대한 확신으로 안전보건경영시스템의 중요성에 대한 공유된 인식을 특징으로 한다. 최고경영자가 리더십을 발휘하는 중요한 방법은 근로자가 사고, 위험요인, 리스크 및 기회를 보고하도록 격려하고, 보고하였을 때 근로자를 해고 위협이나 징계 조치와 같은 보복으로부터 보호하는 것이다.

A.5.2 안전보건 방침

안전보건 방침은 최고경영자가 조직의 안전보건 성과를 지원하고 지속적으로 개선하기 위해 조직의 장기적 방향을 제시하는 의지표명으로 명시된 일련의 원칙이다. 안전보건 방침은 전반적인 방향 감각을 제공하고 조직이 목표를 설정하고 안전보건경영시스템의 의도된 결과를 달성하기 위한 조치를 취할 수 있는 틀을 제공한다.

이 의지표명은 조직이 강건하고, 믿을 수 있고, 신뢰할 수 있는 안전보건경영시스템(이 표준에서는 특정 요구사항을 다루는 것도 포함된다.)을 보장하기 위해 수립하는 프로세스에 반영된다.

"최소화"라는 용어는 안전보건경영시스템에 대한 조직의 목표(aspirations)를 설정하기 위해 안전보건 리스크와 관련하여 사용된다. "감소"라는 용어는 이를 달성하기 위한 프로세스를 설명하는데 사용 된다.
안전보건 방침을 개발할 때, 조직은 다른 방침과의 일관성과 조정을 고려하여야 할 것이다

A.5.3 조직의 역할, 책임 및 권한

조직의 안전보건경영시스템에 참여하는 인원은 안전보건경영시스템의 의도된 결과를 달성하기 위해 그들의 역할, 책임 및 권한을 명확하게 이해하여야 할 것이다.

최고경영자가 안전보건경영시스템에 대하여 전반적인 책임과 권한을 가지나, 작업장 내의 모든 인원은 자신의 건강과 안전뿐만 아니라 다른 사람의 건강과 안전도 고려할 필요가 있다.

책임있는 최고경영자란 조직을 지배하는 기관, 법적인 관계 당국 및 더 나아가 조직의 이해관계자에 관하여 결정과 행동에 대하여 책임을 지는 것을 의미한다. 이것은 궁극적인 책임을 진다는 것을 의미하며 또한 수행하지 않거나, 적절하게 수행하지 않거나, 목표 달성에 기여하지 못했거나 목표를 달성하지 못하였을 때 책임을 지는 인원과 관련된다.

근로자에게는 위험한 상황을 보고하고 조치를 취할 수 있는 권한을 주어야 할 것이다. 근로자는 해고, 징계 또는 기타 보복의 위협 없이 필요시 책임 있는 관계 당국에 우려 사항을 보고할 수 있도록 하여야 할 것이다.

5.3에서 규정하고 있는 특별한 역할과 책임은 한 개인에게 부여하거나, 여러 개인이 공유하거나 최고경영진의 구성원에게 부여하여도 된다.

A.5.4 근로자 협의 및 참여

근로자 및 근로자 대표(있는 경우)와의 협의와 참여는 안전보건경영시스템의 성공에 핵심 요소라 할 수 있어서 조직에 의해 수립된 프로세스를 통하여 촉진하여야 할 것이다.

협의는 대화와 교류를 수반한 양방향 의사소통을 의미한다. 협의는 근로자 및 근로자 대표(있는 경우)에게 필요한 정보를 시의적절하게 제공하여 의사결정을 하기 전에 조직이 고려할 정보에 근거한 피드백을 제공한다.

참여는 안전보건 성과측정 및 제안된 변경에 대한 의사결정 프로세스에 기여하기 위한 협력 프로세스이다.

안전보건경영시스템에서 피드백은 근로자의 참여에 달려 있다. 조직은 예방조치를 하고 시정조치가 취해질 수 있도록 모든 계층의 근로자가 위험한 상황을 보고하도록 권장하여야 할 것이다.

제안 수용 프로세스는 근로자가 부당하게 해고, 징계 또는 기타 보복의 위협을 당하지 않는다면 더 효과적일 수 있다.

A.6 기획

A.6.1 리스크와 기회를 다루는 조치

A.6.1.1 일반사항

기획은 일회성 업무가 아니라, 변화하는 상황을 예측하고 리스크와 기회를 지속적으로 결정하는 연속적인 프로세스이다. 이는 근로자와 안전보건경영시스템 모두에 해당한다.

바람직하지 않은 영향으로는 업무 관련 상해 및 건강상 장해, 법적 요구사항 및 기타 요구사항 미준수, 또는 이미지 손상 등이 있다.

기획은 전체적으로 경영시스템에 대한 활동과 요구사항 간의 관계 및 상호 작용을 고려한다.

안전보건 기회는 위험요인의 파악, 그에 대한 의사소통 방법, 그리고 알려진 위험요인의 분석 및 완화를 다룬다. 다른 기회는 시스템 개선 전략에서 다룬다.

안전보건 성과를 향상시킬 수 있는 기회의 예:
a) 검사 및 심사 기능
b) 작업 위험요인 분석(작업 안전 분석) 및 직무 관련 평가
c) 단조로운 작업 또는 잠재적으로 위험하게 설정된 작업 속도를 완화함으로써 안전보건성과 개선
d) 작업허가 그리고 다른 형태의 승인 및 관리 방법
e) 사건 또는 부적합 조사 및 시정조치
f) 인간공학 및 기타 부상 예방 관련 평가

안전보건 성과를 향상시킬 수 있는 기타 기회의 예:
- 시설 재배치, 프로세스 재설계 또는 기계 및 설비 교체를 위한 시설, 장비 또는 프로세스계획의 수명 주기의 가장 초기 단계에서 안전보건 요구사항을 통합
- 시설 재배치, 프로세스 재설계 또는 기계 및 설비 교체를 계획하는 가장 초기 단계에서 안전보건 요구사항을 통합
- 안전보건 성과 향상을 위한 새로운 기술 활용
- 안전보건과 관련된 직무 역량을 요구사항 이상으로 확대하거나 근로자가 적기에 사건을 보고하도록 장려하는 등 안전보건 문화를 개선
- 안전보건경영시스템에 대한 최고경영자의 지원 실효성(visibility)을 개선
- 사건조사 프로세스 강화
- 근로자 상담 및 참여를 위한 프로세스 개선
- 조직의 과거 성과와 다른 조직의 성과를 모두 고려하는 것을 포함한 벤치마킹
- 안전보건을 다루는 주제에 초점을 맞춘 협의체(forums)에서 협력

A.6.1.2 위험요인 파악 및 리스크와 기회의 평가

A.6.1.2.1 위험요인 파악

적극적으로 진행하는 위험요인 파악은 새로운 작업장, 시설, 제품 또는 조직의 개념 설계 단계에서 시작된다. 이것은 설계가 구체화되고 운영될 때까지 계속되어야 하며 현재, 변화하고 있는, 그리고 미래의 활동을 반영하기 위해 전체 수명 주기 동안 진행되어야 한다.

이 문서는 제품 안전(즉, 제품의 최종 사용자에 대한 안전)을 다루지는 않지만 제품의 제조, 건설, 조립 또는 시험 중에 발생하는 근로자에 대한 위험요인을 고려해야 한다.

위험요인 파악은 조직이 위험요인을 평가, 우선순위 지정 및 제거하거나 안전보건 리스크를 줄이기 위하여 작업장에, 그리고 근로자에게 있는 위험요인을 인식하고 이해하는 것을 돕는다.

위험요인은 물리적, 화학적, 생물학적, 정신 사회적, 기계적, 전기적이거나 또는 운동 및 에너지에 근거할 수 있다.
A.6.1.2.1에 기술된 위험요인 목록은 완전한 것이 아니다.

비고 다음의 항목 a) ~ f)의 번호는 A.6.1.2.1 목록의 항목 번호와 정확하게 일치하지는 않는다.

조직의 위험요인 파악 프로세스는 다음 사항을 고려해야 한다.
a) 일상적 및 비일상적인 활동 및 상황:
  1) 일상적인 활동 및 상황은 일상적인 작업과 정상적인 업무 활동을 통해 위험요인을 초래한다.
  2) 비일상적인 활동 및 상황은 가끔 또는 비계획적으로 발생한다.
  3) 단기간 또는 장기간의 활동은 다른 위험요인을 초래할 수 있다.

b) 인적 요인:
  1) 인간의 능력, 한계 및 기타 특성과 관련된다.
  2) 인간이 안전하고, 편하게 사용하기 위하여 도구, 기계, 시스템, 활동 및 환경에 정보가 적용되어야 한다.
  3) 업무, 근로자 및 조직의 세 가지 측면을 다루어야 하며, 이것이 안전보건에 어떻게 상호 작용하고 영향을 미치는지를 다루어야 한다.

c) 새로운 또는 변경된 위험요인:
   1) 친숙하거나 환경 변화의 결과로써 작업 프로세스가 악화되거나, 수정되거나, 적응되거나 진화 될 때 발생할 수 있다.
   2) 작업이 실제로 어떻게 수행되는지를 이해(예: 근로자 관련 위험요인을 관찰하고 논의)해야 안전보건 리스크가 증가되었는지 또는 감소되었는지 파악할 수 있다.

d) 잠재적 비상 상황:
   1) 즉각적인 대응을 필요로 하는 비계획적이거나 예정에 없는 상황을 포함한다(예: 작업장에서 화재가 발생한 기계, 작업장 주변 또는 근로자가 업무 관련 활동을 수행하는 다른 장소에서 발생하는 자연재해).
   2) 업무 관련 활동을 수행하는 장소에서의 근로자의 긴급한 대피를 요구하는 민간 소요사태 같은 상황을 포함한다.

e) 인원:
   1) 조직의 활동으로 영향을 받을 수 있는 작업장 주변의 인원(예: 지나가는 사람, 계약자 또는 인접한 이웃)
   2) 이동(mobile)하면서 일하는 근로자 또는 다른 장소에서 업무 관련 활동을 수행하기 위해 이동하는 근로자와 같이 조직의 직접적인 통제를 받지 않는 장소에 있는 근로자(예: 집배원, 버스 운전기사, 고객 사업장에서 근무하거나 그곳으로 가기 위해 이동하는 서비스 직원)
   3) 재택 근로자, 또는 혼자 일하는 사람

f) 위험요인에 대한 지식 및 정보의 변화:
   1) 위험요인에 대한 지식, 정보 및 새로운 이해의 출처는 출판된 문헌, 연구 및 개발 사항, 근로자로부터의 피드백 및 조직이 자체 운영한 경험에 대해 검토한 사항을 포함할 수 있다.
   2) 이러한 출처는 위험요인 및 안전보건 리스크에 대한 새로운 정보를 제공할 수 있다.

A.6.1.2.2 안전보건경영시스템에 대한 안전보건 리스크와 기타 리스크 평가

조직은 서로 다른 위험요인이나 활동을 다루기 위한 전반적인 전략의 하나로 안전보건 리스크를 평가하기 위해 여러 가지 방법을 사용할 수 있다. 평가의 방법과 복잡성은 조직의 규모가 아니라 조직의 활동과 관련된 위험요인에 달려 있다.
안전보건경영시스템에 대한 다른 리스크도 적절한 방법을 사용하여 평가해야 한다.

안전보건경영시스템에 대한 리스크 평가 프로세스는 일상적인 업무 및 의사결정(예: 최대 작업량, 구조 조정)뿐만 아니라 외부 쟁점(이슈)(예: 경제적 변화)도 고려해야 한다. 방법론은 매일의 활동(예: 작업량의 변화)에 영향을 받는 근로자에 대한 지속적인 상담, 새로운 법적 요구사항 및 기타 요구사항에 대한 모니터링 및 의사소통(예: 규제 개혁, 안전보건에 관한 단체협약 개정), 기존의 그리고 변화하는 요구사항을 충족시키는 자원 확보(예: 새롭게 개선된 장비 또는 소모품에 대한 교육이나 조달) 등을 포함할 수 있다.

A.6.1.2.3 안전보건경영시스템에 대한 안전보건 기회와 기타 기회의 평가

평가 프로세스는 안전보건 기회 및 결정된 다른 기회, 그 혜택 및 안전보건 성과를 향상시킬 잠재성을 고려해야 한다.

A.6.1.3 법적 요구사항 및 기타 요구사항의 결정

a) 법적 요구사항에는 다음 사항이 포함될 수 있다.
   1) 법령 및 규정을 포함한 법규(국가, 지역 또는 국제)
   2) 법령 및 지침(decrees and directives)
   3) 규제 당국이 발급한 명령
   4) 허가, 면허 또는 다른 형태의 승인
   5) 법원 또는 행정법원의 판결
   6) 조약, 협약, 의정서
   7) 단체협약

b) 기타 요구사항에는 다음 사항이 포함될 수 있다.
   1) 조직의 요구사항
   2) 계약 조건
   3) 고용 계약
   4) 이해관계자와의 합의
   5) 보건 당국과의 합의
   6) 비강제적 표준, 합의 표준 및 지침
   7) 자발적 원칙, 실무 규범, 기술 규격, 선언문(charters)
   8) 조직 또는 모기업의 공약

A.6.1.4 조치의 기획

계획된 활동은 주로 안전보건경영시스템을 통해 관리되어야 하며 환경, 품질, 비즈니스 연속성, 리스크, 재정 또는 인적자원 관리를 위해 수립된 다른 비즈니스 프로세스와 통합하여야 한다. 결정된 조치를 이행하는 것은 안전보건경영시스템의 의도된 결과를 달성할 것으로 기대된다.

안전보건 리스크 및 기타 리스크의 평가가 통제의 필요성을 확인한 경우, 계획 활동은 이러한 활동이 운영되는 방식을 결정한다(8절 참조). 예를 들어, 이러한 통제를 작업 지시 또는 역량 향상을 위한 조치로 통합할지 결정할 수 있다. 다른 통제는 측정 또는 모니터링의 형태를 취할 수 있다(9절 참조)

리스크와 기회를 다루는 조치는 의도하지 않은 결과가 발생하지 않도록 하기 위하여 변경 관리(8.1.3 참조) 속에서 고려하여야 한다.

A.6.2 안전보건 목표와 목표 달성 기획

A.6.2.1 안전보건 목표

목표는 안전보건 성과를 유지하고 향상시키기 위해 설정된다. 목표는 조직이 안전보건경영시스템의 의도된 결과를 달성하기 위하여 필요한 것으로 식별한 리스크와 기회 및 성과 기준과 연계되어야 한다.
안전보건 목표는 다른 사업 목표와 통합될 수 있으며 관련 기능과 수준에 맞게 설정되어야 한다. 목표는 전략적, 전술적 또는 운영적일 수 있다.

a) 전략적 목표는 안전보건경영시스템의 전반적인 성과를 개선하기 위하여 설정될 수 있다(예: 소음 노출을 제거하기).
b) 전술적 목표는 시설, 프로젝트 또는 프로세스 수준에서 설정될 수 있다(예: 발생원에서 소음을 줄이기).
c) 운영적 목표는 활동 수준에서 설정될 수 있다(예: 소음을 줄이기 위한 개별 기계의 방음 설비).

안전보건 목표의 측정은 정성적 또는 정량적일 수 있다. 정성적 측정은 설문조사, 인터뷰 및 관찰에서 얻은 것과 같은 근사치일 수 있다. 조직은 결정한 모든 리스크와 기회에 대해 안전보건 목표를 수립할 필요는 없다.

A.6.2.2 안전보건 목표 달성 기획

조직은 목표를 개별적으로 또는 전체적으로 달성할 계획을 세울 수 있다. 필요한 경우, 여러 목표를 위해 계획을 발전시킬 수 있다.

조직은 목표 달성을 위해 필요한 자원(예: 재정, 인력, 장비, 기반구조)을 조사해야 한다.

실행 가능한 경우 각 목표는 전략적, 전술적 또는 운영적 지표와 결합되어야 한다.

A.7 지원

A.7.1 자원

자원에는 예로 인적 자원, 천연 자원, 기반구조, 기술 및 재정 자원이 포함된다.
기반구조에는 조직의 건물, 플랜트, 장치, 유틸리티, 정보기술 및 의사소통시스템, 긴급 봉쇄(emergency containment)시스템 등이 포함된다.

A.7.2 역량/적격성

근로자의 역량에는 근로자의 업무 및 작업장과 관련된 위험요인을 적절하게 식별하고 안전보건 리스크를 다루는 데 필요한 지식과 기술을 반영하여야 할 것이다.

개개의 역할에 대한 역량을 정할 때, 조직은 다음과 같은 사항을 고려하여야 할 것이다.
a) 역할 수행에 필요한 학력, 교육 훈련, 자격 및 경험과 역량 유지에 필요한 재교육 훈련
b) 업무환경
c) 리스크 평가 프로세스에 의한 예방 및 관리 조치
d) 안전보건경영시스템에 적용할 수 있는 요구사항
e) 법적 요구사항 및 기타 요구사항
f) 안전보건 방침

g) 근로자의 건강 및 안전에 대한 영향을 포함한, 준수 및 미준수의 잠재적 결과
h) 근로자가 그들의 지식과 기술을 가지고 안전보건경영시스템에 참여하는 것에 대한 가치
i) 역할과 관련된 의무와 책임
j) 경험, 어학 능력, 글을 읽고 쓸 줄 아는 능력 및 다양성을 포함하는 개별 능력
k) 상황 변화나 업무 변경에 따라 필요한 역량을 습득하는 것

근로자는 역할에 필요한 역량을 결정할 때 조직을 지원할 수 있다.

근로자는 긴급하고 심각한 위험 상황에서, 스스로 벗어날 수 있는 필요한 역량을 가져야 할 것이다. 이러한 목적을 위해, 근로자가 그들의 업무와 관련된 위험요인과 리스크에 대하여 충분한 교육 훈련을 받는 것이 중요하다.

해당하는 경우, 근로자는 안전보건에 대한 그들의 전형적 기능을 효과적으로 수행할 수 있도록 필요한 교육 훈련을 받아야 할 것이다.

많은 국가에서 근로자에게 무료로 교육을 제공하는 것은 법적 요구사항이다.

A.7.3 인식

근로자(특히, 임시직 근로자) 뿐만 아니라 계약자, 방문자 및 기타 인원은 그들에게 노출된 안전보건 리스크를 인식하여야 할 것이다.

A.7.4 의사소통

조직에 의해서 수립된 의사소통 프로세스에는 정보의 수집, 갱신 및 배포가 규정되어 있어야 할 것이다. 의사소통 프로세스는 관련된 정보를 제공하고, 이를 모든 관련된 근로자와 이해관계자에게 배포하고 그들이 이해할 수 있도록 보장하여야 할 것이다.

A.7.5 문서화된 정보

효과성, 효율성 및 단순성을 동시에 보장하기 위해 문서화된 정보의 복잡성 수준을 가능한 한 최소화하도록 유지하는 것이 중요하다.

여기에는 법적 요구사항 및 기타 요구사항을 다루는 기획에 관한, 그리고 이러한 조치의 효과성 평가에 대한 문서화된 정보가 포함되어야 할 것이다.

A.7.5.3에서 기술한 조치는 특별히 폐기된 문서화된 정보의 의도하지 않은 사용의 방지를 목적으로 한다.

기밀 정보의 예에는 개인 및 의료 정보가 포함된다.

A.8 운용

A.8.1 운용 기획 및 관리

A.8.1.1 일반사항

작업장 및 활동에 대해 합리적으로 실행 가능한 수준까지 안전보건 리스크를 감소시킴으로써 위험요인을 제거하거나 실행 불가능한 경우에는 작업장 안전보건을 향상시키기 위해 필요에 따라 운영 기획 및 관리를 수립하고 실행해야 한다.

프로세스의 운영 관리 예는 다음 사항과 같다.
a) 절차 및 작업시스템의 활용
b) 근로자의 역량 확보
c) 예방 또는 예측 유지보전 및 검사 프로그램을 수립
d) 재화와 용역의 조달 규격
e) 법적 요구사항 및 기타 요구사항의 적용 또는 장비에 대한 제조업체의 지침
f) 기술 및 행정적 관리
g) 근로자들에게 작업을 적용, 예를 들면 다음 사항:
   1) 업무를 구성하는 방법의 정의 또는 재정의
   2) 새로운 근로자 채용
   3) 프로세스 및 작업환경의 정의 또는 재정의
   4) 새로운 또는 개조된 작업장, 장비 등을 설계할 때 인간공학적 접근법 활용

A.8.1.2 위험요인 제거 및 안전보건 리스크 감소

관리 단계는 안전보건을 강화하고, 위험요인을 제거하며, 안전보건 리스크를 감소 또는 관리하기 위한 체계적 접근방법을 제공하기 위한 것이다. 개별적 관리는 이전 관리보다 덜 효과적이다. 합리적으로 실행 가능한 수준으로 안전보건 리스크 감소를 성공시키기 위해 여러가지 관리를 조합하는 것이 일반적이다.

다음 사항의 예는 각 수준에서 실행하는 방법을 설명하기 위해 제공한 것이다.

a) 제거: 위험요인 제거, 유해한 화학물질 사용을 중단, 새로운 작업장을 계획할 때 인간공학적 접근법을 적용, 부정적인 스트레스를 주는 단조로운 일을 제거, 하나의 지역에서 지게차 트럭을 제거

b) 대체: 덜 위험한 것으로 위험물을 대체, 온라인 지침으로 고객 불만에 응답하는 것으로 변경, 안전보건 리스크 요인에 대처, 기술적 발전을 적용(예: 유성페인트를 수성페인트로 대체, 미끄러운 바닥 재료 변경, 장비의 전압 요구사항을 낮춤.)

c) 기술적 관리, 작업 재구성, 또는 양쪽 모두: 사람들을 위험요인으로부터 격리, 집단 방호조치(예: 격리, 기계 보호, 환기시스템) 시행, 기계적 취급 다룸, 소음 감소, 가드레일을 사용하여 높은 곳에서 추락을 방지(혼자 일하는 사람, 건강에 좋지 않은 근무시간 및 작업량을 피하고 희생을 방지하기 위한 작업 재구성)

d) 교육훈련을 포함한 행정적인 관리: 정기적인 안전 설비 검사 수행, 왕따 및 괴롭힘을 방지하기 위한 훈련 수행, 하도급자의 활동에 따른 안전 및 보건 협력 관리, 유도 훈련 수행, 지게차 운전 면허 관리, 보복에 대해 두려움 없이 사고와 부적합 및 희생을 신고하는 방법에 대해 지침을 제공, 작업자의 작업 패턴(예: 교대제) 변경, 위험에 처한 것으로 확인된 근로자(예: 청력, 손목 진동, 호흡기 질환, 피부 질환 또는 노출 관련)에 대한 건강 또는 의료 감시 프로그램 관리, 근로자에게 적절한 지침을 제공(예: 출입 통제 프로세스)

e) 개인보호구(PPE): 개인보호구 사용 및 유지보수를 위한 의류 및 지침(예: 안전화, 보안경, 청력 보호, 장갑)을 포함하여 적절한 개인보호구를 제공

A.8.1.3 변경 관리

변경 관리 프로세스의 목표는 변경이 발생할 때(예: 기술, 장비, 시설, 작업 관행 및 절차, 설계 규격, 원자재, 직원 배치, 표준 또는 규정) 새로운 위험요인과 안전보건 리스크가 작업환경에 도입되는 것을 최소화함으로써 작업장에서의 안전보건을 향상시키는 것이다. 예상되는 변화의 특성에 따라 조직은 안전보건 리스크 및 변경의 안전보건 기회를 평가하기 위해 적절한 설계방법(예: 설계 검토)을 사용할 수 있다. 변경 관리의 필요성은 기획의 결과(6.1.4 참조)가 될 수 있다.

A.8.1.4 조달

A.8.1.4.1 일반사항

조달 프로세스는 작업장에 들어오기 전에, 예를 들어 제품, 위험한 재료 또는 물질, 원자재, 장비, 또는 서비스와 관련된 위험요인을 결정, 평가, 제거하고 안전보건 리스크를 감소시키는 데 활용하는 것이 좋다.

조직의 조달 프로세스는 조직의 안전보건경영시스템을 준수하기 위해 구매한 소모품, 장비, 원자재 및 기타 물품 및 관련 서비스를 포함하여 요구사항을 처리하는 것이 좋다. 프로세스는 또한 협의(5.4 참조) 및 의사소통(7.4 참조)을 위해 필요한 모든 것을 다루는 것이 좋다.

조직은 장비, 설치, 자재가 다음 사항을 보장하여 근로자가 사용하는 데 안전한지를 검증하는 것이 좋다.
a) 장비는 규격에 따라서 인도되고 의도된 대로 작동하는지 보증하기 위해 시험해야 한다.
b) 설치는 설계대로 작동하는지를 보증하기 위해 시험 가동해야 한다.
c) 자재는 규격에 따라서 인도되어야 한다.
d) 모든 사용 요구사항, 주의사항 또는 기타 보호 수단은 의사소통이 이루어져 이용할 수 있어야 한다.

A.8.1.4.2 계약자

협력의 필요성은 일부 계약자(즉, 외부 공급자)가 전문 지식, 숙련도, 방법 및 수단을 보유하고 있음을 인식해야 한다.

계약자 활동 및 운용의 예로는 유지보수, 건설, 운영, 보안, 청소 및 기타 여러 기능이 있다. 계약자는 컨설턴트 또는 행정, 회계 및 기타 기능의 전문가를 포함할 수 있다. 계약자에게 활동을 부여하였다고 근로자의 안전보건에 대한 조직의 책임이 면제되는 것은 아니다.

조직은 관련된 당사자의 책임을 명확하게 규정하는 계약을 활용하여 계약자의 활동을 조정할 수 있다. 조직은 작업장에서 계약자의 안전보건 성과를 보장하기 위해 다양한 수단을 사용할 수 있다(예: 과거의 안전보건 성과, 안전 교육훈련 또는 안전보건 능력뿐만 아니라 직접적인 계약 요구사항을 고려한 계약 보너스 방법 또는 사전 자격 기준).

계약자와 협력할 때, 조직은 조직과 계약자 간에 위험요인 보고, 근로자의 위험지역 접근 관리, 비상사태에서 따라야 할 절차에 대하여 고려하는 것이 좋다. 조직은 계약자가 조직의 자체 안전보건경영시스템 프로세스(예: 출입 통제, 밀폐 공간 진입, 노출 평가 및 공정 안전관리) 및 사건 보고와 관련된 활동을 협력하는 방법을 명시하는 것이 좋다.

조직은 계약자가 작업을 진행하기 전에 업무를 수행할 수 있는지 검증하는 것이 좋다. 예를 들면,
a) 안전보건 성과 기록 만족도
b) 근로자에 대한 자격, 경험, 역량 기준이 명시되고 이를 충족(예: 교육 훈련을 통하여)
c) 자원, 장비 및 작업 준비가 충분하고 작업이 진행될 준비가 됨.

A.8.1.4.3 외주처리

조직을 외주처리 할 때 안전보건경영시스템의 의도된 결과를 달성하기 위해 외주처리 기능 및 프로세스를 관리할 필요가 있다. 외주처리 기능 및 프로세스에서 이 문서의 요구사항을 준수하는 책임은 조직이 보유해야 한다.

조직은 다음 사항과 같은 요소를 기반으로 외주처리 기능 또는 프로세스에 대한 관리 정도를 설정하는 것이 좋다.
- 조직의 안전보건경영시스템 요구사항을 충족시키는 외부 조직의 능력
- 적절한 관리를 정하고 관리의 적절성을 평가하는 조직의 기술적 역량
- 외주처리 프로세스 또는 기능이 안전보건경영시스템의 의도된 결과를 달성할 수 있는 조직의 능력에 미칠 잠재적 영향
- 외주처리 된 프로세스 또는 기능이 공유되는 정도
- 조달 프로세스 적용을 통해 필요한 관리를 달성할 수 있는 조직의 능력
- 개선의 기회

일부 국가에서는 법적 요구사항으로 외주처리 기능 또는 프로세스를 포함한다.

A.8.2 비상시 대비 및 대응

비상시 대비 계획은 내외부에서 정상 작업시간 이외에 발생하는 자연적, 기술적 및 인위적 사건을 모두 포함할 수 있다.

A.9 성과 평가

A.9.1 모니터링, 측정, 분석 및 성과 평가

A.9.1.1 일반사항

안전보건경영시스템의 의도된 결과를 달성하기 위해서는 프로세스를 모니터링, 측정 및 분석하여야 할 것이다.

a) 모니터링 및 측정할 수 있는 예로는 다음 사항을 포함하지만 이에 국한하지 않는다.
   1) 직업적인 건강 불만사항, 근로자의 건강(감시를 통해) 및 업무 환경
   2) 업무 관련 사건, 상해 및 건강상 장해 추세를 포함한 불만사항
   3) 운용 관리 및 비상 훈련의 효과성 또는 새로운 관리를 수정하거나 도입할 필요성
   4) 역량

b) 법적 요구사항의 이행을 평가하기 위해 모니터링 및 측정할 수 있는 예로는 다음 사항을 포함하지만 이에 국한하지 않는다.
   1) 확인된 법적 요구사항(예: 모든 법적 요구사항이 결정되었는지, 이에 대해 조직의 문서화된 정보가 최신 상태인지 여부)
   2) 단체협약(법적 구속력이 있는 경우)
   3) 준수에서 확인된 갭 상태

c) 기타 요구사항의 이행을 평가하기 위해 모니터링 및 측정할 수 있는 예로는 다음 사항 포함하지만 이에 국한하지 않는다.
   1) 단체협약 (법적 구속력이 없는 경우)
   2) 표준 및 규범

3) 기업 및 기타 방침, 규칙 및 규정
4) 보험 요구사항

d) 다음 사항의 기준은 조직이 성과를 비교하는데 사용할 수 있다.
1) 예를 들면, 다음과 같은 우수 사례가 있다.
i. 다른 조직
ii) 표준 및 규범
iii) 조직 자체의 규범 및 목표
iv) 안전보건 통계
2) 기준을 측정하기 위해 지표가 일반적으로 사용된다. 예를 들면,
i) 기준이 사건과 비교하는 것이라면 조직은 빈도, 유형, 심각성 또는 사건 횟수를 조사하도록 선택할 수 있다. 이때 지표는 이들 기준 각각에서 결정된 비율일 수 있다.
ii) 기준이 시정조치 완료와 비교하는 것이라면 지표는 정해진 시간 내에 완결된 비율일 수 있다.

모니터링은 요구되거나 기대되는 성능 수준에서의 변화를 확인하기 위해 지속적 검토, 감독, 비판적 관찰 또는 상태 결정을 포함할 수 있다. 모니터링은 안전보건경영시스템, 프로세스 또는 관리에 적용 될 수 있다. 예를 들면 인터뷰의 활용, 문서화된 정보의 검토 및 수행된 업무의 관찰이 포함된다.

측정은 일반적으로 대상이나 사건에 숫자를 부여하는 작업이 포함된다. 측정은 정량적 데이터의 기초이며 일반적으로 안전 프로그램 및 건강 감시에 대한 성과 평가와 관련된다. 예를 들어, 유해물질에 대한 노출 또는 위험요인으로부터 안전거리 계산을 측정하기 위해 교정되었거나 검증된 장비의 사용이 포함된다.

분석은 관계, 경향(patterns) 및 추세를 밝히기 위해 데이터를 조사하는 프로세스이다. 분석은 다른 유사 조직의 정보를 포함하여 통계 작업을 활용하여 데이터에서 결론을 이끌어내는 것을 의미할 수 있다. 이 프로세스는 대개 측정 활동과 가장 관련이 있다.

성과 평가는 안전보건경영시스템이 설정한 목표를 달성하기 위한 주제의 적절성, 충족성 및 효과성을 결정하기 위해 수행되는 활동이다.

A.9.1.2 준수 평가

준수 평가의 빈도와 시기는 요구사항의 중요성, 운용 조건의 변화, 법적 요구사항 및 기타 요구사항의 변경, 조직의 과거 성과에 따라 달라질 수 있다. 조직은 지식과 준수 상태에 대한 이해를 유지하기 위해 다양한 방법을 사용할 수 있다.

A.9.2 내부 심사

심사 프로그램의 정도는 안전보건경영시스템의 복잡성 및 성숙도에 근거해야 한다.

조직은 심사원의 역할에 있어 내부 심사원을 정상적으로 부여된 임무로부터 분리하는 프로세스를 만들어 내부 심사의 객관성과 공정성을 확립하거나 심사에 외부 인원을 활용할 수 있다.

A.9.3 경영 검토

경영 검토와 관련하여 사용된 용어는 다음과 같이 이해하여야 할 것이다.
a) "적절성"은 안전보건경영시스템이 조직, 조직의 운용, 조직의 문화 및 비즈니스시스템과 어떻게 부합하는지를 나타낸다.
b) "충족성"은 안전보건경영시스템이 적절하게 실행되고 있는지를 나타낸다.
c) "효과성"은 안전보건경영시스템이 의도된 결과를 달성하고 있는지를 나타낸다.

9.3의 a)에서 g)까지 나열한 경영 검토 주제는 한꺼번에 모두를 다룰 필요는 없다. 조직은 경영 검토 주제를 언제 어떻게 다룰 것인지를 결정해야 한다.

A.10 개선

A.10.1 일반사항

조직은 개선을 위한 조치를 취할 때 안전보건 성과의 분석 및 평가, 준수 평가, 내부 심사 및 경영 검토 결과를 고려하여야 할 것이다.

개선의 예에는 시정조치, 지속적 개선, 획기적 변경, 혁신 및 재조직화가 포함된다.

A.10.2 사건, 부적합 및 시정조치

사건 조사 및 부적합 검토를 위해 별도의 프로세스가 존재해도 되고 조직의 요구사항에 따라서 단일 프로세스로 결합해도 된다.

사건, 부적합 및 시정조치의 예로 다음 사항이 포함될 수 있지만 이에 국한하지는 않는다.

a) 사건: 부상을 수반하거나 수반하지 않는 같은 수준의 추락, 부러진 다리, 석면폐증, 청력상실, 안전보건 리스크를 초래할 수 있는 건물 또는 차량 피해
b) 부적합: 보호장비가 적절하게 기능하지 않음, 법적 요구사항 및 기타 요구사항 충족 실패, 또는 지시한 절차를 따르지 않음.
c) 시정조치(위험 감소 대책의 우선순위는 8.1.2 참조): 위험요인 제거, 불안전한 재료를 안전한 것으로 대체, 장치 또는 도구의 설계 또는 수정, 절차 개발, 영향을 받는 근로자의 역량 개선, 사용 빈도 변경 또는 개인보호구 사용

근본 원인분석은 무엇이 일어났고, 어떻게 그리고 왜 일어났는지를 물어서 그것이 반복해서 발생하는 것을 방지하기 위해 무엇을 할 수 있는지에 대해 조언하기 위해 사건 또는 부적합과 관련된 가능한 모든 요인을 탐색하는 관행을 나타낸다.

사건 또는 부적합의 근본 원인을 결정할 때, 조직은 분석하는 사건 또는 부적합의 본질에 적절한 방법을 사용하여야 할 것이다. 근본 원인분석의 초점은 예방이다. 이 분석으로 의사소통, 역량, 피로, 장치 또는 절차와 관련된 요인을 포함하여 다양한 시스템 실패를 확인할 수 있다.

시정조치의 효과성 검토[10.2 f) 참조]는 실행된 시정조치가 근본원인을 적정하게 통제하는 정도를 나타낸다.

A.10.3 지속적 개선

지속적 개선 주제의 예시는 다음 사항을 포함하지만 이에 국한되지 않는다.
a) 신기술
b) 조직 내부 및 외부 모두에 관한 우수 사례
c) 이해관계자의 제안 및 권고
d) 안전보건과 관련된 이슈에 대한 새로운 지식과 이해
e) 새로운 재료 또는 개선된 재료
f) 근로자 능력 또는 역량 변경
g) 더 적은 자원으로 개선된 성과 달성(즉, 단순화, 능률화 등)

2장

문서화된 정보

가. 문서화된 정보
나. 매뉴얼 작성(샘플)
다. 절차서 작성(샘플)
라. 지침서 작성

가. 문서화된 정보

1. 개요

이 장에서는 문서화된 정보를 작성하는 방법을 중심으로 설명하려고 한다.

문서화된 정보는 좀 생소한 용어일지 모르나 이 전에 사용하던 용어인 문서와 기록을 대체한다고 보면 쉽게 이해할 수 있을 것 같다.

문서화된 정보라는 말 뒤에는 "문서화된 정보의 유지"와 "문서화된 정보의 보유"와 같이 요구사항에서 사용되고 있다.

먼저 "문서화된 정보의 유지"는 문서(문서화된 방침, 매뉴얼, 절차서 등)를 "문서화된 정보의 보유"는 기록(요구사항에 적합하다는 증거를 제공하기 위하여 필요한 문서)을 대체한 말이다.

표준에서 "정보"라는 것은 문서화되어야 한다는 요구사항은 없기 때문에 문서화된 정보를 유지하는 것이 필요한지 또는 적절한지 여부를 결정할 필요가 있다.

2. 경영시스템 구성

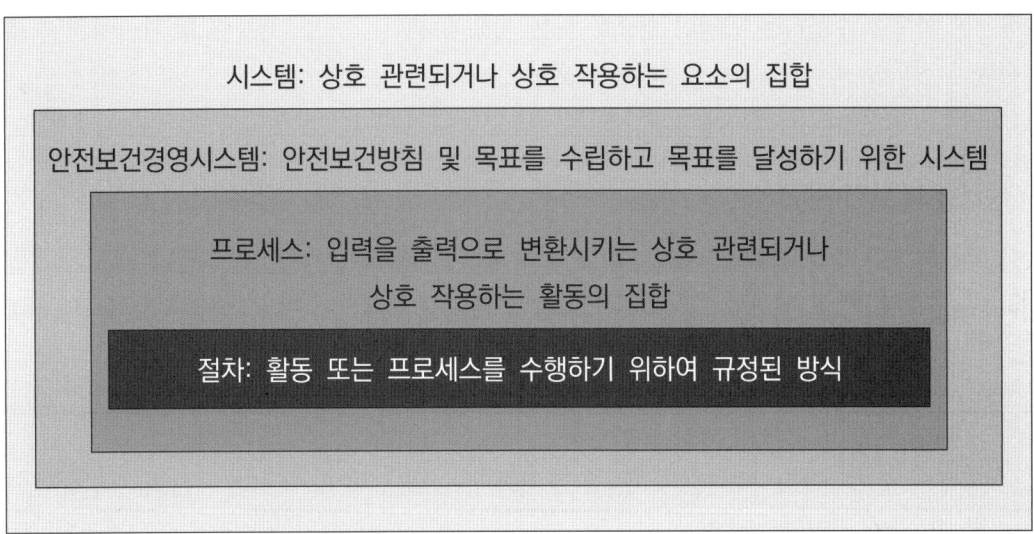

* 절차는 문서화될 수도 있고 문서화되지 않을 수도 있는데, 절차가 문서화되면 "문서화된 절차"라고 부르지만 절차를 포함하고 있는 문서는 "절차서"라 부른다.

3. 경영시스템 문서화

3.1 문서화 대상의 결정

1) "이 표준에서 요구하는 문서화된 정보"라는 것을 말한다.
   예로 표준 요구사항 중에 5.3 조직의 역할, 책임 및 권한을 조직내 모든 계층에 부여하고 의사소통하여 "문서화된 정보로 유지함을 보장하여야 한다"와 같은 요구사항은 문서화하라는 것이다.
2) "조직이 스스로 표준화된 절차 또는 기준이 필요하다고 판단한 업무를 말한다":
   예로 이 표준에서는 문서화하라는 요구를 하지 않고 있으나, 조직이 자체적으로 판단하여 업무수행을 위하여 문서화하는 것이 좋겠다고 정한 것을 문서화하라는 말이다.

3.2 문서화의 정도

문서화의 정도는 문서화 대상이 얼마나 복잡한 업무인지, 문서가 사용되는 방법은, 문서에서 규정된 활동을 수행하는 인원이 필요로 하는 기능과 훈련은 어떤 것이 필요 한지에 따라 문서화의 정도를 조직 스스로 결정하여야 한다.

3.3 문서화의 목적

1) 문서화의 목적은 정보의 전달, 증거로서의 역할, 기술축적이다.
2) 조직이 정확하고 일관성 있는 업무활동을 수행하기 위해서는 다양한 종류의 업무에 대한 문서에 의하여 정보를 전달할 수 있게 된다.
3) 업무절차에서 정해진 대로 업무가 수행된 결과를 기록함에 따라 그 업무가 수행되었음을 입증할 수 있는 증거의 역할을 한다.
4) 회사나 개인이 보유하고 있는 기술을 문서화함으로써 기술의 축적과 기술의 발전을 달성할 수 있을 것이다.

3.4 안전보건경영시스템 문서체계

문서체계는 통상적으로 매뉴얼, 절차서, 지침서와 같은 3단계를 많이 채택하고 있는데 좀더 구체적으로 살펴보면 다음과 같다.
1) 안전보건매뉴얼(안전보건 방침과 안전보건 목표를 포함)
2) 절차서, 규정(안전보건경영시스템의 표준 요구사항을 실행하기 위해 필요한 개별 부서의 활동을 기술)
3) 지침서, 작업표준, 시방서(단위 업무의 실행방법이나 기준을 규정한 작업지시서로 여기에는 업무표준과 기술표준으로 구분하기도 한다.)

　위에 나열한 대로 문서체계 및 구조로 하거나 명칭을 사용하라는 것은 아니고 기존에 조직에서 시용하고 있는 체계가 있다면 그 체계를 따라도 문제될 것이 없다.
　업무의 간소화를 위하여 소규모 조직인 경우에는 매뉴얼과 절차를 통합하여 하나의 문서 형태로 하기도 한다.

3.5 문서화의 수준

문서를 만들면 이를 업무에 활용하는 인원에게 교육하고 이해시켜서 해당 업무에 적용해야 하므로 관련 인원의 교육수준, 업무경력 및 기업문화 등을 고려하여야 한다.

요즘 대부분의 회사에서는 종업원의 구성을 보면 외국인의 비율이 높고, 외국인들의 국적도 다양하다. 또 비정규직의 비율 및 종업원의 업무경력도 다양하여 이들 모두를 충족시킬 수 있도록 문서화한다는 것은 많은 고려가 필요하다.

그리고 각 기업의 기업문화도 문서에 담아야 하기 때문에 문서의 수준을 결정하는 일은 상당한 노력이 요구된다.

3.6 용어 및 문장 내용

문서화에서 또 하나의 어려운 점은 사용하는 용어이다. 각 회사는 나름대로 사용해오던 고유의 용어들이 존재하고, 이들 용어가 ISO표준에서 요구하는 용어와 불일치하는 용어도 있을 수 있는데 이에 대한 단일화가 필요하므로 이런 경우에 통상적으로 회사에서 사용하는 용어를 먼저 기술하고 표준에서 사용하는 용어를 괄호로 표시하여 언젠가는 두 용어가 공통으로 이해될 수 있도록 해야 한다.

예를 들어 어떤 회사에서는 외부심사원과 부서의 피심사자 간에 의사소통이 안 된다고 심사를 기피하는 사례도 있었던 것을 생각하면 사용되는 용어의 통일은 쉽게 넘길 일이 아닌 것 같다.

다음으로 문장의 표현과 관련하여 가능하면 한 문장은 3줄 이내로 수식어 없이 간결하면서도 완전성을 갖출 수 있도록 작성해야 한다.

3.7 문서의 관리시스템

1) 문서는 생성(작성-검토-승인), 배포, 사용, 유지, 개정 및 폐기 등의 관리를 통해 생명력이 유지되고 업무에 적절하게 활용이 가능하게 관리되어야 한다.
   생성은 각 문서마다 작성자, 검토자 및 승인권자가 정해지고 승인권자의 승인이 있어야 문서로서의 효력이 발생된다.
2) 개정은 생성된 문서는 업무의 개선, 환경의 변화 및 기타 문서가 현실과 부합하지 못할 경우에 개정이 수행되어야 하는데 이때도 최초 생성시와 동일한 인원에 의해 작성, 검토 및 승인이 되어야 한다.

3) 배포는 승인권자의 승인이 완료된 문서는 사용을 위하여 업무가 수행되는 장소에 배포하여야 하는데 배포 전에 문서 별로 배포처를 먼저 확정하여 문서를 사용하여야 하는 장소에 배포되고 기존의 문서는 오용을 방지할 수 있도록 적절하게 관리하여야 한다. 흔히들 보면 생산부서의 설비운전 지침서가 운전자가 상주하는 현장에는 배포되지 않고 사무실의 부서장 책꽂이에 꽂혀있는 경우도 가끔 발견된다.

4) 문서의 개정으로 최신본이 발행되면 구문서에 대하여 별도의 조치를 취하여야 하는데, 보통 회사의 문서관리 절차에서 정하겠지만 통상적으로 폐기하는 것이 가장 좋으나 그렇지 못한 경우에는 문서의 표지에 "구본" "교육용" 또는 "참고용" 등의 식별 표시를 하거나 기타의 방법으로 조치하여 오용을 방지할 수 있어야 한다.

문서는 발행 후 및 개정본의 관리여부에 따라 관리본과 비관리본으로 구분하게 되는데, 관리본은 문서를 처음 배포한 이 후 개정본이 발행될 때마다 개정본을 배포하고 구본은 회수하는 방법으로 관리하는 것이고, 비관리본은 한번 배포된 문서에 대해서 후속되는 변경사항이 추가로 제공되지 않는 관리로 통상 업무용이 아니고 사본을 참고용으로 배포한 경우가 해당한다. 관리본의 경우는 업무를 효율적으로 하기 위해서는 처음 배포할 때 문서의 발행부수를 정하고 고유번호를 부여하여 배포된 곳을 정확히 알 수 있게 배포관리대장을 작성하여 관리하는 것도 좋은 방법이다.

그러나 모든 문서는 통제 및 관리되어야 하므로 관리규정을 수립하여 관리해야 한다.

4. 문서 작성 프로세스

4.1 문서작성계획 수립

문서작성을 위해서는 먼저 문서의 필요성을 파악하여 필요한 문서의 목록을 정하고 목록에 수록된 문서를 대상으로 기존에 사용 중인 유사한 문서가 존재하는지 여부를 확인하여 신규로 작성할 것인지 또는 기존의 사용 중인 문서를 보완할 것인지를 결정하게 된다. 이때 문서의 이행한 결과를 기록하는 양식에 대하여도 반드시 검토가 필요하다.

4.2 업무분석 및 문서작성

문서작성에서 가장 기본적으로 수행하여야 할 것은 어느 문서에서 업무의 어느 부분을 반영하고 인터페이스를 어떻게 조정할 것인지를 정해야 한다.

작성자가 문서를 작성하는 순서는 해당 업무에 대한 적용범위와 목적을 정하고 업무순서를 도식화(Flow Chart)하여 업무가 일관성 있게 진행될 수 있도록(계획-실행-점검-조치) 파악한다.

작성자는 파악된 순서에 따라서 문서초안을 작성하여 검토부서에 검토를 의뢰하여 필요한 협의, 조정을 거친 후에 승인권자의 승인을 득하면 문서가 효력을 발생하게 된다.

효력을 발생하는 일자를 별도로 지정하거나 승인권자의 승인과 동시에 효력이 발생되도록 정하는 회사도 있다.

나. 매뉴얼 작성

1. 매뉴얼 일반사항

매뉴얼은 안전보건에 영향을 미치는 업무를 검토, 계획, 수행 및 확인하는 인원의 책임, 권한 및 업무간의 연관관계를 기술하고, 표준 요구사항에 대하여 회사가 무엇을 누가 하는지를 총망라하여 기술한 기본 문서이다.

ISO 45001:2018년 개정판의 요구사항에는 매뉴얼에 대한 언급은 없기 때문에 매뉴얼을 반드시 문서화하여야 할 사항은 아니지만 기존에 시스템을 구축하여 운영하고 있는 회사라면 굳이 매뉴얼을 없애지 말고 개정판의 요구사항에 부합하도록 개정하여 관리할 것을 권하고 싶다.

왜냐하면 기존의 매뉴얼에 포함되고 있는 사항에는 안전보건 방침과 목표, 전사 조직과 이에 대한 책임과 권한, 프로세스의 구성 및 연관관계 등과 같이 어느 하나의 조직이 아닌 전사 공통의 사항을 반영하고 있기 때문에 매뉴얼이 없다면 처리하기가 곤란해 질 수 있다. 그리고 매뉴얼은 신입사원과 같이 회사의 업무를 잘 모르는 직원에게도 활용할 수 있는 좋은 교육자료가 될 수 있기 때문이다.

매뉴얼은 필요시 이해관계자에 제출할 수도 있으므로 회사에 대한 소개 및 기타 홍보자료를 포함시켜 작성하는 것도 생각해 볼 가치가 있다.

1.1 매뉴얼의 사용 목적

1) 경영시스템의 이해와 효과적인 수행.
2) 회사의 소개, 경영시스템 적용범위, 방침과 목표 및 적용 요구사항에 대한 의사소통.
3) 조직 간의 이해를 증진시키고 경영 활동에 대한 용이성 제공.
4) 시스템의 지속적 개선 및 변경사항의 관리에 대응.
5) 이해관계자에게 경영시스템 및 회사에 대한 정보를 제공하는 것이 주된 목적.

1.2 매뉴얼의 구성

문서화의 대상이 되는 문서마다 구성이 조금씩 다를 수 밖에 없으므로 각각의 문서에 대하여 일반적으로 사용되고 있는 구성을 예시로 들어 설명할 것이나 반드시 지켜야하는 것은 아니다. 항상 하는 말이지만 표준 요구사항 어디에도 방법에 대한 요구사항은 전혀 없기 때문에 회사의 형편에 적합하게 자체적으로 정하여야 한다.

2. 매뉴얼(경영시스템 요소)

여기서부터는 매뉴얼 본 내용을 전개하는데 작성 순서에 따른 목록을 소개한다.

1) 목적 및 적용범위:
   안전보건경영시스템에 대한 매뉴얼의 목적과 적용범위를 기술하여야 한다.
2) 회사소개:
   회사의 연혁, 생산 제품 및 기타 이해관계자에 공지하고 싶은 내용.
3) 안전보건방침 및 안전보건목표:
   전 종업원이 이해하고 이행하여야 할 안전보건 방침을 포함하고, 방침을 달성하기 위하여 정한 전사 안전보건 목표를 작성한다.
4) 책임과 권한:
   회사의 조직도 및 조직(부서)별 업무분장을 반영하는데 안전보건경영시스템의 각 항목별 업무에 대한 책임과 권한이 포함되어야 한다.
5) 용어와 정의:
   안전보건경영시스템의 표준에서 언급하고 있는 용어를 우선 반영하고 추가로 필요한 용어도 반영한다.
6) 업무 절차:
   표준 요구사항의 순서에 입각하여 표준 요구사항(4절에서 10절까지)을 어떻게 실행할 것인가에 대하여 단계적 실행내용 (PDCA)을 작성한다.
   - 표준에서 사용되는 조동사에 따라 한글로 작성하는 문장이 아래와 같이 작성되어야 한다.
     표준에 "shell"은 ~을 하여야 한다,

"should"는 ~하는 것이 좋다/하여야 할 것이다.

"may"는 ~해도 된다는 허용의 의미,

"can"은 ~할 수 있다는 가능성이나 능력을 의미하므로 이에 맞게 작성하여야 한다.

7) 관련 절차:

해당 요구사항을 실행하기 위한 구체적인 문서(절차서 또는 규정)의 문서명과 문서번호 및 개정번호를 작성하는데 별도의 절차 목록을 작성하기도 한다.

3. 안전보건 매뉴얼(샘플)

	안전보건매뉴얼	문서번호	ABC-M-001
		개정일자	
		개정번호	O
		페이지	1/32

1. 개요(목적과 범위, 회사소개)

2. 안전보건방침 및 목표

3. 조직 및 책임과 권한

4. 용어와 정의

5. 업무절차

6. 관련절차

2장 문서화된 정보 | 119

회사명	**안전보건매뉴얼**	문서번호	ABC-M-001
		개정일자	
	개정이력	개정번호	O
		페이지	2/32

번호	개정일자	시행일자	개 정 사 유	비 고
0	2022.01.01	2022.01.01	ISO 45001 시스템 신규 구축	-

회사명	안전보건매뉴얼	문서번호	ABC-M-001
		개정일자	
	요구사항별 절차서	개정번호	0
		페이지	3/32

조항	안전보건경영표준 요구사항	관련 절차서
4 조직상황	4.1 조직과 조직상황의 이해 4.2 근로자 및 이해관계자의 니즈와 기대 이해 4.3 안전보건경영시스템 적용범위 결정 4.4 안전보건경영시스템	상황관리 절차서
5 리더십과 근로자 참여	5.1 리더십과 의지표명 5.2 안전보건방침 5.3 조직의 역할, 책임 및 권한 5.4 근로자 협의 및 참여	조직관리 절차서 의사소통 절차서
6 기획	6.1 리스크와 기회를 다루는 조치 6.2 안전보건 목표와 목표 달성 기획	목표관리 절차서 위험성평가절차서
7 지원	7.1 자원(resource) 7.2 역량/적격성 7.3 인식 7.4 의사소통 7.5 문서화된 정보	교육훈련절차서 문서화된 정보관리 의사소통 절차서
8 운용	8.1 운용 기획 및 관리 8.2 비상시 대비 및 대응	운영관리 절차서 법규관리 절차서 비상사태관리 절차서 협력업체관리 절차서
9 성과평가	9.1 모니터링, 측정, 분석 및 성과 평가 9.2 내부심사 9.3 경영검토	모니터링 절차서 내부심사 절차서 경영검토 절차서
10 개선	10.1 일반사항 10.2 사건, 부적합 및 시정조치 10.3 지속적 개선	시정조치 절차서 업무개선 절차서

회사명	안전보건매뉴얼	문서번호	ABC-M-001
		개정일자	
	개요	개정번호	O
		페이지	4/32

1. 개요

1) 목적 및 적용범위

이 매뉴얼은 ABC(이하 "회사"라 한다)의 안전보건경영시스템에 대한 기본원칙과 방법 등을 규정, 실행, 유지 및 개선을 통하여 효과적이고 체계적으로 안전보건업무를 수행하여 성과를 지속적으로 달성하는 것을 목적으로 하며 안전보건경영시스템의 모든 요구사항을 당사의 모든 사업장에 적용한다.

2) 회사소개

당사는 근로자와 이해관계자 중심의 안전보건경영을 실천하고 급변하는 시대적 흐름을 직시하여, 근로자와 이해관계자가 신뢰하는 사업장을 조성하기 위하여 안전보건경영시스템을 구축하여 체계적으로 위험성을 평가하고, 안전보건관련 법규를 철저히 준수하고, 안전보건성과의 개선을 추진하고 있습니다. 당사는 꾸준한 기술개발 노력과 안전보건경영시스템의 실행을 통하여 근로자와 이해관계자의 요구와 기대에 부응하여, 무재해 사업장이 될 수 있도록 지속적으로 노력하겠습니다.

주소:
전화:
팩스:

회사명	**안전보건매뉴얼**	문서번호	ABC-M-001
		개정일자	
	안전보건방침	개정번호	O
		페이지	5/32

2. 안전보건방침

```
                    ┌──────────────┐
                    │  안전보건방침  │
                    └──────────────┘

   안전의식 고취,      안전문화 정착,      무재해 사업장
```

(주)ABC는 당사의 안전보건경영시스템과 모든 활동이 ISO 45001:2018 / KS Q ISO 45001:2018 요구사항을 만족시키고, 당사의 비전과 경영목표를 달성할 수 있도록 매년 안전보건목표를 정량화하여 수립, 시행할 것이며, 안전보건경영시스템의 실행을 통하여 근로자와 이해관계자의 요구사항을 충족시키고, 안전보건관련 법규를 준수하고, 안전한 사업장을 조성과 안전문화의 정착 및 지속적인 안전사고 예방활동을 적극적으로 전개해 나가겠습니다.

이를 위하여 모든 조직과 전 종업원은 회사의 안전보건방침을 명확히 인지하고 철저히 준수하여 안전보건경영이 조기에 정착될 수 있도록 각자 맡은바 책임을 다하여야 하며, 본인은 근로자와 이해관계자를 만족시켜 무재해 사업장으로 가는데 있어 효율적이고 능동적으로 업무를 수행할 수 있도록 모든 자원을 최대한 지원할 것입니다.

202 년   월   일
(주)ABC

대표이사 G M S

회사명	**안전보건매뉴얼**	문서번호	ABC-M-001
		개정일자	
	책임과 권한	개정번호	O
		페이지	6/32

3. 책임과 권한

3.1 대표이사
    (1) 안전보건방침 결정
    (2) 조직상황파악 결과 승인
    (3) 안전보건목표 승인
    (4) 사고보고서 승인
    (5) 내부심사결과 승인
    (6) 경영자검토 실시

3.2 사업본부장
    (1) 안전보건방침 검토
    (2) 조직상황파악 결과 검토
    (3) 안전보건목표 검토
    (4) 위험성평가결과 승인
    (5) 준수의무사항(법규요구사항) 승인
    (6) 사고보고서 검토
    (7) 내부심사결과 보고서 검토
    (8) 경영자검토 자료검토

3.3 안전관리팀
    (1) 안전보건방침 작성
    (2) 조직상황파악 결과 취합, 조정
    (3) 안전보건목표 수립
    (4) 위험성평가결과 취합, 조정
    (5) 준수의무사항(법규요구사항) 파악, 배포
    (6) 사고보고서 작성
    (7) 내부심사업무 주관(계획, 실시, 결과보고)

회사명	안전보건매뉴얼	문서번호	ABC-M-001
		개정일자	
	책임과 권한	개정번호	0
		페이지	7/32

    (8) 경영자검토 자료 작성, 취합 및 보고
    (9) 회사안전보건관련 교육 주관
    (10) 부적합보고 및 시정조치 업무 주관
    (11) 경영자검토회의 회의록 작성 및 조치주관
    (12) 현장안전보건관리업무 총괄
    (13) 현장 안전보호구 관리
    (14) 현장 반입, 반출 기계 장치관리

3.4 각 부서장
    (1) 조직상황파악 실시
    (2) 안전보건목표 수립
    (3) 위험성평가 실시
    (4) 준수의무사항(법규요구사항) 교육
    (5) 사고보고서 작성
    (6) 경영자검토 자료 작성
    (7) 부서안전보건관련 교육
    (8) 부적합보고 및 시정조치 실시

회사명	안전보건매뉴얼	문서번호	ABC-M-001
		개정일자	
	용어와 정의	개정번호	0
		페이지	8/32

4. 용어의 정의

4.1 안전보건경영시스템

최고경영자가 경영방침에 안전보건정책을 선언하고 이에 대한 실행계획을 수립(Plan)하여 이를 실행 및 운영(Do), 점검 및 시정조치하며 그 결과를 최고경영자가 검토하고 개선(Action)하는 등 P-D-C-A 순환과정을 통하여 지속적인 개선이 이루어 지도록 하는 체계적인 안전보건활동을 말한다.

4.2 조직(Organization)

사업을 운영하는 체계, 자원, 기능 등을 갖추고 있는 회사, 기업, 연구소 또는 이들의 복합집단을 말하며 각 부서로 표현할 수도 있다.

4.3 이해관계자(Interested party) 또는 이해당사자(Stakeholder)

의사결정 또는 활동에 영향을 줄 수 있거나, 영향을 받을 수 있거나 또는 그들 자신이 영향을 받는다고 인식을 할 수 있는 사람 또는 조직을 말한다.

4.4 근로자(Worker)

조직의 관리 하에 업무(작업) 또는 업무(작업)관련 활동을 수행하는 사람을 말한다.

4.5 참여(Participation) 의사결정에 개입함을 의미한다.

4.6 협의(Consultation) 의사결정을 내리기 전에 의견을 구하는 것을 의미한다.

4.7 작업장(workplace)

근로자 및 이해관계자가 일을 해야 하거나 일을 할 필요가 있는 조직의 관리하에 있는 장소를 말한다. 현장으로 표현할 수도 있다.

회사명	안전보건매뉴얼	문서번호	ABC-M-001
		개정일자	
	용어와 정의	개정번호	0
		페이지	9/32

4.8 계약자(Contractor)

합의된 계약서, 규정 및 조건에 따라서 조직에 서비스를 제공하는 외부 조직을 의미한다. 서비스에는 건설 활동이 포함될 수 있다.

4.9 요구사항(Requirement)

명시적인 요구 또는 기대, 일반적으로 묵시적이거나 의무적인 요구 또는 기대를 의미한다. "일반적으로 묵시적"이란 조직 및 이해관계자의 요구 또는 기대가 묵시적으로 고려되는 관습 또는 일상적인 관행을 의미한다.

4.10 법적 요구사항 및 기타 요구사항(legal requirements and other requirements)

조직이 준수해야 법적 요구사항과 조직이 준수하기로 선택한 기타 요구사항으로 나뉜다. 법적 요구사항 및 기타 요구사항에 단체협약 조항이 포함 될 수 있다.

4.11 최고경영자(Top management)

조직의 가장 높은 레벨에서 조직을 지휘하고, 관리하는 자를 말한다.

4.12 안전보건관리책임자

회사의 안전보건 관리에 관한 업무를 총괄하여 관리하는 자를 말한다.

4.13 효과성(Effectiveness) 계획된 목표에 대한 결과의 달성 정도를 의미한다.

4.14 효율성(Efficiency) 최소한의 자원투입으로 기대하는 목표를 얻는 정도를 의미한다.

4.15 안전보건경영방침(Policy)

최고경영자에 의해 공식적으로 표명된 안전보건상의 조직의 의지 및 방향을 의미한다.

회사명	안전보건매뉴얼	문서번호	ABC-M-001
		개정일자	
	용어와 정의	개정번호	0
		페이지	10/32

4.16 안전보건 목표(Objective)
안전보건경영방침과 일관성이 있는 구체적인 결과를 달성하기 위해 설정한 목표를 말한다.

4.17 상해 및 건강상 장해(injury and ill health)
사람의 신체적, 정신적 또는 인지적 상태에 대한 악영향을 말한다. 악영향은 직업병, 질병 및 사망을 포함한다.

4.18 유해·위험요인(Hazard) 상해 및 건강상 장해를 잠재적 가능성 있는 근원을 말한다.

4.19 안전(Safety)
유해·위험요인이 없는 상태로서 정의할 수 있지만 현실적 산업현장 또는 시스템에서는 달성 불가능하므로 현실적인 안전의 정의는 유해·위험요인의 위험성을 허용 가능한 위험수준으로 관리하는 것으로 정의 할 수 있다.

4.20 리스크(Risk) 목표 달성에 대한 불확실성의 부정적 영향을 말한다.

4.21 기회(opportunity) 목표 달성에 대한 불확실성의 긍정적 영향을 말한다.

4.22 역량/적격성(competence)
의도된 결과를 달성하기 위해 지식 및 스킬을 적용하는 능력을 말한다.

4.23 문서화된 정보(documented information)
조직에 의해 관리되고 유지 되도록 요구되는 정보 및 정보가 포함되어 있는 매체를 말함.

4.24 기록(Record) 달성된 결과를 명시하거나 활동의 증거를 제공하는 문서를 말한다.

회사명	안전보건매뉴얼	문서번호	ABC-M-001
		개정일자	
	용어와 정의	개정번호	0
		페이지	11/32

4.25 프로세스 또는 절차(Procedure) 활동을 수행하기 위하여 규정된 방식을 의미한다.

4.26 성과(Performance)
측정 가능한 결과로서 각 부서 또는 조직의 안전보건경영 활동으로 달성된 정성적 또는 정량적 결과를 말한다.

4.27 안전보건 성과(occupational health and safety performance)
근로자에게 상해 및 건강상 장해의 예방 및 안전하고 건강한 작업장 제공에 대한 효과성과 관련된 성과를 말한다.

4.28 모니터링(Monitoring)
시스템, 프로세스 또는 활동의 상태를 확인하는 것을 의미한다. 상태를 판단하기 위해서는 확인, 감독 또는 심도 있는 관찰이 필요할 수 있다.

4.29 측정(Measurement) 값을 결정하는 활동을 의미한다.

4.30 심사(audit)
심사기준에 충족되는 정도를 결정하기 위하여 객관적인 증거를 수집하고 객관적으로 평가하기 위한 체계적이고 독립적인 활동을 말한다.

4.31 내부심사(Audit)
각 부서 또는 조직의 안전보건활동이 안전보건경영시스템에 따라 효과적으로 실행되고 있는지, 그리고 그 활동 결과가 조직의 안전보건 경영방침과 목표를 달성 하였는지에 대한 독립적인 평가와 검증 과정을 말한다.

회사명	안전보건매뉴얼	문서번호	ABC-M-001
		개정일자	
	용어와 정의	개정번호	0
		페이지	12/32

4.32 적합(conformity)
조직의 안전보건활동이 안전보건경영시스템상의 기준이나 절차, 규정, 지침 등의 요구사항을 충족한 상태를 말한다.

4.33 부적합(Nonconformity)
각 부서 또는 조직의 안전보건활동이 안전보건경영시스템상의 기준이나 절차, 규정, 지침 등으로부터 벗어난 상태를 말한다.

4.34 사건(Incident)
유해·위험요인의 자극에 의하여 사고로 발전되었거나 사고로 이어질 뻔했던 원하지 않는 사상(Event)으로서 인적·물적 손실인 상해·질병 및 재산적 손실뿐만 아니라 인적·물적 손실이 발생되지 않은 아차사고를 포함한 것을 말한다.

4.35 사고(Accident)
유해·위험요인(Hazard)을 근원적으로 제거하지 못하고 위험(Danger)에 노출되어 발생되는 바람직스럽지 못한 결과를 초래하는 것으로서 사망을 포함한 상해, 질병 및 기타 경제적 손실을 야기하는 예상치 못한 사상(Event)을 말한다.

4.36 시정조치(Corrective Action)
발견된 부적합 또는 사건의 원인을 제거하고 재발을 방지하기 위한 조치를 말한다.

회사명	안전보건매뉴얼	문서번호	ABC-M-001
		개정일자	
	조직 상황	개정번호	O
		페이지	13/32

4. 조직 상황

4.1 조직과 조직 상황의 이해

회사의 목적에 부합하고 안전보건경영시스템의 의도된 결과 달성에 영향을 주는 내·외부 이슈를 정하여야 한다.

안전보건경영시스템의 의도된 결과란 안전보건목표의 달성, 안전보건성과 개선, 준수의무충족 등을 의미한다.

4.2 근로자 및 기타 이해관계자의 니즈와 기대 이해

회사의 안전보건경영시스템과 관련된 이해관계자의 니즈와 기대(요구사항)를 파악하기 위해 다음의 사항을 정하여 한다.
　① 안전보건경영시스템에 관련된 근로자와 기타 이해관계자
　② 근로자 및 기타 이해 관계자의 요구사항
　③ 이러한 니즈와 기대 중 법적 요구사항 및 기타 요구사항

4.3 안전보건경영시스템 적용범위 결정

1) 안전보건경영시스템의 적용범위를 설정, 변경하고자 할 때에는 다음을 고려해야 한다.
　① 회사상황에 대한 내·외부 이슈사항
　② 근로자 및 기타 이해관계자의 요구사항
　③ 회사의 활동, 제품 서비스 및 업무특성 등
　④ 회사의 경영환경, 지역, 업무특성
　⑤ 관리와 영향을 행사할 수 있는 조직의 권한 및 능력
2) 안전보건경영시스템의 적용범위는 문서화된 정보로 보유하여야 한다.

회사명	안전보건매뉴얼	문서번호	ABC-M-001
		개정일자	
	P-D-C-A 개념	개정번호	O
		페이지	14/32

4.4 안전보건경영시스템

1) 안전보건경영시스템의 의도된 결과를 달성하기 위하여, 이 표준에 따라 필요한 프로세스와 그 프로세스의 상호작용을 포함하는 안전보건경영시스템을 수립, 실행, 유지 및 지속적 개선을 하여야 한다.
2) 안전보건경영시스템 접근법은 계획-실행-검토-조치(P-D-C-A)의 개념에 기초하며 경영시스템과 각 개별 요소에 적용 할 수 있다.

〈 그림. P-D-C-A 개념도 〉

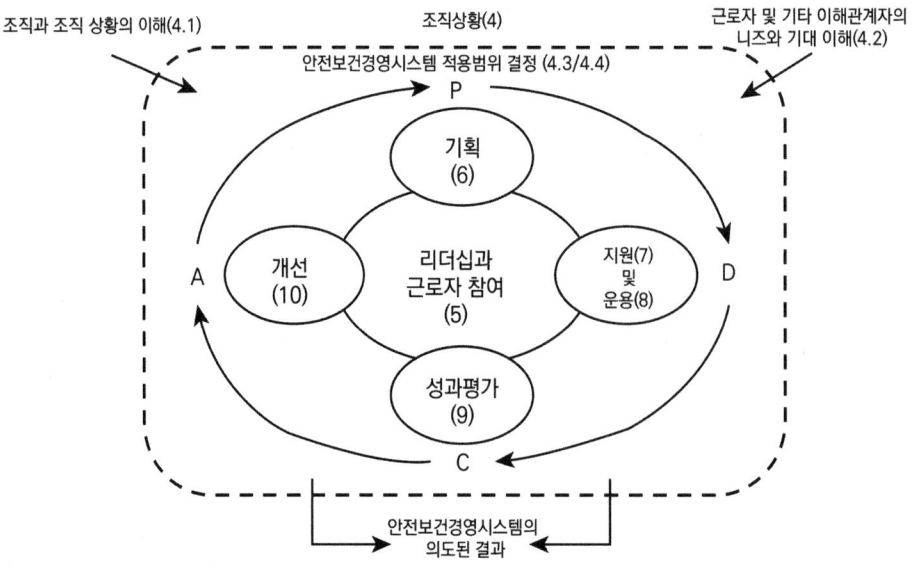

단계	내용
계획(P)	안전보건 리스크와 기회를 결정 및 평가하고, 회사의 안전보건 방침에 부합하는 결과를 만들어 내는데 필요한 안전보건 목표 및 프로세스를 수립
실행(D)	계획된 대로 프로세스를 실행
검토(C)	안전보건 방침과 목표에 관한 활동 및 프로세스를 모니터링 및 측정하고 그 결과를 보고
조치(A)	의도된 결과를 달성하기 위해 안전보건 성과를 지속적으로 개선하기 위한 조치 실행

회사명	안전보건매뉴얼	문서번호	ABC-M-001
		개정일자	
	리더십과 근로자 참여	개정번호	0
		페이지	15/32

5. 리더십과 근로자 참여

5.1 리더십과 의지표명

최고경영자는 안전보건경영시스템에 대한 리더십과 의지표명을 실증하여야 한다.
① 안전하고 건강한 작업장 및 활동의 제공, 작업관련 상해 및 건강상 장해의 예방에 대한 전반적인 책임과 책무
② 안전보건경영방침과 안전보건목표가 수립되고 조직의 전략적 방향과 조화됨을 보장
③ 안전보건경영시스템 요구사항을 회사의 비즈니스 프로세스와 통합됨을 보장
④ 안전보건경영시스템의 수립, 실행, 유지 및 개선에 필요한 자원이 가용됨을 보장
⑤ 효과적인 안전보건경영의 중요성을 의사소통하고 안전보건경영시스템 요구사항과의 적합성에 대한 중요성을 의사소통
⑥ 안전보건경영시스템이 의도된 결과를 달성함을 보장
⑦ 안전보건경영시스템의 효과성에 기여하도록 인원들을 감독 및 지원
⑧ 지속적 개선의 보장 및 증진
⑨ 안전보건경영시스템의 의도된 결과를 지원하는 조직문화를 개발, 실행 및 증진
⑩ 사건, 유해·위험요인, 위험성 보고 시 근로자를 부당한 조치로부터 보호
⑪ 안전보건경영시스템의 운영상 근로자의 참여 및 협의를 보장

5.2 안전보건경영방침

1) ㅇㅇ관리팀장은 최고경영자의 안전보건경영시스템에 대한 리더십과 의지표명을 위하여 안전보건경영방침을 수립, 실행 및 유지하고, 안전보건경영방침을 정하여야 하며, 다음 사항을 고려하여야 한다.
   ① 안전하고 쾌적한 작업환경을 조성하겠다는 의지
   ② 회사의 목적, 규모, 상황과 안전보건 리스크와 기회의 특성에 적합함.
   ③ 안전보건 목표를 설정하기 위한 틀 제공
   ④ 법적 요구사항 및 기타 요구사항의 충족에 대한 의지
   ⑤ 유해·위험요인을 제거하고 안전보건 리스크를 감소시키겠다는 의지

회사명	**안전보건매뉴얼**	문서번호	ABC-M-001
		개정일자	
	리더십과 근로자 참여	개정번호	O
		페이지	16/32

⑥ 안전보건경영시스템의 지속적인 개선에 대한 의지
⑦ 근로자의 참여 및 협의에 대한 의지

2) 안전보건경영방침은 문서화된 정보로 이용 가능하여야 하고, 이해관계자와 의사소통되어야 한다.
3) 안전관리팀장은 안전보건방침을 회사의 경영환경변화에 따라 필요 시에는 변경하겠지만 안전보건방침의 적합성을 보장하기 위하여 매년 실시하는 경영검토시에 방침의 적합성도 검토하여야 한다.

5.3 조직의 역할, 책임 및 권한

1) 최고경영자는 안전보건경영시스템과 관련된 역할에 대한 책임과 권한을 회사 내 모든 계층에 부여하고 의사소통하며 문서화된 정보로 유지해야 한다.
2) 최고경영자는 안전보건경영시스템 관한 사항에 대한 안전관리관련 절차를 수립한다.
3) 각 계층에 있는 직원은 자신이 관리하는 안전보건경영시스템에 대해 책임을 가져야 한다.

5.4 근로자의 협의 및 참여

1) 회사는 안전보건경영시스템의 개발, 기획, 실행, 성과 평가 및 개선을 위한 조치에 대하여는 적용 가능한 계층과 기능의 근로자 또는 근로자 대표와의 협의와 참여를 위한 프로세스를 수립, 실행 및 유지하여야 한다.
2) 회사는 근로자의 참여 및 협의를 위하여 다음 사항에 대해 실행하여야 한다.
　① 협의 및 참여를 위하여 필요한 방법, 시간, 교육 훈련 및 자원을 제공하여야 하는데, 근로자 대표는 협의와 참여를 위한 방법이 될 수 있다.
　② 안전보건경영시스템에 대한 명확하고, 이해 가능하며 관련된 정보에 적절한 접근 제공
　③ 참여에 대한 장애 또는 장벽을 결정하여 제거하며 제거할 수 없는 것은 최소화하여야 하는데, 장애 및 장벽에는 근로자의 의견이나 제안, 언어 또는 독해 장벽, 보복 또는 보복 위협, 근로자 참여를 방해하거나 처벌하는 방침 또는 관행에 대한 대응 실패가 포함될 수 있다.

회사명	**안전보건매뉴얼**	문서번호	ABC-M-001
		개정일자	
	리더십과 근로자 참여	개정번호	O
		페이지	17/32

3) 관리자가 아닌 근로자와 다음 사항에 대하여 협의하도록 강조
　① 이해관계자의 요구사항을 결정
　② 안전보건 방침 수립
　③ 적용 가능한 경우 조직의 역할, 책임 및 권한 부여
　④ 법적 요구사항 및 기타 요구사항을 충족시키는 방법을 결정
　⑤ 안전보건 목표 수립과 추진계획
　⑥ 외주처리, 조달 및 계약자에게 적용 가능한 관리 방법 결정
　⑦ 모니터링, 측정 및 평가가 필요한 사항 결정
　⑧ 심사 프로그램의 기획, 수립, 실행 및 유지
　⑨ 지속적 개선 보장
4) 관리자가 아닌 근로자가 다음 사항에 참여하도록 강조
　① 근로자의 협의와 참여를 위한 방법 결정
　② 위험요인을 파악하고 리스크와 기회를 평가
　③ 위험요인을 제거하고 안전보건 리스크를 감소하기 위한 조치 결정
　④ 역량 요구사항, 교육 훈련 필요성, 교육 훈련 및 교육 훈련 평가의 결정
　⑤ 의사소통이 필요한 사항과 의사소통 방법을 결정
　⑥ 관리 수단과 관리 수단의 효과적인 실행 및 사용 결정
　⑦ 사건 및 부적합의 조사 그리고 시정조치 결정

회사명	안전보건매뉴얼	문서번호	ABC-M-001
		개정일자	
	기획	개정번호	O
		페이지	18/32

6. 기획

6.1 리스크와 기회를 다루는 조치

6.1.1 일반사항

안전보건경영시스템을 기획할 때 이슈, 근로자 및 기타 이해관계자의 요구사항 및 안전보건경영시스템 적용범위 결정에서 언급한 요구사항을 고려하여야 하고 다음 사항을 다룰 필요가 있는 리스크와 기회를 결정하여야 한다.
1) 안전보건경영시스템이 의도된 결과를 달성할 수 있음을 보증
2) 바람직하지 않은 영향의 예방 또는 감소
3) 지속적 개선의 달성

　　안전보건경영시스템에 대한 리스크와 기회, 다루어야 할 필요가 있는 의도된 결과를 결정할 때 위험요인, 안전보건 리스크 및 기타 리스크, 안전보건 기회 및 기타 기회, 법적 요구사항 및 기타 요구사항을 반영하여야 한다.

　　회사는 기획 프로세스에서 조직, 프로세스 또는 안전보건경영시스템에서의 변경과 연관된 안전보건 경영시스템의 의도된 결과와 관련된 리스크와 기회를 결정하고 평가하여야 한다. 계획된 변경의 경우 영구적이든 또는 임시적이든 이러한 평가는 변경이 실행되기 전에 수행되어야 한다. 해당 부서장은 다음 사항에 대하여 문서화된 정보를 유지하여야 한다.
① 리스크와 기회
② 프로세스와 조치가 계획된 대로 수행된다는 확신을 하는데 필요한 정도까지 리스크와 기회를 결정하고 다루는 데 필요한 프로세스와 조치

6.1.2 위험요인 파악

6.1.2.1 회사는 지속적이고 적극적인 위험요인 파악을 위한 프로세스를 수립, 실행 및 유지하여야 한다. 프로세스에는 다음을 반영해야 한다.
1) 작업 구성방법, 사회적 요소(작업량, 작업시간, 희생 강요, 괴롭힘 및 따돌림 포함), 리더십 및 조직 문화
2) 다음 사항으로부터 발생하는 위험요인을 포함하여 일상적 및 비일상적 활동 및 상황

회사명	안전보건매뉴얼	문서번호	ABC-M-001
		개정일자	
	기획	개정번호	0
		페이지	19/32

① 기반구조, 장비, 재료, 물질 및 작업장의 물리적 조건
② 제품 및 서비스, 연구, 개발, 시험, 생산, 조립, 건설, 서비스 인도, 유지보수 및 폐기
③ 인적 요인
④ 작업 수행방법
3) 비상사태를 포함하여 조직의 내부 또는 외부와 관련된 과거의 사건과 그것들의 원인
4) 잠재적 비상 상황
5) 다음 사항의 포함을 고려한 인원
① 근로자, 계약자, 방문자 및 기타 인원을 포함하여 작업장 및 그들 활동에 접근할 수 있는 인원
② 조직의 활동으로 영향을 받을 수 있는 작업장 주변 인원
③ 조직이 직접 관리하지 않는 장소에 있는 근로자
6) 다음 사항의 포함을 고려한 기타 이슈
① 관련 근로자의 니즈와 능력에 대한 그들의 적응을 포함하여 작업 구역, 프로세스, 설치, 기계/장비, 운용 절차 및 작업 구성의 설계
② 회사의 관리하에 있는 작업 관련 활동으로 인해 작업장 인근에서 발생하는 상황
③ 회사에 의해 관리되지 않고 작업장 인근에서 발생하는 상황으로 작업장에 있는 자에게 상해 및 건강상 장해를 일으킬 수 있는 상황
7) 조직, 운용, 프로세스, 활동 및 안전보건경영시스템에서의 실제 또는 제안된 변경
8) 위험요인에 대한 지식 및 정보의 변화

6.1.2.2 안전보건경영시스템에 대한 안전보건 리스크와 기타 리스크의 평가
회사는 다음 사항을 위한 프로세스를 수립, 실행 및 유지하여야 한다.
1) 기존 관리대책의 효과를 반영하면서 파악된 위험요인으로부터 안전보건 리스크를 평가
2) 안전보건경영시스템의 수립, 실행, 운용 및 유지와 관련된 기타 리스크를 결정 및 평가
안전보건 리스크 평가를 위한 회사의 방법론 및 기준은 그 적용범위, 특성 및 시기에 관하여 사후 대응적이기 보다는 사전 예방적이며 체계적인 방식으로 사용됨을 보장하도록 정의하고, 방법론 및 기준에 관한 문서화된 정보는 유지 및 보유 되어야 한다.

회사명	안전보건매뉴얼	문서번호	ABC-M-001
		개정일자	
	기획	개정번호	O
		페이지	20/32

6.1.2.3 안전보건경영시스템에 대한 안전보건 기회와 기타 기회의 평가
회사는 다음 사항을 평가하기 위한 프로세스를 수립, 실행 및 유지하여야 한다.
1) 조직, 방침, 프로세스 또는 활동에 대한 계획된 변경을 반영하면서 안전보건 성과를 향상시킬 수 있는 안전보건 기회, 그리고 다음 사항의 기회
   근로자에게 작업, 작업 구성 및 작업환경을 적용하기 위한 기회
   위험요인을 제거하고 안전보건 리스크를 감소하기 위한 기회
2) 안전보건경영시스템 개선을 위한 기타 기회

6.1.3 법적 요구사항 및 기타 요구사항의 결정
안전관리팀장은 다음 사항을 위한 프로세스를 수립, 실행 및 유지하여야 한다.
1) 위험요인, 안전보건 리스크 및 안전보건경영시스템에 적용할 수 있는 최신 법적 요구사항 및 기타 요구사항의 결정과 이용
2) 법적 요구사항 및 기타 요구사항이 어떻게 조직에 적용되고 무엇이 의사소통 될 필요가 있는지 결정
3) 안전보건경영시스템을 수립, 실행, 유지 및 지속적으로 개선할 때 법적 요구사항 및 기타 요구사항을 반영

안전관리팀장은 법적 및 기타 요구사항에 대한 문서화된 정보를 유지 및 보유하여야 하고, 법규 요구사항의 변경을 반영 및 회사의 안전보건경영시스템과 관련되는 법규가 신규로 제정되는 경우에는 법규가 시행되기 전에 요구사항을 파악, 분석하여 법규 시행에 따른 회사의 준비사항을 점검 및 조치하여야 한다.

6.1.4 조치의 기획
1) 해당 부서는 리스크와 기회와 법적 및 기타 요구사항을 다루고, 비상 상황에 대한 대비 및 대응을 기획하여야 한다.
2) 조치를 안전보건경영시스템 프로세스 또는 기타 비즈니스 프로세스에 통합하고 실행 및 이러한 조치의 효과성 평가에 대한 평가방법을 기획하여야 한다.

회사명	**안전보건매뉴얼**	문서번호	ABC-M-001
		개정일자	
	기획	개정번호	O
		페이지	21/32

해당 팀장은 조치를 취하기 위한 기획 시 관리 단계 및 안전보건경영시스템의 결과를 반영하여야 한다.

조치를 기획할 때 모범 사례, 기술적 선택, 그리고 재무, 운용 및 비즈니스 요구사항을 고려하여야 한다.

6.2 안전보건 목표와 목표 달성 기획

1) 안전보건경영시스템 및 안전보건성과의 달성, 유지 및 지속적 개선을 위하여 관련 모든 부서에서 안전보건 목표를 수립하여야 한다.
2) 안전보건 목표는 다음과 같아야 한다.
   ① 안전보건경영방침과 일관성이 있어야 함.
   ② 성과 측정 및 평가가 가능해야 함.
   ③ 적용 가능한 요구사항 반영
   ④ 리스크 및 기회 평가 결과 반영
   ⑤ 직원(근로자) 및 근로자 대표자와 협의 결과 반영
   ⑥ 이해관계자와 의사소통되어야 함.
3) 안전보건 목표 달성 기획

   모든 부서에서는 안전보건 목표를 어떻게 달성할 것인지 기획할 때
   ① 무엇을 할 것인가
   ② 어떤 자원이 필요한가
   ③ 누가 책임을 질 것인가
   ④ 언제 완료할 것인가
   ⑤ 모니터링을 위한 지표를 포함하여 결과를 어떻게 평가할 것인가
   ⑥ 안전보건 목표 달성을 위한 조치를 회사의 비즈니스 프로세스에 어떻게 통합시킬 것인가를 결정하여야 한다.
   ⑦ 해당부서에서는 안전보건 목표와 목표 달성 계획에 관한 문서화된 정보를 유지 및 보유하여야 한다.

회사명	안전보건매뉴얼	문서번호	ABC-M-001
		개정일자	
	지원	개정번호	0
		페이지	22/32

7. 지원

7.1 자원

회사는 안전보건경영시스템의 수립, 실행, 유지 및 지속적 개선에 필요한 인적, 물적, 예산, 등 자원을 결정하고 제공하여야 한다.

7.2 역량/적격성

안전보건경영시스템의 의도된 결과 달성에 영향을 미치는 직원이 업무수행에 필요한 교육, 훈련 또는 경험 등을 통해 적합한 능력을 보유하도록 해야 하며, 업무수행상 자격이 필요한 경우 해당 자격을 유지하도록 하여야 한다.

7.3 인식

직원은 다음 사항을 인식하여야 하며, 교육, 훈련, 문서 등을 통하여 이를 인식할 수 있도록 해야 한다.
① 안전보건경영방침과 안전보건목표
② 개선된 안전보건성과의 이점, 안전보건경영시스템의 효과성에 기여함
③ 안전보건경영시스템 요구사항에 적합하지 않을 경우 영향 및 잠재적 결과
④ 직원과 관련이 있는 사건과 사건 조사의 결과
⑤ 직원과 관련이 있는 유해, 위험 요인, 안전보건 리스크 및 결정된 조치
⑥ 직원이 자신의 생명이나 건강에 긴급하고 심각한 위험을 초래할 것 이라고 생각하면 작업 상황으로부터 스스로를 벗어 날 수 있는 권리

7.4 의사소통

7.4.1 ㅇㅇ팀장은 다음사항을 포함하여 안전보건경영시스템에 관련되는 내부 및 외부 의사소통에 필요 한 프로세스를 수립, 실행 및 유지하여야 한다.

회사명	안전보건매뉴얼	문서번호	ABC-M-001
		개정일자	
	지원	개정번호	0
		페이지	23/32

1) 무엇에 대해 의사소통을 할 것인가
2) 언제 의사소통을 할 것인가
3) 누구와 (회사 내부의 다양한 계층과 기능, 계약자와 작업장 방문자, 기타 이해관계자)의사소통을 할 것인가
4) 어떻게 의사소통을 할 것인가

안전보건경영시스템에서 관련된 의사소통에 대응하여야 하고, 의사소통의 증거는 문서화된 정보를 보유하여야 한다.

7.4.2 내부 의사소통
ㅇㅇ팀장은 안전보건경영시스템의 변경을 포함하여 다양한 계층과 기능 간에 안전보건경영시스템관련 정보를 내부적으로 적절하게 의사소통하고, 근로자가 지속적 개선에 기여할 수 있다는 것을 보장하여야 한다.

7.4.3 외부 의사소통
의사소통 프로세스에 의해 수립되고 법적 및 기타 요구사항을 반영한 안전보건경영시스템과 관련된 정보를 외부와 의사소통하여야 한다.

7.5 문서화된 정보

7.5.1 일반사항
회사의 안전보건경영시스템에는 다음 사항이 포함되어야 한다.
1) 이 표준에서 요구하는 문서화된 정보
2) 회사에서 안전보건경영시스템의 효과성에 필요한 것으로 결정한 문서화된 정보

7.5.2 작성 및 갱신
문서화된 정보를 작성하고 갱신할 경우 회사는 다음 사항의 적절함을 보장하여야 한다.

회사명	안전보건매뉴얼	문서번호	ABC-M-001
		개정일자	
	지원	개정번호	0
		페이지	24/32

1) 식별 및 내용(예: 제목, 날짜, 작성자 또는 문서번호)
2) 형식(예: 언어, 소프트웨어 버전, 그래픽) 및 매체(예: 종이, 전자 매체)
3) 적절성 및 충족성에 대한 검토 및 승인

7.5.3 문서화된 정보의 관리
안전보건경영시스템 및 이 표준에서 요구하는 문서화된 정보는 다음 사항을 보장하기 위하여 관리되어야 한다.
1) 필요한 장소 및 필요한 시기에 사용할 수 있고 사용하기에 적절해야 함.
2) 충분하게 보호되고 있어야 함(예: 기밀성 상실, 잘못된 사용, 완전성 상실로부터). 문서화된 정보의 관리를 위하여 적용 가능한 경우, 배포, 접근, 검색 및 사용, 읽을 수 있는 상태로의 보관 및 보존, 변경 관리(예: 버전 관리), 보유 및 폐기에 대한 사항을 다루어야 한다. 안전보건경영시스템의 기획과 운용을 위하여 필요하다고 조직이 정한 외부 출처의 문서화된 정보는 적절하게 식별되고 관리되어야 한다.

회사명	안전보건매뉴얼	문서번호	ABC-M-001
		개정일자	
	운용	개정번호	0
		페이지	25/32

8. 운용

8.1 운용 기획 및 관리

8.1.1 해당팀장은 다음 사항을 통하여 이 표준의 요구사항을 충족하고 기획에서 결정된 조치사항을 실행하기 위해 필요한 프로세스를 수립, 실행, 관리 및 유지하여야 한다.
1) 프로세스에 대한 기준 수립
2) 기준에 부합하는 프로세스 실행 및 관리
3) 실행에 대한 문서화된 정보를 유지 및 보유
4) 근로자에게 작업을 적용

8.1.2 프로세스를 수립, 실행, 관리 및 유지에 있어 유해위험요인 제거 및 안전 보건 리스크 감소를 검토, 조치, 확인하는 경우 다음의 사항을 단계적으로 고려여야 한다.
1) 유해·위험요인 제거
2) 위험요인이 더 적은 프로세스, 운용, 물질 또는 장비로 대체
3) 공학적 관리 사항의 활용 및 작업 재구성
4) 교육훈련을 포함한 행정적 관리 사항의 활용
5) 적절한 개인 보호장비 사용

8.1.3 변경 관리

다음 사항을 포함하는, 안전보건 성과에 영향을 주는 계획된 임시 및 영구적인 변경의 실행과 관리를 위한 프로세스를 수립하여야 한다.
1) 새로운 제품, 서비스 및 프로세스, 기존 제품, 서비스 및 프로세스의 변경사항:
   ① 작업장 위치와 주변 환경
   ② 작업 조직
   ③ 작업 조건
   ④ 장비
   ⑤ 노동력

회사명	안전보건매뉴얼	문서번호	ABC-M-001
		개정일자	
	운용	개정번호	0
		페이지	26/32

2) 법적 요구사항 및 기타 요구사항의 변경
3) 위험요인 및 관련된 안전보건 리스크에 대한 지식 또는 정보의 변경
4) 지식과 기술의 발전

회사는 의도하지 않은 변경의 영향을 검토해야 하며 필요에 따라 부정적 영향을 완화하기 위한 조치를 하여야 한다.

8.1.4 조달 관리
1) 일반사항
  안전보건경영시스템에 대한 제품 및 서비스의 적합성을 보장하기 위해 제품 및 서비스 조달을 관리하는 프로세스를 수립, 실행 및 유지하여야 한다.
2) 계약자
  ㅇㅇ관리팀장은 다음 사항에서 발생하는 위험요인 파악 및 안전보건 리스크를 평가, 관리하기 위하여 계약자와 조직의 조달프로세스를 조정하여야 한다.
  ① 조직에 영향을 주는 계약자의 활동과 운용
  ② 계약자의 근로자에게 영향을 주는 활동과 운용
  ③ 작업장에서 기타 이해관계자에게 영향을 주는 계약자와의 활동과 운용
  회사는 안전보건경영시스템 요구사항이 계약자와 계약자의 근로자에 의해 충족되어야하고, 계약자 선정에 대한 안전보건 기준이 정의되고 적용되어야한다.
3) 외주처리
  ㅇㅇ관리팀장은 외주처리 기능 및 프로세스가 관리되는 것을 보장하여야 한다.
  ㅇㅇ관리팀장은 외주처리 준비가 법적 및 기타 요구사항과 일관되고 시스템의 의도된 결과의 달성과 일관됨을 보장하여야 한다.

8.2 비상시 대비 및 대응
1) 안전관리팀장은 리스크와 기회를 다루는 조치에서 파악한 유해, 위험요인 중 잠재적인 비상 상황에 대비하고 대응하기 위해 필요한 프로세스를 수립, 실행 및 유지하여 한다.
2) 비상상황 대비 및 대응 프로세스에는 다음 사항을 포함하여야 한다.

회사명	안전보건매뉴얼	문서번호	ABC-M-001
		개정일자	
	운용	개정번호	O
		페이지	27/32

① 응급조치 제공을 포함하여 비상 상황에 대응하는 계획 수립
② 대응 계획에 대한 교육 훈련 제공
③ 대응 계획 능력에 대한 주기적인 시험 및 연습
④ 시험 후, 비상 상황 발생 후에 성과를 평가하고 필요한 경우 대응계획을 개정
⑤ 모든 근로자에게 자신의 의무와 책임에 관한 정보를 의사소통 및 제공
⑥ 계약자, 방문자, 정부기관 및 적절하게 지역사회와 관련 정보를 의사소통
⑦ 관련 이해관계자의 니즈와 능력을 반영, 대응 계획 개발에 이해관계자의 참여 보장
3) 잠재적 비상상황에 대응하기 위한 계획에 관한 사항은 문서화된 정보로 보유한다.

회사명	안전보건매뉴얼	문서번호	ABC-M-001
		개정일자	
	성가평가	개정번호	O
		페이지	28/32

9. 성과평가

9.1 모니터링, 측정, 분석 및 성과평가

9.1.1 안전관리팀장은 안전보건경영시스템을 정해진 주기에 따라 다음 사항에 대해 모니터링 및 측정을 하고, 측정된 결과에 대하여 분석 및 평가를 실시하여야 한다.
1) 다음 사항을 포함한 모니터링 및 측정이 필요한 것.
   ① 법적 요구사항 및 기타 요구사항을 충족한 정도
   ② 위험요인, 리스크와 기회에 관련된 활동 및 운용
   ③ 안전보건 목표 달성에 대한 진행 상황
   ④ 운용 관리 및 기타 관리의 효과성
2) 유효한 결과를 보장하기 위하여, 모니터링, 측정, 분석 및 성과 평가에 대한 방법
3) 안전보건 성과를 평가할 기준
4) 모니터링 및 측정 수행 시기
5) 모니터링 및 측정 결과를 분석, 평가 및 의사소통해야 하는 경우

조직은 안전보건 성과를 평가하고 안전보건경영시스템의 효과성을 결정하여야 한다.
모니터링 및 측정 장비는 교정 또는 검증, 사용, 유지됨을 보장하여야 한다.

9.1.2 준수평가
안전관리팀장은 법적 요구사항 및 기타 요구사항의 준수를 평가하기 위한 프로세스를 수립, 실행 및 유지하 여야 한다. 준수평가에서는 다음 사항을 실행하여야 한다.
1) 준수 평가에 대한 빈도(frequency)와 방법 결정
2) 준수 평가를 하고 필요한 경우 조치를 취함.
3) 법적 요구사항 및 기타 요구사항의 준수 상태에 대한 지식과 이해 유지
4) 준수 평가 결과에 대한 문서화된 정보 보유

회사명	안전보건매뉴얼	문서번호	ABC-M-001
		개정일자	
	성과평가	개정번호	O
		페이지	29/32

9.2 내부심사

9.2.1 일반사항

안전관리팀장은 안전보건경영시스템이 다음 사항에 대한 정보를 제공하기 위하여 계획된 주기로 내부심사를 수행하여야 한다.
1) 안전보건 방침 및 안전보건 목표를 포함한 안전보건경영시스템에 대한 회사 자체 요구사항 및 이 표준의 요구사항에 대한 적합성 여부
2) 효과적으로 실행되고 유지되는지 여부

9.2.2 내부심사 프로그램

주관팀장은 다음 사항을 실행하여야 한다.
1) 주기, 방법, 책임, 요구사항의 기획 및 보고를 포함하는 심사 프로그램의 계획, 수립, 실행 및 유지, 그리고 심사 프로그램에는 관련 프로세스의 중요성, 조직에 영향을 미치는 변경, 그리고 이전 심사 결과를 고려
2) 심사 기준 및 개별 심사의 적용범위에 대한 규정
3) 심사 프로세스의 객관성 및 공평성을 보장하기 위한 심사원 선정 및 심사 수행
4) 심사 결과가 관련 경영자에게 보고됨을 보장하고 관련 심사 결과가 근로자 및 근로자 대표 그리고 기타 이해관계자에게 보고됨을 보장
5) 부적합 사항을 다루고 안전보건 성과를 지속적으로 개선하는 조치를 취함.
6) 심사 프로그램의 실행 및 심사 결과의 증거로 문서화된 정보의 보유

9.3 경영검토

9.3.1 최고경영자는 안전보건경영시스템에 주기적으로 검토를 실시하여야 한다.

9.3.2 경영검토 고려 대상은 아래와 같다.
1) 이전 경영 검토에 따른 조치의 상태

회사명	**안전보건매뉴얼**	문서번호	ABC-M-001
		개정일자	
	성가평가	개정번호	O
		페이지	30/32

2) 다음 사항을 포함한 안전보건경영시스템과 관련된 외부 및 내부 이슈의 변경:
   ① 이해관계자의 니즈와 기대
   ② 법적 요구사항 및 기타 요구사항
   ③ 조직의 리스크와 기회
3) 안전보건 방침 및 안전보건 목표의 달성 정도
4) 다음 사항의 경향을 포함한 안전보건 성과에 대한 정보:
   ① 사건, 부적합, 시정조치 및 지속적 개선
   ② 모니터링 및 측정 결과
   ③ 법적 요구사항 및 기타 요구사항에 대한 준수 평가 결과
   ④ 심사 결과
   ⑤ 근로자의 협의 및 참여
   ⑥ 리스크와 기회
5) 효과적인 안전보건경영시스템의 유지를 위한 자원의 충족성
6) 이해관계자와 관련된 의사소통
7) 지속적 개선을 위한 기회

9.3.3 경영검토 출력물은 다음과 같다.
1) 안전보건경영시스템의 의도된 결과의 달성에 대한 지속적 적절성, 충족성 및 효과성
2) 지속적 개선 기회
3) 안전보건경영시스템의 변경에 대한 필요성
4) 필요한 자원
5) 필요한 경우, 조치
6) 안전보건경영시스템과 기타 비즈니스 프로세스와의 통합을 개선하는 기회
경영검토에서 발견된 부적합 사항은 시정조치 되어야 한다.
안전관리팀장은 경영검토결과를 직원(근로자) 또는 근로자 대표와 의사소통 하도록 조치하여야 한다.

회사명	안전보건매뉴얼	문서번호	ABC-M-001
		개정일자	
	개선	개정번호	0
		페이지	31/32

10. 개선

10.1 일반 사항

회사는 성과평가를 통하여 안전보건경영시스템의 의도된 결과를 달성하기 위해 필요한 조치를 실행하여야 한다.

10.2 사건, 부적합 및 시정 조치

1) 회사는 사건 및 부적합을 결정, 관리하기 위하여 보고, 조사 및 조치를 포함하는 프로세스를 수립, 실행 및 유지하여야 한다.
2) 부적합사항에 대해서는 아래사항을 실행하여야 한다.
   ① 사건 또는 부적합에 대해 시의적절하게 대응하고, 적용 가능한 경우
      * 사건 또는 부적합을 관리하고 시정하기 위한 조치를 취함.
      * 결과를 다룸.
   ② 사건 또는 부적합이 재발 또는 다른 곳에서 발생하지 않도록 사건 또는 부적합의 근본 원인을 제거하기 위한 시정조치의 필요성을 근로자의 참여 및 기타 관련 이해관계자의 참여로 다음 사항을 평가:
      * 사건 조사 또는 부적합 검토
      * 사건 또는 부적합 원인의 결정
      * 유사한 사건이 발생했는지, 부적합이 존재하는지 또는 잠재적으로 발생할 수 있는지 여부를 결정
   ③ 안전보건 리스크 및 기타 리스크에 대한 기존 평가사항의 적절한 검토
   ④ 관리 단계 및 변경 관리에 따라 시정조치 등 필요한 모든 조치의 결정 및 실행
   ⑤ 새로운 또는 변경된 위험요인과 관련된 안전보건 리스크를 조치하기 전에 평가
   ⑥ 시정조치를 포함한 모든 조치의 효과성 검토
   ⑦ 필요한 경우, 안전보건경영시스템의 변경 실행
3) 시정조치는 발생한 사건 또는 부적합에 대해 적절하여야 한다.
4) 다음과 같은 증거로 문서화된 정보를 보유하여야 한다.

회사명	안전보건매뉴얼	문서번호	ABC-M-001
		개정일자	
	개선	개정번호	O
		페이지	32/32

① 사건 또는 부적합의 성격 및 취해진 모든 후속적인 조치
② 효과성을 포함하여 모든 조치 및 시정조치의 결과
5) 문서화된 정보는 관련된 이해관계자와 의사소통하여야 한다.

10.3 지속적 개선

회사는 다음 사항을 실행함으로써 안전보건경영시스템의 적절성, 충족성 및 효과성을 지속적으로 개선하여야 한다.
1) 안전보건성과 향상
2) 안전보건경영시스템을 지원하는 문화를 증진
3) 지속적 개선을 위한 조치 실행에 근로자의 참여 촉진
4) 지속적 개선의 관련 결과를 직원(근로자) 및 근로자 대표와 의사소통
5) 지속적 개선 결과에 대한 증거로서 문서화된 정보를 유지 및 보유

다. 절차서(규정)

1. 절차서 작성

절차서는 매뉴얼에서 정한 사항에 대하여 누가 어떤 순서로 이행하는지에 대하여 좀 더 구체적으로 기술한 문서로서 그 작성순서는 다음과 같다.

1) 적용범위
  해당 절차서에서 적용하려는 해당업무에 대한 영역을 기술하는데, 통상 업무의 시작에서부터 종료까지를 범위로 하지만 절차서의 대략적인 개요를 설명하기도 한다.

2) 목적
  해당 절차서의 업무 수행 목적 또는 절차서의 작성 의도가 무엇인지를 나타내는데 해당 절차서의 고유 업무 절차의 필요성을 언급하기도 한다.

3) 용어의 정의
  매뉴얼에 언급한 용어 중에서 해당 절차서에 적용되는 용어를 중복으로 언급하기도 하나 대부분의 경우 매뉴얼에 반영되지 않았으나 해당 절차에 추가로 필요로 하는 용어가 있을 경우 해당 용어만 추가로 정의를 기술한다.

4) 책임과 권한
  해당 절차서의 업무를 이행하기 위하여 필요한 책임과 권한 사항을 간략하게 요약하여 기술한다. 일반적으로 보면 "~하는 책임" "~하는 권한"과 같이 서술한다.
  해당 업무절차에서 언급된 경영자, 주관 부서장, 관련 부서장, 담당자와 같이 직급의 내림차순으로 구분하여 나열하는데 이때 부서명은 조직에서 사용된 것과 동일하게 하여야 하고 조직이 바뀌면 항상 개정하여야 한다.

5) 업무절차
  적용범위, 책임과 권한을 명확히 (5W1H) 준수하고 해당 업무의 목적을 달성하기 위하여 수행하는 과정을 시작에서부터 과정과 종료까지를 순서적으로 기술하도록 한다.
  해당 업무절차 및 방법을 육하원칙에 의거하여 Plan(계획), Do(실시), Check(검토),

Action(조치) 순으로 기술하고 필요한 경우 본 절차에서 수행하여야 할 모니터링 및 측정 사항을 기술하도록 한다.

업무가 처리되는 순서대로 간략하고 명확하게 서술하는데 해당 절차의 하위문서 예로 지침서 등의 유무에 따라 기술하는 상세 정도가 달라져야 한다. 관련한 하위문서(지침서)가 있을 경우 이를 인용하여 별도로 기술하는 것이 좋다.

절차의 이행방법과 다른 절차와의 연계성을 고려하여 중복 또는 누락을 방지 및 일관성의 유지를 고려하여 작성하여야 한다.

다시 말해 절차서에서는 매뉴얼에서 반영된 안전보건방침 및 목표, 회사소개는 제외되며, 적용범위 및 목적의 경우는 각각의 절차서에 해당되는 사항만을, 그리고 책임과 권한도 전사가 아닌 해당 절차와 관련이 있는 부서 또는 인원의 책임과 권한이 반영된다.

2. 절차서(샘플)

회사명	안전보건절차서	문서번호	ABC-P-603
		개정일자	
	법규관리	개정번호	0
		페이지	1/5

1. 적용범위

회사의 업무활동에 적용되는 산업안전보건관련 법규 및 기타 요구사항에 대한 대상을 정하여 이들에 대한 요구사항을 파악하여 안전보건경영시스템의 수립, 실행 및 운영에 반영하고, 신규로 제정되거나 개정되는 법규 요구사항을 적절히 파악하여 관리하는 업무와 준수평가에 대하여 적용한다.

2. 목적

안전보건과에 적용되는 법규 및 기타 요구사항을 파악하여 안전보건 경영시스템에 반영하여 법규 요구사항을 효과적으로 준수하고, 신규 제정 및 개정되는 법규를 사전에 파악하여 효율적으로 준수하는 것을 목적으로 한다.

3. 책임과 권한

3.1 대표이사
(1) 준수평가결과 승인

3.2 안전관리팀장
(1) 법규파악 및 법규등록부 작성, 배포
(2) 준수평가 체크리스트 작성 및 평가
(3) 제정, 개정 법규현황 파악
(4) 법규등록부 제·개정 및 시스템에 반영

회사명	**안전보건절차서**	문서번호	ABC-P-603
		개정일자	
	법규관리	개정번호	0
		페이지	2/5

3.3 관련팀장
(1) 법규등록부 입수하여 해당 요구사항 파악
(2) 관련 인원에 해당 법규요구사항 교육실시
(3) 법규 요구사항의 준수
(4) 법규 요구사항의 변경정보 입수 시 주관부서에 통보

4. 용어의 정의

4.1 법규 및 그 밖의 요구사항(준수 의무사항)
조직이 준수해야 하는 법적 요구사항과 조직이 준수해야 하거나 준수하기로 결정한 그 밖의 요구사항

4.2 이해관계자
의사결정 또는 활동에 영향을 줄 수 있거나, 영향을 받을 수 있거나 또는 그들 자신이 영향을 받는다는 인식을 할 수 있는 사람 또는 조직

5. 업무절차

5.1 법규 및 기타 요구사항(준수의무사항)대상 파악
안전관리팀장은 회사의 활동과 관련하여 적용되는 안전보건관련 법규와 기타 요구사항 중에서 어떤 것이 적용대상이 되는지를 파악해야 한다.
현재 당사에 적용되는 대표적인 법규는 산업안전보건법, 화재예방, 소방시설 설치 유지 및 관리에 관한 법률, 유해화학물질관리법, 중대재해처벌법으로 정하고 추후 관련성이 있는 법규를 추가로 파악하여 관리에 추가할 예정이다.

회사명	안전보건절차서	문서번호	ABC-P-603
		개정일자	
	법규관리	개정번호	0
		페이지	3/5

5.2 준수의무사항의 입수 방법

안전관리팀장은 최신 법규를 시행일 전까지 아래와 같은 방법으로 입수하여 회사 활동에 해당 여부를 검토하여 관련조치를 취하여야 한다.
1) 인터넷(법제처, 산업안전공단 등), 관련 잡지 및 신문
2) 정부기관, 공공기관 및 기타 관련 기관으로부터의 공문 접수
3) 법규 정보 제공업체 또는 안전보건관련 협의회로부터 입수
4) 고객 등 이해관계자

5.3 준수의무사항의 등록 및 관리
1) 안전관리팀장은 회사의 활동, 제품 및 서비스에 직·간접적으로 관련이 있는 준수의무사항에 한해서 법규 목록표에 등록하여 관리한다.
2) 안전관리팀장은 각 법규 및 기타 요구사항에 대하여 법규등록부를 작성한다.
   법규등록부의 작성시 적용 조항, 적용 내용, 당사의 대상 활동, 제품, 서비스, 운영현황 및 담당 부서를 명기한다.
3) 안전관리팀장은 작성한 법규등록부를 관련부서에 배포하여 회사 전 구성원이 정보를 공유할 수 있도록 한다.

5.4 법규 등록 및 배포

5.4.1 안전관리팀장은 준수의무사항 파악하여 회사의 활동, 제품 및 서비스에 관련이 있는 경우에는 다음과 같이 조치한다.
1) 법규 등록부에 등록 또는 개정
2) 관련 표준 제·개정

5.4.2 안전관리팀장은 준수의무사항을 파악한 결과를 활동·제품 및 서비스와 관련이 있는 부서에 배포하고, 관련부서에서는 다음과 같이 조치한다.
1) 필요시 부서의 목표 및 추진계획은 제·개정한다.

회사명	안전보건절차서	문서번호	ABC-P-603
		개정일자	
	법규관리	개정번호	0
		페이지	4/5

2) 관련 표준의 제·개정이 필요한 경우에는 해당 표준을 제·개정한다.
3) 준수의무사항의 준수를 위하여 필요한 경우 해당부서원에게 교육을 실시한다.

5.5 제·개정 요구사항의 검토

1) 안전관리팀장은 회사 안전보건경영시스템과 관련되는 법규가 신규로 제정되는 사항과 기존 법규요구사항의 개정은 없는지를 확인하기 위하여 주기적으로 현황을 파악하여야 한다.
2) 안전관리팀장은 신규 제정되는 법 중에서 회사에 해당되는 사항이 있을 경우 법규 요구사항을 파악, 분석하여 법규 시행시를 대비하여 회사에서 추진하여야 할 사항이 있는지 있다면 어떻게 대처할 것인지를 결정하여 승인권자에 보고하여야 한다.
3) 안전관리팀장은 법규등록부에 등록된 법규의 개정이 있는지 매분기 주기적으로 파악하여 회사에 적용되는 요구사항에 대한 개정이 있을 경우에는 개정된 요구사항을 법규등록부에 반영하여 관련 부서에 배포하여야 한다.
4) 안전관리팀이나 법규등록부를 배포받은 부서에서는 개정 및 제정사항에 따라 안전보건경영시스템 또는 문서의 변경 필요여부를 파악하여 관련조치를 취하여야 한다.

5.6 법규요구사항의 준수

1) 안전관리팀 및 관련부서에서는 법규등록부에 등록된 요구사항을 준수하도록 관련 인원에 교육하여야 한다.
2) 안전관리팀 및 관련부서에서는 현장순회 및 측정 모니터링을 통하여 법규 요구사항이 현장에서 적절하게 준수 및 이행되고 있는지를 확인하고 필요한 경우 관련조치를 취하여야 한다.

회사명	**안전보건절차서**	문서번호	ABC-P-603
		개정일자	
	법규관리	개정번호	0
		페이지	5/5

6. 준수평가

6.1 준수평가 계획

1) 안전관리팀장은 법규요구사항에 대한 준수여부를 주기적으로(반기별)평가하여야 한다.
2) 평가 방법은 관련부서에서 직접 평가할 것인지 주관부서에서 수행할 것인지를 결정하여야 한다.
3) 평가계획이 확정되면 준수평가를 위하여 법규등록부를 참조하여 준수평가 체크리스틀 작성하여야 한다.

6.2 준수평가 실시

1) 안전관리팀장은 준수평가계획에 따라 준수평가체크리스틀 활용하여 준수평가를 실시하여야 한다.
2) 준수평가결과 부적합사항이 발견된 경우에는 시정조치를 요구하거나 적절한 조치를 취하여 부적합이 재발되지 않도록 조치하여야 한다.
3) 안전관리팀장은 필요시 준수평가 결과를 관련부서에 통보하여 업무에 참조하게 하고, 준수평가결과를 경영검토자료로 보고하여야 한다.

7. 관련표준

1) 조직상황 절차서
2) 위험성평가 절차서
3) 의사소통 절차서
4) 문서화된 정보관리 절차서
5) 시정조치 절차서

7. 별첨: 해당사항 없음

라. 지침서

1. 일반사항

지침서는 매뉴얼이나 절차서 등의 상위문서로써 충분하지 못한 경우에 작성하는 문서로 지침에는 관리(업무)지침과 작업(기술)지침으로 구분할 수 있으며, 특정부문의 구체적인 기술/작업수행 방법을 제공하기 위한 문서이다.
다시 말해 해당 업무를 모르는 사람이라도 지침서에 기술된 내용대로 업무를 수행하면 하나의 업무가 수행될 수 있게 하는 문서이기 때문에 관리에 특별한 주의를 요한다.
단위업무, 단위작업별로 작성하고 세부적인 업무방법, 관리항목에 대한 기준을 기술하며, 요령, 업무 매뉴얼, 작업기준, 교정표준, 계획서 등 각종 세부지침 등이 여기에 해당된다.

1) 지침서의 형식

지침서는 절차서와 같은 정해진 형식이나 체계가 있지는 않지만 업무나 작업의 특성에 따라 동일한 조직에서는 일관성이 유지되게 하거나 약간은 무리이지만 절차서와 동일하게 유지하는 곳도 있다.
작성하는 순서는 업무(작업)의 순서에 따라 작성하고 관련 요구사항과 해당 활동을 구체적으로 정확히 반영하여 수행과정에서의 오류와 불확실성을 최소화시킬 수 있도록 지침서의 종류별로 일관성 있는 형식이나 구조를 수립, 유지한다.
간혹 절차서의 내용을 보다 구체화하여 지침서를 생략하는 경우도 있다.

2) 시험검사표준에는 다음과 같은 내용들을 반영 기술한다.
　① 적용범위
　② 시험검사원의 자격 사항
　③ 시험장비 및 계측장비
　④ 시험검사 준비사항 및 조건
　⑤ 시험검사절차
　⑥ 시험검사 시의 주의사항

⑦ 시험검사결과에 대한 계산, 정리 및 합. 부 판정기준
⑧ 부적합 발생 시의 조치사항
⑨ 시험검사결과에 따른 후속조치(성적서 발급 등)
⑩ 관련문서(대내외 전문자료 등)

3) 작업표준은 한가지 업무를 대상으로 작성하며 다음과 같은 사항을 반영한다.
① 적용범위
② 작업품질(목표, 가공특성 등)
③ 사용되는 재료
④ 사용되는 기계장치 및 계측장비
⑤ 작업수행 순서, 방법 및 작업조건
⑥ 공정관리 기준
⑦ 작업자의 자격
⑧ 작업에 따른 주의사항
⑨ 작업 중 이상발생시의 조치사항
⑩ 작업담당자의 역할과 책임 및 업무인수인계 사항
⑪ 타 업무와의 연계 및 관련사항
⑫ 기타 특기사항

지침서에 대한 샘플은 생략한다.

3장

위험성평가

가. 위험성평가 종류
나. 4M 위험성평가
다. KRAS 위험성평가
라. HAZOP 위험성평가
마. 위험성평가에 관한 지침

가. 위험성평가 종류

1. 정성적 평가

1) 체크리스트(Checklist)
2) 사고 예상 질문 분석(What-if)
3) 상대 위험 순위(Dow and Mond Indices)
4) 위험과 운전분석(HAZOP)
5) 이상 위험도 분석(FMECA)
6) 작업자 실수 분석(Human Error Analysis)
7) 예비 위험 분석(PHA)
8) 안전성 검토(Safety Review)

2. 정량적 평가

1) 결함 수 분석(FTA)
2) 사건 수 분석(ETA)
3) 원인-결과 분석(Cause-Consequence Analysis)

3. 위험성 평가 기법의 선정 시 고려 사항

1) 평가의 목적
2) 공정 진행 단계
3) 예상 사고의 파급 효과와 위험 수준
4) 공정의 복잡성 정도
5) 평가팀의 경험과 능력
6) 필요 자료의 확보 가능성
7) 소요 시간 및 경비

1) 체크리스트

내용	점검 항목과 시스템의 상태를 순서에 따라 조사하는 것으로 공정 및 설비의 오류, 결함 상태, 위험 상황 등을 목록화한 형태로 작성하여 기준과 비교함으로써 위험성을 파악하는 방법으로, 주기적 검토, 보완이 필요함.
특징	1. 사용하기 쉽고 사업의 어느 단계에도 적용가능하다. 2. 공정에 경험이 적은 사람도 쉽게 적용가능하다. 3. 체크리스트를 작성하는 사람에 따라 평가 결과의 차이가 크질 수 있다. 4. 체크리스트는 문서화 되고 주기적인 검토, 보완이 필요하다.
장단점	1. 체크리스트 작성에 경험이 필요함. 2. 경험과 지식이 부족한 사람도 약간의 교육으로 쉽게 적용할 수 있음. 3. 평가 결과를 정리하는 것이 중요하다. 4. 체크리스트에 없는 항목은 누락의 위험이 있다.

2) 사고 예상 질문 분석법(What-If Analysis)

내용	공정, 시설에 잠재하고 있는 위험에 의해 발생될 수 있는 사고에 대하여 사전에 예상 질문을 통하여 확인, 예측하여 공정의 위험성 및 사고의 영향을 방지 또는 최소화하기 위한 대책을 제시하는 방법이다.
특징	1. 시기: 설계, 시운전, 공정 변경 시 등 2. 대상: 원료, 제품, 운전방법 등 3. 방법: "What-if"로 시작되는 질문을 사용하여 잠재적 위험 확인 및 대책 도출 4. 결과: 정성적 위험 목록
장단점	화재나 폭발의 잠재 위험성을 정량화하고, 화재나 폭발이 발생 시의 영향 범위를 확인하여 경영진에 위험성을 금액으로 환산하여 전달한다.

3) 위험과 운전 분석(HAZOP)

내용	위험성과 운전성을 정해진 규칙과 설계 도면에 의하여 체계적으로 분석, 평가하는데 난상토론 기법 활용하고, 평가 팀은 각 분야의 전문가로 구성하며, 결과는 정성적 위험의 확인 및 우선 순위를 결정한다.
특징	정성적 방법이지만 가장 정량적평가에 가깝다.
장단점	1. 평가 대상 및 위험의 누락 가능성 최소화 2. 비교적 객관화된 평가서 작성 3. 많은 인력 및 시간 소요 4. 도면과 현장 불일치 시 검토의 오류 발생

4) 이상 위험도 분석(FMECA)

내용	공정 및 설비의 구성 요소를 분류하고 고장의 상태 (Open, Close, On, Off 등), 원인 및 고장 형태별 위험도 순위를 결정하는 방법으로 고장 및 사고의 영향을 감소하거나 제거할 수 있는 방안을 강구하는 기법이다.
특징	직접적으로 사고로 이어지거나 중대한 역할을 하는 하나의 고장 상태를 확인함. 운전원 실수 등 인적인 실수는 보통 조사에서 제외한다.
장단점	1. 시스템이나 공정에 대한 하나의 기기나 시스템의 고장과 이로 인한 기기 각각의 잠재된 결과를 확인하기 위한 것이다. 2. 평가 방법은 전형적으로 기기의 신뢰도를 증진시키기 위한 추천을 하여 공정 안전 개선을 도모하기 위한 것이다.

5) 작업자 실수 분석(HEA)

내용	설비의 운전요원, 정비요원, 기능공 및 공정 관계자들의 실수에 의해 작업에 영향을 미칠 수 있는 인간 활동 요소를 평가하고 그 실수의 원인을 파악, 추적하여 실수의 상대적 순위를 결정하는 방법이다
특징	인간 공학적 분석(Human Factor Engineering), 인간 신뢰성 분석(Human Reliability Analysis), 또는 시스템 분석과 병행하여 사용할 수 있다.
장단점	1. 사건을 일으킬 수 있는 인적 실수가 발생하는 상황과 인적 실수의 원인을 찾는데 사용할 수 있으며 보통은 다른 기법과 병행하여 사용한다. 2. 직무분석의 한가지 형태로 직무를 수행하는 인원에게 필요한 기능, 지식 및 능력에 따라 직무의 물리적, 환경적 특성을 기술한다.

6) 예비 위험 분석(PHA)

내용	공정 개발 초기에 위험물질과 주요설비를 대상으로 예비 위험을 분석하여 정성적 위험 목록을 찾아내는 기법
특징	1. 소수의 인원으로 빠르고 효과적으로 수행 2. 프로젝트 수행 전에 발견된 문제점에 대하여 수정, 변경 가능
장단점	1. 공정 전반에 대한 전반적인 위험성 평가를 통한 사전 문제점 및 위험 발굴 2. 개선이 필요한 영역을 발굴하여 신속하게 문제점에 대한 개선 조치

7) 안전성 검토(SAFETY REVIEW)

내용	물질, 설비, 운전 방법에 대한 위험성 확인을 운전 중 일정 주기마다 시행하여, 발견된 문제점에 대한 지속적인 시정조치를 실시하는 방법
특징	1. 특정한 평가 시기가 결정되어 있지 않음 2. 평가방법은 평가 당시의 특성을 감안하여 결정하여 실시
목적	1. 안전성 검토는 공정의 운전과 유지 절차가 설계 목적과 기준에 부합하는지를 확인하는 도구 2. 공정의 위험에 대해서 주의를 주고 개정이 필요한 운전 절차를 검토 3 위험을 가져올 수 있는 공정이나 장치를 확인하고 기존의 위험을 다룸 4. 안전 검사의 정확도를 재확인하기도 한다.

8) 결함 수 분석(FTA)

내용	대상 플랜트나 시스템에서 원치 않는 발생 사상을 원인 측면에서 소급 분석 함으로써 여러 인과 관계를 파악하고자 하는 것이다. 즉 복잡한 인과 관계를 구성하는 대상은 주로 장치산업이고 장치산업은 각각 몇 가지의 특유의 위험 형태가 존재하므로 FTA 적용이 용이하고 효과도 좋다.
특징	1. AND 와 OR 인 두 종류의 논리 Gate 의 조합에 의해 상대 설비 또는 공정의 위험이나 불신뢰성을 나타내는 표현 방법이다. 2. 분석 대상에 잠재하는 고유의 특성을 시각적으로 파악하는 우수한 수단이다. 3 여러 전문기술분야에 걸친 정보를 망라할 수 있는 유연한 방법이다.
장단점	1. 장치산업에서 발생하는 재해는 원인이 여러 경로에 걸쳐 잠재되어 있으므로 재해가 발생한 후에, 설계나 운전방법의 부적합을 인지할 경우가 많아 사고 대책 수립이 사고의 뒤를 따르는 모양이 되기 쉽다. 2. 위험을 가져올 수 있는 공정이나 장치를 확인하고 기존의 위험을 다룸 3. 안전 검사의 정확도를 재확인하기도 한다.

9) 사건 수 분석(ETA)

내용	초기 사건원인으로부터 유발될 수 있는 고장, 사건의 형태를 추적하고, 어떠한 사고나 재해를 규명하는 귀납적 해석 방법
특징	시스템에서 공정 사고가 발생하였을 때 실시하여야 하는 운전의 대응, 안전 장치의 작동 순서 등을 확인하고 이들의 대응 상태에 따라 발생 할 수 있는 사고를 예측할 수 있다.
장단점	각각의 사고에 대한 시나리오를 예측할 수 있으며 사고가 발생할 수 있는 확률을 산출할 수 있다.

10) 원인-결과 분석(Cause-Consequence Analysis)

내용	잠재된 사고의 결과 및 사고의 근본적인 원인을 찾아내고 사고 결과와 원인 사이의 상호관계를 예측하여 위험성을 정량적으로 평가하는 방법이다.
특징	방법 접근 시에는 FTA 와 ETA 두 가지 방법을 병용하는 것이 사건이나 원인의 누락을 최소화할 수 있다.
장단점	FTA 와 ETA 를 혼합한 기법으로 사고 결과와 그들의 기본 원인 사이의 상호관계를 잘 보여준다.

여기에서는 안전보건경영시스템을 구축하는 업체에서 주로 사용하고 있는 4M, KRAS 기법과 공정안전보고서와 유해위험 방지계획서 작성에서 최초 위험성평가에 사용하고 있는 HAZOP 기법을 중심으로 설명한다.

나. 4M 위험성평가

1. 위험성평가 대상

1) 작업장에 제공되는 모든 설비
   생산활동 또는 지원을 위하여 조직내부 또는 외부에서 제공되는 설비
2) 정상적 또는 비정상적인 모든 작업
   일상적인 작업뿐만 아니라 비일상적인 작업
3) 작업장에 출입하는 모든 사람
   모든 근로자 및 계약자, 공사업체, 협력업체, 방문객 등을 포함

2. 위험성평가 시기

1) 사업장내 유해위험요인을 허용 가능한 위험수준 이내로 개선하고자 할 때
2) 정기적인 평가 시기가 도래하였을 때(산업안전보건법 상으로 정기평가 주기는 1년)
3) 공장(공정)을 신설할 경우
4) 새로운 설비 도입 및 공정, 작업방법 등 변경 시
5) 원재료 등 새로운 물질을 사용할 경우
6) 신기술이 개발되었거나 유사공정에서 재해발생 등으로 재평가가 필요하다고 판단 될 때

3. 4M 위험성평가

4M은 기계적(Machine), 물질·환경적(Media), 인적(Man), 관리적(Management)요소를 말한다.

1) 기계적(Machine)요소에는 기계, 설비 자체의 결함, 위험방호장치의 불량, 본질적인 안전화의 결여, 사용되는 유틸리티의 결함 등이다.
2) 물질. 환경적(Media)요소에는 작업공간의 불량, 가스, 증기, 분진, 흄 발생, 산소결핍, 유해 광선, 소음, 진동, MSDS자료 미비 등이다.
3) 인적(Man)요소에는 근로자 특성에 따른 불안전한 행동(여성, 고령자, 외국인, 비정규직 등), 작업 자세 및 동작의 결함, 작업 정보의 부적절 등이다.
4) 관리적(Management)요소에는 관리감독 및 지도의 결여, 교육, 훈련의 미흡, 표준(매뉴얼, 규정, 지침 등)의 미 작성, 수칙 및 각종 표지판 미 게시 등이다.

4. 4M 위험성평가에 대한 접근

위험성평가에서 각각의 요소에 대한 검토 사항은 아래를 포함하여 상황에 적절하게 적용한다.
1) 유해위험요인이 되는 위험기계기구, 위험물질, 구조적으로 반복되는 작업자의 불안전한 행동, 사고를 유발시킬 수 있는 관리적인 결함 등이 있는가
2) 위험요인에 대해 현재 시행되고 있는 안전조치는 적절한가
3) 위험요인이 사고(재해)로 발전할 가능성(빈도, 확률)은 어느 정도인가
4) 사고로 발전할 경우 사고로 인한 피해의 크기(강도, 심각도)는 어느 정도인가
5) 위험을 제거하거나 발생빈도를 감소시킬 수 있는 대책은 무엇인가
6) 사고발생 시 피해를 최소화하기 위한 대책은 무엇인가

5. 평가 진행과정에서의 주의사항

1) 현장 근로자와 같이 위험에 직접 노출된 인원의 참여가 필요하다.
2) 위험요인을 파악할 때는 평가참가자의 브레인스토밍 방식으로 진행하며, 근로자의 작업 중 경험한 사항의 반영 및 활성화한다.
3) 위험도를 계산하는 기준 및 허용 위험수준을 사업장의 규모와 업종 특성에 적합하도록 사전에 결정한다.
4) 조직이 보유한 표준류, 도면, 사고사례 등 모든 정보를 제공하고 전문가의 조언을 듣는다.
5) 위험감소 대책은 기술적인 면과 경제성 등을 검토하여 합리적으로 실행 가능한 수준까지 낮은 위험수준이 유지되도록 작성한다.

6. 4M 위험성평가 방법 및 절차

1) 유해위험요인을 도출
   유해위험요인의 대상으로는 아래 사항 외에도 업무특성에 따라 다양한 사항이 있을 수 있다.
   (1) 사용 기계기구에 대한 위험요인의 확인
   (2) 사용 중인 물질에 대한 위험요인의 확인
   (3) 예상되는 사용상의 오류 및 고장에 대한 사항
   (4) 소음에 노출, 조도, 온도, 습도, 미세먼지 등의 작업환경
   (5) 작업 중 예상되는 불안전한 행동에 대한 사항
   (6) 무리한 동작을 유발할 수 있는 불안전한 공정에 대한 사항
   (7) 레이아웃 및 작업 간의 물류이동(운반)에 따른 위험요인에 대한 사항

2) 위험도(중요도) 계산방법
   위험도(중요도)계산을 위해서 먼저 위험요인에 의한 사고발생 가능성(빈도, 확률)에 대한 점수를 구하고, 다음으로 사고발생시 피해의 크기(강도, 심각도)의 점수를 구하여 두 점수를 곱하거나, 더하거나 또는 매트릭스를 작성하는 등 사고발생 가능성과 사고발생시 피해의 크기를 조합하여 사용하고 있는데 여기서는 가능성과 피해의 크기에서 구한 점수를 곱하여 사용하는 것에 대하여 설명한다.
   즉 위험도(중요도) = 가능성(빈도, 확률) X 피해의 크기(강도, 심각도)를 사용한다.

(1) 가능성 산출 자료는 아래의 예를 참조하기 바란다.

가능성	재해 통계자료 분석	안전관리
1	5년간 재해 발생하지 않음.	작업표준이 작성되어 있고 준수됨.
2	5년간 재해 1건 이하 발생	작업표준이 일부만 있고 준수됨.
3	5년간 재해 2~3건 발생	작업표준이 있으나 준수되지 않음.
4	5년간 재해 3~4건 발생	작업표준은 없으나 안전관리가 양호
5	5년간 중대재해 1건 이상 발생 5년간 재해 5건 이상 발생	작업표준이 없고 안전관리가 미흡함.

(2) 강도 산출 자료는 아래의 예를 참조하기 바란다.

강도	재해통계자료분석	물적 피해
1	당일 치료, 조업손실 없음.	1 십만 원 미만
2	7일 이내 통원치료, 조업손실 없음	1 십만 원 ~ 백만 원 미만
3	7일 이상 통원치료 또는 1주 이내 입원 치료	1 백만 원 ~ 천만 원 미만
4	1주 이상 입원치료 또는 중대재해 발생	1 천만 원 이상

(3) 위험도(중요도)에 따른 분류

빈도 \ 강도	1	2	3	4
1	1	2	3	4
2	2	4	6	8
3	3	6	9	12
4	4	8	12	16
5	5	10	15	20

(4) 위험도에 따른 관리 기준

중요도 점수	관 리 기 준	비고
1~8	1. 현재의 안전대책 유지 2. 안전정보 및 주기적 표준작업 안전교육의 제공이 필요한 위험 3. 위험표지 부착, 작업절차서 표기 등 관리적 대책이 필요한 위험	허용가능 위험
9~15	1. 계획된 정비, 보수 기간에 안전감소 대책을 세워야 하는 위험 2. 임시 안전대책을 수립 후 작업을 하되 계획된 정비, 보수 기간에 안전대책을 세워야 하는 위험	조건부 허용가능 위험
16~20	즉시 작업을 중단하고 개선을 실행해야 하는 위험	허용불가 위험

7. 위험성평가 실시요령

위험성평가는 안전보건 정보를 수집하고 수집된 정보를 대상으로 위험성 평가표를 작성한다.

1) 안전보건 정보

안전보건정보는 위험성평가를 수행하기 위한 기초정보를 수집하는 단계로 각 공정(업무)수행에서 사용되는 기계 장치와 사용되는 물질을 파악하는 것과, 공정수행과 관련된 일상적인 정보로 작업표준, 시고사례, 작업방법, 근로자 현황 등 위험요인이 될 수 있거나 위험에 영향을 미칠 수 있는 요소들을 단계적으로 파악하는 단계인데 조직 자체적으로 정보가 부족한 경우에는 동종업계의 자료 또는 국가기관(산업안전공단 등)의 통계자료를 활용할 수 있다.

업무(공정)명	안전보건정보		작성자	
			작성일자	
공정(업무)순서	기구, 기계 및 장치명	유해화학물질	그 밖의 유해위험정보	
			★작업표준, 작업절차에 관한 정보 ★기계기구 및 설비의 사양서, 물질안전보건자료 등의 유해위험요인에 관한 정보 ★기계기구 및 설비의 공정흐름과 작업주변의 환경에 관한 정보 ★도급(일부, 전부 또는 혼재작업) 　□유. □무 ★재해사례, 재해통계 등에 관한 정보 ★안전작업 허가증 필요작업 유무 　(□유. □무) ★중량물 인력취급 시, 단위중량(　) 및 취급형태(□들기, □밀기, □끌기) ★작업환경측정 　(□측정, □미측정, □해당무) ★근로자 건강진단 유무□ (유, □무) ★근로자 구성 및 경력특성 ｜여성 근로자 □｜1년미만 미숙련자 □｜ ｜고령 근로자 □｜비정규직 근로자 □｜ ｜외국인근로자□｜장애 근로자　　□｜ ★그 밖에 위험성평가에 참고가 되는 자료	

2) 위험성평가표 작성

위험성평가에서 가장 중요한 과정으로 각 항목별 작성방법을 설명한다.

(1) 작업내용 항목에는 안전보건정보에서 파악된 기구/기계/장치/물질을 사용하여 실시하는 작업내용을 간단하게 기술한다(예: 대차를 이용하여 식자재를 운반한다).
(2) 위험요인 및 재해형태 항목에는 작업과 관련하여 4가지 카테고리별로 발생 가능성이 있는 사고의 원인을 파악하여 그로 인하여 발생할 가능성이 있는 재해의 형태를 기술한다 (예: 대차 이동 중 미끄러운 바닥에 미끄러져 골절 위험).
(3) 현재 안전조치 항목에는 앞에 파악한 위험요인에 대한 재해를 예방하기 위하여 현재 조직에서 취하고 있는 조치내용을 기술한다(예: 주의표지 부착, 주기적인 교육, 없음 등).
(4) 현재 위험도 항목에는 평가기준에서 정한 가능성(빈도, 확률)과 강도(심각성, 피해정도)표에서 해당 위험요인으로 인하여 예상되는 점수를 기록한 후 두 점수를 곱하여 위험도를 산출한다.
(5) 개선대책 항목에는 위험성평가 결과 위험도가 9 이상(조건부허용 위험)인 경우에는 개선이 필요하므로 개선할 내용을 기술하고 관리번호를 기록한다.

　　심사 중 발견되는 사항 중에는 위험도 기준에 미달되는 점수에 대해서도 개선대책을 기술 하는 경우가 있는데 그렇게 할 것 같으면 처음부터 위험도에 따른 조치 기준을 정할 필요가 없다고 본다.

평가대상 공정		위험성평가표 (4M – Risk Assessment)						평가자	
기계장치, 물질								평가일자	
단위 작업내용	평가 구분	위험요인 및 재해 형태	현재 안전조치	현재 위험도			개 선 대 책		관리 번호
				빈도	강도	위험도			
	기계적								
	물질 환경적								
	인적								
	관리적								

3) 개선실행계획서 작성

위험성평가표에서 위험도가 9 이상에 대해서는 개선대책을 수립하고 관리번호를 부여하였는데 여기서는 개선대책이 실행에 옮길 수 있도록 구체적이어야 한다.

(1) 단위작업내용, 관리번호 항목에는 앞에서 실시한 위험성평가표에서 옮겨온다.
(2) 개선대책 항목에는 평가표에서 작성한 내용을 보다 구체화하여 실행에 옮길 수 있도록 한다. 조직에서 사용하는 목표 추진계획과 동일한 것으로 보면 좋을 것 같다.
(3) 개선대책은 합리적이고 실행가능하여야 하며, 개선 후의 위험도를 허용 가능한 위험 수준으로 낮게 하도록 계획 수립한다.
(4) 개선대책은 현재의 안전조치를 고려하여 구체적으로 수립한다.
(5) 개선일정은 위험도 수준, 개선에 소요되는 일정 및 소요경비 등을 고려하여 시행한다.
(6) 개선실시내용. 개선일자, 확인 항목은 개선대책을 토대로 실제 개선한 내용과 개선 실행 일자 및 실행 결과를 확인한 사람이 서명한다.

개선실행계획서

부서명					작성자	
작성일자					승인자	
개선대상 단위작업 (업무)	관리번호	재해형태	개 선 대 책 (위험성평가보다 더 구체적으로)	개선 실시 내용	개선일자	확인

다. KRAS 위험성평가
(사업장 위험성평가 지침에 근거)

1. 위험성평가의 목적

작업시 발생 가능한 유해위험요인을 파악하고 위험성을 추정/결정 한 후 위험성을 감소시키기 위해 필요한 조치의 실시로 무재해 작업장을 실현하는데 목적이 있다.

2. 적용범위

사업장 내에서 생산(업무)활동과 관련된 작업에 있어서 기계기구 및 설비의 상태, 유해화학물질의 취급, 근로자의 일상적 및 비일상적인 활동 등에 따라 안전보건상의 문제가 발생할 가능성이 있는 업무활동 전반에 대하여 적용한다.

3. 위험성평가의 실시 시기

1) 위험성평가는 최초평가 및 수시평가, 정기평가로 구분하여 실시하며 최초평가 및 정기평가는 전체 작업(업무)을 대상으로 실시한다.
2) 수시평가는 다음의 어느 하나에 해당하는 계획이 있는 경우로 해당 계획의 실행을 착수하기 전에 실시하여야 한다.
    * 사업장 건설물의 설치, 이전, 변경 또는 해체
    * 기계기구, 설비, 원재료 등의 신규 도입 또는 변경
    * 건설물, 기계기구, 설비 등의 정비 또는 보수(주기적, 반복적 작업으로서 정기평가를 실시한 경우에는 제외)
    * 작업방법 또는 작업절차의 신규 도입 또는 변경

* 중대산업사고 또는 산업재해(휴업 이상의 요양을 요하는 경우에 한정한다) 발생
* 그 밖에 사업주가 필요하다고 판단한 경우

3) 정기평가는 최초평가 후 매년 정기적으로 실시하며 다음의 사항을 고려하여야 한다.
   * 기계기구, 설비 등의 기간 경과에 의한 노후 및 성능저하
   * 근로자의 교체 등에 수반되는 안전보건과 관련되는 지식 또는 경험의 변화
   * 안전보건과 관련되는 새로운 지식의 습득
   * 현재 수립되어 있는 위험성 감소대책의 유효성 등

4. 위험성평가의 방법

1) 안전보건관리책임자 등 사업장에서 사업의 실시를 총괄관리하는 사람에게 위험성평가의 실시를 총괄관리하게 한다.
2) 사업장의 안전관리자, 보건관리자 등에게 위험성평가의 실시를 관리하게 한다.
3) 작업내용 등을 상세하게 파악하고 있는 관리감독자에게 유해위험요인의 파악, 위험성의 추정, 결정, 위험성 감소대책을 수립, 실행을 하게 한다.
4) 유해위험요인을 파악하거나 감소대책을 수립하는 경우 특별한 사정이 없는 한 해당 작업에 종사하고 있는 근로자를 참여하게 한다.
5) 기계기구, 설비 등과 관련된 위험성평가에는 해당 기계기구, 설비 등에 전문지식을 갖춘 사람을 참여하게 한다.
6) 안전보건관리자의 선임의무가 없는 경우에는 위험성평가 관리업무를 수행할 사람을 지정하는 등 그 밖에 위험성평가를 위한 체제를 구축한다.
7) 사업주는 위험성평가자를 대상으로 위험성평가를 실시하기 위한 필요한 교육을 실시하여야 한다. 만약 위험성평가에 대해 외부에서 교육을 받았을 경우는 교육을 생략할 수 있다.
8) 다음에서 정하는 제도를 이행하여 위험성평가를 실시한 경우에는 그 부분에 대하여 위험성평가를 생략할 수 있다.
   * 유해위험방지계획서 제출 사업장
   * 안전보건진단 수행 작업장
   * 공정안전보고서 제출 작업장
   * 근골격계부담작업 유해요인조사 수행한 작업장
   * 그 밖에 법과 이 법에 따른 명령에서 정하는 위험성평가 관련 제도 시행 작업장

5. KRAS 위험성평가 절차

사업주는 위험성평가를 다음의 절차에 따라 실시하여야 한다.
1) 평가대상의 파악 등 사전준비
2) 근로자의 작업과 관계되는 유해위험요인의 파악
3) 파악된 유해위험요인별 위험성의 추정
4) 추정한 위험성이 허용 가능한 위험성인지 여부의 결정
5) 위험성 감소대책의 수립 및 실행
6) 위험성평가 실시 내용 및 결과에 관한 기록

6. 사전준비

1) 사업주는 위험성평가를 효과적으로 실시하기 위하여 최초 위험성평가시에 다음의 사항이 포함된 위험성평가 규정을 작성하고, 지속적으로 관리하여야 한다.
   * 평가의 목적 및 방법
   * 평가 담당자 및 책임자의 역할
   * 평가 시기 및 절차
   * 주지 방법 및 유의사항
   * 결과의 기록보존
2) 위험성평가는 과거에 산업재해가 발생한 작업, 위험한 일이 발생한 작업 등 근로자의 근로에 관계되는 유해위험요인에 의한 부상 또는 질병의 발생이 합리적으로 예견 가능한 것은 모두 위험성평가의 대상으로 한다. 다만, 매우 경미한 부상 또는 질병만을 초래할 것으로 명백히 예상되는 것에 대해서는 대상에서 제외할 수 있다.
3) 사업주는 다음의 사업장 안전보건정보를 사전에 조사하여 위험성평가에 활용하여야 한다.
   * 작업표준, 작업절차 등에 관한 정보
   * 기계기구, 설비 등의 사양서, 물질안전보건자료(MSDS) 등의 유해위험요인에 관한 정보
   * 기계기구, 설비 등의 공정 흐름과 작업 주변의 환경에 관한 정보
   * 같은 장소에서 사업의 일부 또는 전부를 도급을 주어 행하는 작업이 있는 경우 혼재 작업의 위험성 및 작업 상황 등에 관한 정보
   * 재해사례, 재해통계 등에 관한 정보
   * 작업환경 측정결과, 근로자 건강진단 결과에 관한 정보
   * 그 밖에 위험성평가에 참고가 되는 자료 등

7. 유해위험요인 파악

사업주는 유해위험요인을 파악할 때 업종, 규모 등 사업장 실정에 따라 다음 각 호의 방법 중 어느 하나 이상의 방법을 사용하여야 한다.
* 사업장 순회점검에 의한 방법
* 청취조사에 의한 방법
* 안전보건 자료에 의한 방법
* 안전보건 체크리스트에 의한 방법
* 그 밖에 사업장의 특성에 적합한 방법

8. 위험성 추정

1) 업주는 유해위험요인을 파악하여 사업장 특성에 따라 부상 또는 질병으로 이어질 수 있는 가능성 및 중대성의 크기를 추정하고 다음 각 호의 어느 하나의 방법으로 위험성을 추정하여야 한다.
    * 가능성과 중대성을 행렬을 이용하여 조합하는 방법
    * 가능성과 중대성을 곱하는 방법
    * 가능성과 중대성을 더하는 방법
    * 그 밖에 사업장의 특성에 적합한 방법
2) 위험성을 추정할 경우 유의할 사항은 다음과 같다.
    * 예상되는 부상 또는 질병의 대상자 및 내용을 명확하게 예측할 것
    * 최악의 상황에서 가장 큰 부상 또는 질병의 중대성을 추정할 것
    * 부상 또는 질병의 중대성은 부상이나 질병 등의 종류에 관계없이 공통의 척도를 사용하는 것이 바람직하며, 기본적으로 부상 또는 질병에 의한 요양기간 또는 근로 손실일 수 등을 척도로 사용할 것
    * 유해성이 입증되어 있지 않은 경우에도 일정한 근거가 있는 경우에는 그 근거에 기초하여 유해성이 존재하는 것으로 추정할 것
    * 기계기구, 설비, 작업 등의 특성과 부상 또는 질병의 유형을 고려할 것

9. 위험성 결정

1) 업주는 유해위험요인별 위험성의 추정 결과와 사업장 자체적으로 설정한 허용 가능한 위험성의 기준을 비교하여 해당 유해위험요인별 위험성의 크기가 허용 가능한지 여부를 판단하여야 한다.
2) 허용 가능한 위험성의 기준은 위험성 결정을 하기 전에 사업장 자체적으로 설정해 두어야 한다.

10. 위험성 감소대책 수립 및 실행

1) 사업주는 위험성을 결정한 결과 허용 가능한 위험성이 아니라고 판단되는 경우에는 위험성의 크기, 영향을 받는 근로자 수 및 다음의 순서를 고려하여 위험성 감소를 위한 대책을 수립하여 실행하여야 한다. 이 경우 법령에서 정하는 사항과 그 밖에 근로자의 위험 또는 건강장해를 방지하기 위하여 필요한 조치를 반영하여야 한다.
    * 위험한 작업의 폐지, 변경, 유해위험물질 대체 등의 조치 또는 설계나 계획 단계에서 위험성을 제거 또는 저감하는 조치
    * 연동장치, 환기장치 설치 등의 공학적 대책
    * 사업장 작업절차서 정비 등의 관리적 대책
    * 개인용 보호구의 사용
2) 사업주는 위험성 감소대책을 실행한 후 해당 공정 또는 작업의 위험성의 크기가 사전에 자체 설정한 허용 가능한 위험성의 범위인지를 확인하여야 한다.
3) 확인결과, 위험성이 자체 설정한 허용 가능한 위험성 수준으로 내려오지 않는 경우에는 허용 가능한 위험성 수준이 될 때까지 추가의 감소대책을 수립, 실행하여야 한다.
4) 사업주는 중대재해, 중대산업사고 또는 심각한 질병이 발생할 우려가 있는 위험성으로서 앞서 수립한 위험성 감소대책의 실행에 많은 시간이 필요한 경우에는 즉시 잠정적인 조치를 강구하여야 한다.
5) 사업주는 위험성평가를 종료한 후 남아 있는 유해위험요인에 대해서는 게시, 주지 등의 방법으로 근로자에게 알려야 한다.

11. 기록 및 보존

1) 사업주는 위험성평가를 실시한 경우에는 실시 내용 및 결과를 기록하여야 하며, 그 밖에 위험성평가의 실시 내용을 확인하기 위하여 필요한 다음 사항을 포함하여야 한다.
    * 위험성평가를 위해 사전조사 한 안전보건정보
    * 그 밖에 사업장에서 필요하다고 정한 사항
2) 기록의 최소 보존 기한은 실시 시기별 위험성평가를 완료한 날부터 기산한다.

12. 위험성평가 기준

1) 발생 가능성(빈도)

발생빈도	내 용
5	5년간 중대재해 1건 이상 발생 또는 년간 아차사고 8건 이상 발생
4	5년간 재해 2건 발생 또는 년간 아차사고 5 ~ 7건 발생
3	연간 아차사고 3 ~ 4건 발생
2	연간 아차사고 1 ~ 2건 발생
1	연간 아차사고 1건 미만 발생

2) 강도(피해정도)

| 위험빈도 | 내 용 | 작업환경측정자료 ||
		소음	유해화학물질, 분진 등
4	손실일수 30일 이상	91dB(A) 이상	허용농도 이상
3	손실일수 10 ~ 30일	81 ~ 90dB(A)	허용농도 50 ~ 99%
2	손실일수 10일 이하	60 ~ 80dB(A)	허용농도 10 ~ 49%
1	손실일수 없음	60dB(A) 미만	허용농도 10% 미만

3) 위험도 조합표

강도 \ 빈도	1	2	3	4
1	1	2	3	4
2	2	4	6	8
3	3	6	9	12
4	4	8	12	16
5	5	10	15	20

4) 위험도 별 관리기준

위험성		관리기준	비고
1~3	무시할 수 있는 위험	현재의 안전대책 유지	위험작업 수용(현 상태로 작업 계속 가능)
4~6	경미한 위험	안전정보 및 주기적 표준작업 안전교육의 제공이 필요한 위험	
8~12	상당한 위험	계획된 정비 및 보수기간에 안전감소대책을 세워야 하는 위험	조건부 위험작업 수용 (위험관리하에 작업 계속)
12~15	중대한 위험	긴급 임시안전대책을 세운 후 작업을 하되 계획된 정비, 보수기간에 안전대책을 세워야 하는 위험	
16~20	허용불가 위험	즉시 작업중단(지속하려면 즉시 개선을 실행해야 하는 위험)	위험작업 불허(즉시 작업을 중지하여야 함)

* 관련양식 *

(1) 안전보건정보 조사표

* 안전보건 정보

안전보건정보는 앞서 설명한 4M 위험성평가와 동일하게 실시하면 된다.

안전보건정보는 위험성평가를 수행하기 위한 기초정보를 수집하는 단계로 각 공정(업무)수행에서 사용되는 기구, 기계 및 설비와 사용되는 유해화학 파악하는 것과, 공정수행과 관련된 일상적인 정보로 작업표준, 사고사례, 작업방법, 근로자 현황 등 위험요인이 될 수 있거나 위험에 영향을 미칠 수 있는 요소들을 단계적으로 파악하는 단계인데 조직 자체적으로 정보가 부족한 경우에는 동종업계의 자료 또는 국가기관(산업안전공단 등)의 통계자료를 활용할 수 있다.

업무(공정)명	안전보건정보		작성자	
			작성일자	
공정(업무) 순서	기구, 기계 및 설비명	유해화학물질	그 밖의 유해위험정보	
			★작업표준, 작업절차에 관한 정보 ★기계·기구 및 설비의 사양서, 물질안전보건자료 등의 유해·위험요인에 관한 정보 ★기계·기구 및 설비의 공정흐름과 작업주변의 환경에 관한 정보 ★도급(일부, 전부 또는 혼재작업) □유. □무 ★재해사례, 재해통계 등에 관한 정보 ★안전작업 허가증 필요작업 유무(□유. □무) ★중량물 인력취급 시, 단위중량( ) 및 취급형태 　(□들기, □밀기, □끌기) ★작업환경측정 (□측정, □미측정, □해당무) ★근로자 건강진단 유무□ (유, □무) ★근로자 구성 및 경력특성	
				여성 근로자　□ / 1년미만 미숙련자　□ 고령 근로자　□ / 비정규직 근로자　□ 외국인근로자　□ / 장애 근로자　□ ★그 밖에 위험성평가에 참고가 되는 자료

(2) 유해위험요인 분류

KRAS기법과 4M기법의 중요한 차이가 있는 부분은 유해위험요인 분류이다.
4M에서는 기계적(Machine), 물질·환경적(Media), 인적(Man), 관리적(Management)요소로 분류하고, KRAS기법에서는 기계(설비)적 요인, 전기적 요인, 화학(물질)적 요인, 생물학적 요인, 작업특성 요인, 작업환경 요인으로 분류하여 평가하는 것이라 할 수 있다.
또 분류에는 해당되는 원인들을 나열하고 있는데 사용시에 이에 대한 조정이 가능하다.

유해위험요인분류

기계,기구,설비			물질명	
분류		원 인		
1	기계(설비적)요인	☐ 1.1 협착위험부분 (감김. 끼임)	☐ 1.2 위험한 표면 (절단, 베임, 긁힘)	☐ 1.3 기계(설비)의 낙하, 비래, 전복, 붕괴, 전도위험 부분
		☐ 1.4 충돌위험부분	☐ 1.5 넘어짐 (미끄러짐, 걸림, 헛디딤)	☐ 1.6 추락위험부분 (개구부 등)
2	전기적 요인	☐ 2.1 감전 (안전전압초과)	☐ 2.2 아크	☐ 2.3 정전기
3	화학(물질적)요인	☐ 3.1 가스	☐ 3.2 증기	☐ 3.3 에어로졸, 흄
		☐ 3.4 액체, 미스트	☐ 3.5 고체(분진)	☐ 3.6 반응성 물질
		☐ 3.7 방사선	☐ 3.8 화재/폭발 위험	☐ 3.9 복사열/폭발 과압
4	생물학적 요인	☐ 4.1 병원성미생물 바이러스에 의한 감염	☐ 4.2 유전자변형물질 (GMO)	☐ 4.3 알러지 및 미생물
		☐ 4.4 동물	☐ 4.5 식물	
5	작업특성 요인	☐ 5.1 소음	☐ 5.2 초음파, 초저주파음	☐ 5.3 진동
		☐ 5.4 근로자 실수	☐ 5.5 저압 또는 고압상태	☐ 5.6 질식위험, 산소결핍
		☐ 5.7 중량물취급작업	☐ 5.8 반복작업	☐ 5.9 불안전한 작업자세
		☐ 5.10 작업(조작)도구		
6	작업환경 요인	☐ 6.1 기후/고온/한랭	☐ 6.2 조명	☐ 6.3 공간 및 이동통로
		☐ 6.4 주변근로자	☐ 6.5 작업시간	☐ 6.6 조직 안전문화

(3) 위험성평가표

위험성평가표의 작성 방법은 4M기법과는 약간의 차이가 있으므로 지금부터 간단히 설명한다.

* 먼저 안전보건정보에서 파악된 업무활동의 평가대상에 대하여 기계적 분류에서부터 해당되는 원인이 존재하는지에 대하여 검토하여 만약 존재한다면 해당되는 원인의 번호에 체크한다.

  예) 평가대상 기구·기계 및 장치가 지게차라면 먼저 기계(설비)적 분류에서 협착위험부분(감김, 끼임)에 해당하는 위험원인이 있다면 1.1에 체크를 하고, 다른 원인도 있으면 해당 원인에 체크한다. 그 다음에는 전기적 요인, 화학적 요인, 생물학적 요인, 작업특성 요인, 작업환경 요인 순으로 동일한 방법으로 해당되는 모든 원인의 번호에 체크한다.

* 다음으로 위험성평가표의 "분류"와 "원인"란에 앞에서 체크한 항목들을 모두 기재한다.
* "유해위험원인 및 재해의 형태"란에는 해당 분류와 원인에서 발생 가능한 재해의 형태를 기술한다. 예를 들면 "지게차 운행 장소가 협소하여 충돌위험" 등의 형태로 기술한다.
* "현재 상태 및 조치"란에는 유해위험원인 및 재해에 따른 사고를 예빙하기 위하여 현재 조직에서 취하고 있는 안전관련 조치사항을 기술한다.
* 현재위험도에는 평가기준을 이용하여 해당되는 항목의 점수를 기재하고 가능성과 중대성의 점수를 곱하여 위험성을 기재한다.
* 기준 점수 이상의 위험도에 대하여 개선대책을 수립하고 관리번호를 부여한다.

부 서 명			위 험 성 평 가 표 (평가일자:)					작성	검토	승인
공정(업무)명										
세부공정										
유해위험요인			현재 상태 및 조치	현재 위험도			개 선 대 책	관리 번호		
분류	원인	유해위험원인 및 재해 형태		가능성 (빈도)	중대성 (강도)	위험성				

(4) 개선 실행 계획서

작성방법은 앞에서 수행한 위험성평가표의 항목을 그대로 옮겨오면 되고, 그 외의 항목은 4M에서와 같이 개선 내용을 위험성평가표에서 보다 구체적으로 실행가능하게 작성하면 되므로 추가적인 설명은 생략한다.

부서명					개선 실행 계획서				작성자	
일자									확인자	
관리번호	세부 공정	분류	원 인		유해위험원인	위험성	개선대책	개선내용	확인일자	

라. HAZOP (위험과 운전분석) 위험성 평가

1. 개요

1) 목적

본 지침은 산업안전보건법 제44조(공정안전보고서의 작성, 제출), 동법 시행령 제43(공정안전보고서의 제출 대상)에 의해 사업주가 제출하여야 할 공정위험평가서의 원활한 작성을 위해 위험과 운전분석(HAZOP)기법을 이해하는 데 목적이 있다.

2) HAZOP에 사용되는 용어의 정의

(1) 의도(INTENTION): 설계자가 바라고 있는 운전 조건
(2) 변수(PARAMETER): 유량, 압력, 온도, 물리량이나 공정의 흐름 조건을 나타내는 변수
(3) 가이드 워드(GUIDE WORD): 변수의 질이나 양을 표현하는 간단한 용어
(4) 이탈(DEVIATION): 가이드워드와 변수가 조합되어, 유체 흐름의 정지, 또는 과잉 상태와 같이 설계 의도로부터 벗어난 상태
(5) 원인(CAUSE): 이탈이 일어나는 이유
(6) 결과(CONSEQUENCE): 이탈이 일어남으로써 야기되는 상태
(7) 검토 구간(NODE): HAZOP 검토를 하고자 하는 설비 구간

* 여기서는 화학공정에서 적용하는 HAZOP에 대하여만 설명한다(E/M-HAZOP은 제외한다).

3) 가이드워드의 종류 및 정의

(1) 연속 공정의 가이드워드의 의미

가이드워드	정의	예 또는 코멘트
없음 (NO. NOT. OR NONE)	설계 의도에 완전히 반하여 변수의 양이 없는 상태	NO FLOW 라고 표현할 경우: 검토구간내에서 유량이 없거나 흐르지 않는 상태를 뜻함
증가(MORE)	변수가 양적으로 증가되는 상태	MORE FLOW 라고 표현할 경우: 검토구간내에서 유량이 설계 의도보다 많이 흐르는 상태를 뜻함
감소(LESS)	변수가 양적으로 감소되는 상태	MORE 의 반대이며 적은 경우에 있어서는 NO 로 표현될 수도 있음
반대(REVERSE)	설계 의도와 정반대로 나타나는 상태	유량이나 반응 등에 흔히 적용되며 REVERSE FLOW, REVERSE REACTION REVERSE FLOW 라고 표현할 경우: 검토구간 내에서 유체가 정반대 방향으로 흐르는 상태
부가(AS WELL AS)	설계 의도 외에 다른 변수가 부가되는 상태	오염(CONTAMINATION) 등과 같이 설계 의도 외에 부가로 이루어지는 상태를 뜻함
부분(PARTS OF)	설계 의도대로 완전히 이루어지지 않는 상태	조성 비율이 잘못된 것과 같이 설계 의도대로 되지 않는 상태
기타(OTHER THAN)	설계 의도대로 설치되지 않거나 운전 유지되지 않는 상태	원료공급 잘못, VALVE 설치 잘못 등

(2) 회분식 공정의 가이드워드의 의미

① 시간에 관련한 가이드워드

가이드워드	정의
생략(NO TIME)	사건 또는 조치가 이루어지지 않음
지연(MORE TIME)	조작 또는 행위가 시간적으로 늦게 일어나거나 예상보다 오래 지속됨
단축(LESS TIME)	조작 또는 행위가 시간적으로 일찍 일어나거나 예상보다 짧게 지속됨
오차(WRONG TIME)	조작, 행위 또는 조치가 일어나지 말아야 할 때에 일어남

② 씨퀀스에 관련한 가이드워드

가이드워드	정 의
조작지연 (STEP TOO LATE)	허용범위(시간, 조건) 내에서 시작하지 못함
조기조작 (STEP TOO EARLY)	운전조건이 형성되어 조기에 조작함
조작생략 (STEP LEFT OUT)	조작을 생략함
역행조작 (STEP BACKWARDS)	단위 공정이 부정확하게 전 단계 단위 공정으로 역행함 (WRONG TIME 참조)
부분조작 (PART OF STEP MISSED)	한단계 조작내에서 하나의 부수조치가 생략됨
다른조작 (EXTRA ACTION INCLUDED)	한단계 조작중 불필요한 다른 단계의 조작을 행함
기타 오조작 (WRONG ACTION TAKEN)	예측 불가능한 기타 오조작

2. 평가준비

1) 평가팀 구성

(1) 평가팀은 리더와 평가내용을 기록할 서기가 임명된다.
(2) 평가팀에는 평가할 사업에 관한 기술적 사항을 확실하게 알고 있는 설계팀과 향후 운전을 담당할 운전팀, 공정기술사는 반드시 참여 할 수 있게 하고 필요시 전문기술분야별로 전문가를 참가시킨다.
(3) 기존의 프랜트를 평가하거나 소규모로 공장을 변경할 경우에는 공장 운전팀, 공정, 계장, 기계, 전기기술자 및 운전 조장 등으로 구성한다.
(4) 신설 공장의 경우에는 사업책임자, 공정, 계장, 기계, 전기기술자 및 향후 운전을 담당할 운전자 대표 등으로 구성한다.
(6) 서기는 회의의 내용을 충분히 이해하고 기록할 수 있는 사람이어야 한다.
(7) 팀구성원의 구성은 회사의 실정을 고려하여 관련분야의 전문가들로 구성한다.

3. 평가

1) 일반사항

(1) 평가팀의 리더는 [그림1]의 HAZOP 흐름도에 따라 먼저 [서식 1]의 공정정보 리스트와 [서식2]의 도면목록을 준비한다.
(2) 평가팀의 리더는 평가의 개요와 목적을 팀구성원에게 설명하여 팀구성원들이 평가를 원활히 수행할 수 있도록 한다.
(3) 도면에 표기된 모든 배관(라인)에 대한 목적과 특성을 설명하고 간단한 토의한다.
(4) 공정의 흐름에 따라 검토할 배관(라인)과 검토구간(NODE)을 정하여 설계 목적과 특성을 설명한 후 가이드 워드(GUIDEWORD)와 변수 (PARAMETER)를 조합하여 공정이 정상 운전상태로부터 벗어날 수 있는 가능한 원인과 결과를 조사한다.
(5) 검토결과 설계상의 수정이나 변경이 필요한 사항은 도면에 표시(예: 적색)하고 검토가 끝난 구간은 다른 색(예: 녹색)으로 표시한다.
(6) 도면상의 모든 라인에 대한 검토가 완료되면 서명을 한 후 다음 도면을 검토한다.
(7) 과거에 유사 설비에서 발생했던 중대산업사고 사례의 이탈에 대하여도 평가한다.

〈그림 1〉 위험성평가 수행 흐름도

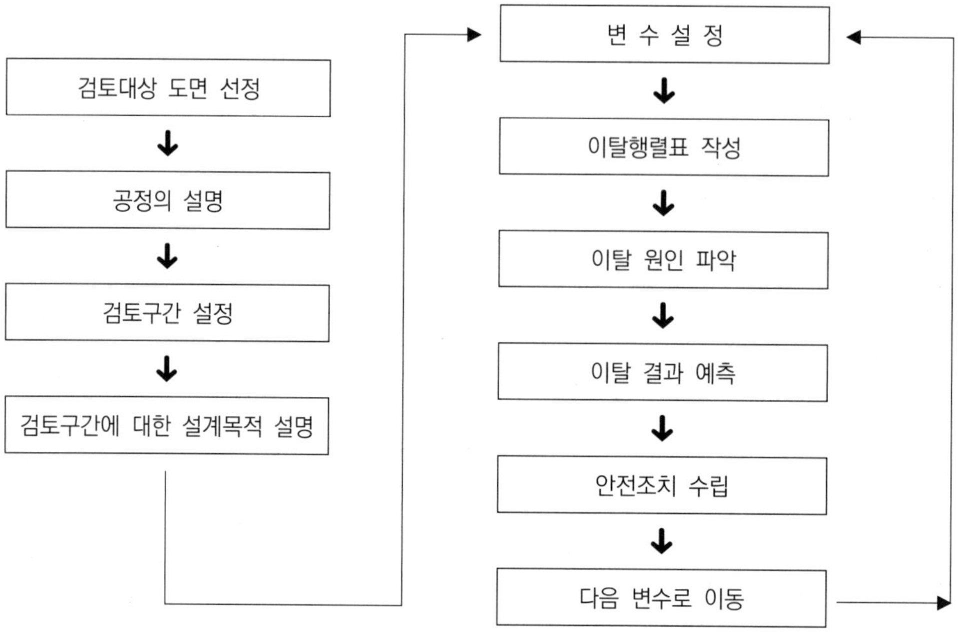

〈서식 1〉 공정정보 리스트

공 정 번 호	단 위 공 정	특 성

〈서식 2〉 도면 목록

공정명		페이지	
도 면 번 호	도 면 이 름		

2) 평가절차

(1) 검토 구간(NODE)의 결정
- 검토구간은 공정의 복잡성, 팀원의 지식 및 경험에 따라 그 크기를 정해야 한다.
- 검토구간은 기능상의 구분과 시스템의 복잡성에 따라 구분할 수 있다.
- 기능상으로 검토구간을 설정할 때에는 가능한 한 공정을 따를 것과 P&ID에 들어가는 배관부터 첫 번째 검토 구간을 시작할 것
- 검토구간의 변경은 설계목적이 변경될 때, 공정 조건의 중요한 변경이 있을 때 및 다음에 주요 기기가 있을 경우에 실시한다.
- 하나의 도면에서 다른 도면으로 연결되는 경우에는 하나의 검토구간으로 한다.

(2) 검토구간을 정하고 [서식 3]의 구간에 대한 정보를 작성한다.
(3) 검토구간 별로 [서식 4]의 구간별 가이드 워드를 작성하여 적용할 이탈을 정한다.

〈서식 3〉 구간정보

공정					페이지	
도면번호	구간번호	구간표시	설계의도	*공정종류	검토일자	검토자

*공정종류: 연속식 공정, 회분식 공정

〈서식 4〉 구간별 가이드 워드

공정명										페이지	
구간 번호	변수	설계 의도	없음	증가	반대	감소	반대	부가	부분	기타	잘못	기타

3) 검토회의 진행

(1) 검토회의를 진행하는 동안 리더는 팀원으로 하여금 철저한 공정의 이탈을 평가할 수 있도록 하고, 토의결과를 정확하게 반영할 수 있도록 자료를 작성한다.
(2) 리더는 구성원 각자가 의견을 제시하도록 하고 구성원에 의견 충돌이 없도록 조정한다.
(3) 팀구성원은 목표를 달성하기 위해 적극적으로 노력한다.
(4) 리더는 목적이 달성되도록 관리하여야 하며 기술적 사항은 리더가 직접 참여하지 않고 토의가 원활히 이루어 질 수 있도록 하여 결론이 도출되도록 한다.
(5) 리더는 팀구성원의 적극적인 참여와 팀 구성원간의 의견차를 해소할 수 있도록 회의를 진행하여야 한다.

(6) 실제로 상반된 의견이 있을 경우에는 리더가 직접 관여하지 말고 팀원에게 다시 물어 보거나 또는 결정적인 자료가 없다고 기록하고 다음으로 진행시킨다.
(7) 권고사항은 팀 전원의 동의가 필요하며 다수결에 의해 처리하지 않도록 한다.
(8) 오랜 회의로 팀이 지루하고 만족할 만한 업무수행이 곤란할 때는 휴식을 취하도록 하는 등의 배려를 하도록 하고 또 복잡한 구간 또는 P&ID의 검토가 끝났을 때 특별 휴식을 갖도록 한다.

4) 기록

(1) 각각의 권고사항은 신중히 고려되어야 하고 만약 시행하도록 받아 들여진다면 실제로 조치가 될 수 있도록 최종 보고서에 포함하여 보고한다.
(2) HAZOP 팀원들이 원하는 대로 후속조치가 이루어지기 위해서는 권고사항들은 문제점에 대해 타당성을 제시하여 경영자가 조치할 수 있도록 우선 순위 등의 충분한 자료를 제공한다.
(3) 조치를 해야 할 결과들은 위험의 심각성과 이들이 발생 가능한 빈도를 조합하여 적절한 권고사항을 작성한다.
(4) 권고사항에 포함 시켜야 할 자료는 다음과 같다.
  - HAZOP 팀이 검토하였던 시나리오
  - 팀에 대해 파악된 가능한 결과
  - 팀이 제안한 변경의 요지
  - 변경 대상 또는 권고되는 검토 사항
(6) 권고사항은 다음과 같은 사항을 고려하여 작성한다.
  - 무슨 조치가 필요한가
  - 어디에 조치가 필요한가
  - 왜 조치가 시행되어야 하나
(7) 범위, 대상 및 완료일 등을 명확하게 한다.
(8) 기록은 한글과 영문을 혼용할 수 있다.
(9) [서식 5] HAZOP 평가표 작성 방법은 다음과 같다.
  - 이탈 번호: 일련 번호를 기재한다.
  - 이탈: P&ID에서 검토구간을 정한 뒤 이곳에 가이드 워드와 파라메타를 적용하여 이탈을 만들어 기록한다.
  - 이탈원인: 도면상에서 이탈이 일어날 수 있는 원인들을 열거한다. 한가지 이탈에 대하여 한가지 이상의 원인이 있는 경우에는 이들 원인 모두를 기록한다.

- 이탈결과: 앞에서 연구된 모든 원인 각각에 대하여 예상되는 결과를 기록한다. 예상되는 결과도 원인과 마찬가지로 한가지 원인에 대하여 2개 이상의 결과가 예상 되는 경우에는 이들 모두를 기록한다.
 또한 각각의 서로 다른 원인에 의해 같은 결과가 예상되는 경우에도 원인별로 예상되는 결과를 각각 기록한다.
- 안전 조치: 각각의 예상되는 결과를 방호하기 위한 안전장치가 설계도면상 에 어떻게 반영 되어 있는가를 기록한다.
- 위험 등급: 예상되는 원인과 결과에 따른 위험등급 기록하는데 위험등급을 구분 하는 방법은 결과의 심각성 발생할 수 있는 빈도를 조합하여 구분할 수 있는데 빈도 〈표 1〉 및 심각성 〈표 2〉는 회사의 실정에 맞도록 규정한다.
- 위험등급을 결정할 때에는 빈도의 경우에는 현재의 안전조치를 고려하여 정하나 치명도는 현재의 안전 조치를 고려하지 아니한다.
- 개선권고: 추가적으로 조치가 필요하다고 평가자들이 추천하는 안전설비 등의 조치내용을 기록하는 곳으로써 기존의 안전조치 사항은 기록하지 아니한다.

〈표 1〉 발생빈도의 구분 예

빈도	내 용
3	설비 수명 기간에 한번이상 발생
2	설비 수명 기간에 발생할 가능성이 있음
1	설비 수명 기간에 발생할 가능성이 희박함

〈표 2〉 심각성의 구분 예

치명도	내 용
4	사망, 다수 부상, 설비 파손 10 억 원 이상, 설비 운전정지 기간 10 일 이상
3	부상 1명, 설비 파손 1억 원 이상 10억 원 미만, 설비 운전정지 기간 1일 이상 10일 미만
2	부상자 없음, 설비 파손 1억원 미만, 설비 운전정지 기간 1일 미만
1	안전설계, 운전성 향상을 위한 변경

〈서식 5〉 HAZOP 평가표

공정명				검토일자	
도면번호				페이지	
구간					
이탈번호	이탈원인	이탈결과	안전조치	위험등급	개선번호	개선권고사항

이탈번호	이탈원인	이탈결과	안전조치	위험등급	개선번호	개선권고사항

*위험등급 6 이상에 대하여 개선 권고사항을 작성한다.

〈서식 6〉 개선조치 계획

번호	우선순위	위험등급	개선권고사항	책임부서	일정	조치결과	완료확인	비고

4. 보고서 작성

1) 보고서에는 다음과 같은 것이 포함되어야 한다.
   - 공정 및 설비 개요
   - 공정의 위험 특성
   - 검토 범위와 목적
   - 팀리더 및 구성원의 인적사항
   - 검토 결과
   - 우선순위 및 일정이 포함된 조치계획
2) 보고는 일일보고, 주간보고를 할 수 있고 최종 보고서는 반드시 작성해야 한다.
3) 검토팀에 의해 사용되었던 모든 타당성 있는 자료를 보관한다.

마. 위험성평가에 관한 지침

고용노동부 공고 제2020 - 53호(개정 2020.01.14.)

제1장 총칙

제1조(목적) 이 고시는 「산업안전보건법」 제36에 따라 사업주가 스스로 사업장의 유해·위험요인에 대한 실태를 파악하고 이를 평가하여 관리·개선하는 등 필요한 조치를 할 수 있도록 지원하기 위하여 위험성평가 방법, 절차, 시기 등에 대한 기준을 제시하고, 위험성평가 활성화를 위한 시책의 운영 및 지원사업 등 그 밖에 필요한 사항을 규정함을 목적으로 한다.

제2조(적용범위) 이 고시는 위험성평가를 실시하는 모든 사업장에 적용한다.

제3조(정의) ① 이 고시에서 사용하는 용어의 뜻은 다음과 같다.
1. "위험성평가"란 유해·위험요인을 파악하고 해당 유해·위험요인에 의한 부상 또는 질병의 발생 가능성(빈도)과 중대성(강도)을 추정·결정하고 감소대책을 수립하여 실행하는 일련의 과정을 말한다.
2. "유해·위험요인"이란 유해·위험을 일으킬 잠재적 가능성이 있는 것의 고유한 특징이나 속성을 말한다.
3. "유해·위험요인 파악"이란 유해요인과 위험요인을 찾아내는 과정을 말한다.
4. "위험성"이란 유해·위험요인이 부상 또는 질병으로 이어질 수 있는 가능성(빈도)과 중대성(강도)을 조합한 것을 의미한다.
5. "위험성 추정"이란 유해·위험요인별로 부상 또는 질병으로 이어질 수 있는 가능성과 중대성의 크기를 각각 추정하여 위험성의 크기를 산출하는 것을 말한다.
6. "위험성 결정"이란 유해·위험요인별로 추정한 위험성의 크기가 허용 가능한 범위인지 여부를 판단하는 것을 말한다.
7. "위험성 감소대책 수립 및 실행"이란 위험성 결정 결과 허용 불가능한 위험성을 합리적으로 실천 가능한 범위에서 가능한 한 낮은 수준으로 감소시키기 위한 대책을 수립하고 실행하는 것을 말한다.
8. "기록"이란 사업장에서 위험성평가 활동을 수행한 근거와 그 결과를 문서로 작성하여 보존하는 것을 말한다.

② 그 밖에 이 고시에서 사용하는 용어의 뜻은 이 고시에 특별히 정한 것이 없으면 「산업안전보건법」(이하 "법"이라 한다), 같은 법 시행령(이하 "영"이라 한다), 같은 법 시행규칙(이하 "규칙"이라 한다) 및 「산업안전보건기준에 관한 규칙」(이하 "안전보건규칙"이라 한다)에서 정하는 바에 따른다.

제4조(정부의 책무) ① 고용노동부장관(이하 "장관"이라 한다)은 사업장 위험성평가가 효과적으로 추진되도록 하기 위하여 다음 각 호의 사항을 강구하여야 한다.
1. 정책의 수립·집행·조정·홍보
2. 위험성평가 기법의 연구·개발 및 보급
3. 사업장 위험성평가 활성화 시책의 운영
4. 위험성평가 실시의 지원
5. 조사 및 통계의 유지·관리
6. 그 밖에 위험성평가에 관한 정책의 수립 및 추진
② 장관은 제1항 각 호의 사항 중 필요한 사항을 한국산업안전보건공단(이하 "공단"이라 한다)으로 하여금 수행하게 할 수 있다.

제2장 사업장 위험성평가

제5조(위험성평가 실시주체) ① 사업주는 스스로 사업장의 유해.위험요인을 파악하기 위해 근로자를 참여시켜 실태를 파악하고 이를 평가하여 관리 개선하는 등 위험성평가를 실시하여야 한다.
② 법 63조에 따른 작업의 일부 또는 전부를 도급에 의하여 행하는 사업의 경우는 도급을 준 도급인(이하 "도급사업주"라 한다)과 도급을 받은 수급인(이하 "수급사업주"라 한다)은 각각 제1항에 따른 위험성평가를 실시하여야 한다.
③ 제2항에 따른 도급사업주는 수급사업주가 실시한 위험성평가를 검토하여 도급사업주가 개선할 사항이 있는 경우 이를 개선하여야 한다.

제6조(근로자 참여) 사업주는 위험성평가를 실시할 때, 다음 각호의 어느 하나에 해당하는 경우 법 제36조제2항에 따라 해당 작업에 종사하는 근로자를 참여시켜야 한다.
1. 관리감독자가 해당작업의 유해·위험요인을 파악하는 경우
2. 사업주가 위험성 감소대책을 수립하는 경우
3. 위험성평가 결과 위험성 감소대책 이행여부를 확인하는 경우

제7조(위험성평가의 방법) ① 사업주는 다음과 같은 방법으로 위험성평가를 실시하여야 한다.
1. 안전보건관리책임자 등 해당 사업장에서 사업의 실시를 총괄 관리하는 사람에게 위험성평가의 실시를 총괄 관리하게 할 것
2. 사업장의 안전관리자, 보건관리자 등이 위험성평가의 실시에 관하여 안전보건관리책임자를 보좌하고 지도·조언하게 할 것
3. 관리감독자가 유해·위험요인을 파악하고 그 결과에 따라 개선조치를 시행하게 할 것
4. 기계·기구, 설비 등과 관련된 위험성평가에는 해당 기계·기구·설비 등에 전문지식을 갖춘 사람을 참여하게 할 것
5. 안전·보건관리자의 선임의무가 없는 경우에는 제2호에 따른 업무를 수행할 사람을 지정하는 등 그 밖에 위험성평가를 위한 체제를 구축할 것

② 사업주는 제1항에서 정하고 있는 자에 대해 위험성평가를 실시하기 위한 필요한 교육을 실시하여야 한다. 이 경우 위험성평가에 대해 외부에서 교육을 받았거나, 관련 학문을 전공하여 관련 지식이 풍부한 경우에는 필요한 부분만 교육을 실시하거나 교육을 생략할 수 있다.

③ 사업주가 위험성평가를 실시하는 경우에는 산업안전·보건 전문가 또는 전문기관의 컨설팅을 받을 수 있다.

④ 사업주가 다음 각 호의 어느 하나에 해당하는 제도를 이행한 경우에는 그 부분에 대하여 이 고시에 따른 위험성평가를 실시한 것으로 본다.
1. 위험성평가 방법을 적용한 안전·보건진단(법 제47조)
2. 공정안전보고서(법 제44조), 다만 공정안전보고서의 내용 중 공정위험성평가서가 최대 4년 범위 이내에서 정기적으로 작성된 경우에 한한다.
3. 근골격계부담작업 유해요인조사(안전보건규칙 제657조부터 제662조까지)
4. 그 밖에 법과 이 법에 따른 명령에서 정하는 위험성평가 관련 제도

제8조(위험성평가의 절차) 사업주는 위험성평가를 다음의 절차에 따라 실시하여야 한다.
다만, 상시근로자수 20인 미만 사업장(총 공사금액 20억 원 미만의 건설공사)의 경우에는 다음 각 호중 제3호를 생략할 수 있다.
1. 평가대상의 선정 등 사전준비
2. 근로자의 작업과 관계되는 유해·위험요인의 파악
3. 파악된 유해·위험요인별 위험성의 추정
4. 추정한 위험성이 허용 가능한 위험성인지 여부의 결정
5. 위험성 감소대책의 수립 및 실행
6. 위험성평가 실시내용 및 결과에 관한 기록

제9조(사전준비) ① 사업주는 위험성평가를 효과적으로 실시하기 위하여 최초 위험성평가시 다음 각 호의 사항이 포함된 위험성평가 실시규정을 작성하고, 지속적으로 관리하여야 한다.
1. 평가의 목적 및 방법
2. 평가담당자 및 책임자의 역할
3. 평가시기 및 절차
4. 주지방법 및 유의사항
5. 결과의 기록·보존

② 위험성평가는 과거에 산업재해가 발생한 작업, 위험한 일이 발생한 작업 등 근로자의 근로에 관계되는 유해·위험요인에 의한 부상 또는 질병의 발생이 합리적으로 예견 가능한 것은 모두 위험성평가의 대상으로 한다. 다만, 매우 경미한 부상 또는 질병만을 초래할 것으로 명백히 예상되는 것에 대해서는 대상에서 제외할 수 있다.

③ 사업주는 다음 각 호의 사업장 안전보건정보를 사전에 조사하여 위험성평가에 활용하여야 한다.
1. 작업표준, 작업절차 등에 관한 정보
2. 기계·기구, 설비 등의 사양서, 물질안전보건자료(MSDS) 등의 유해·위험요인에 관한 정보
3. 기계·기구, 설비 등의 공정 흐름과 작업 주변의 환경에 관한 정보
4. 법 제63조에 따른 작업을 하는 경우로서 같은 장소에서 사업의 일부 또는 전부를 도급을 두어 행하는 작업이 있는 경우 혼재 작업의 위험성 및 작업상황 등에 관한
5. 재해사례, 재해통계 등에 관한 정보
6. 작업환경측정결과, 근로자 건강진단결과에 관한 정보
7. 그 밖에 위험성평가에 참고가 되는 자료 등

제10조(유해·위험요인 파악) 사업주는 유해·위험요인을 파악할 때 업종, 규모 등 사업장 실정에 따라 다음 각 호의 방법 중 어느 하나 이상의 방법을 사용하여야 한다. 이 경우 특별한 사정이 없으면 제1호에 의한 방법을 포함하여야 한다.
1. 사업장 순회점검에 의한 방법
2. 청취조사에 의한 방법
3. 안전보건 자료에 의한 방법
4. 안전보건 체크리스트에 의한 방법
5. 그 밖에 사업장의 특성에 적합한 방법

제11조(위험성 추정) ① 사업주는 유해·위험요인을 파악하여 사업장 특성에 따라 부상 또는 질병으로 이어질 수 있는 가능성 및 중대성의 크기를 추정하고 다음 각 호의 어느 하나의 방법으로 위험성을 추정하여야 한다.

1. 가능성과 중대성을 행렬을 이용하여 조합하는 방법
2. 가능성과 중대성을 곱하는 방법
3. 가능성과 중대성을 더하는 방법
4. 그 밖에 사업장의 특성에 적합한 방법

② 제1항에 따라 위험성을 추정할 경우에는 다음에서 정하는 사항을 유의하여야 한다.
1. 예상되는 부상 또는 질병의 대상자 및 내용을 명확하게 예측할 것
2. 최악의 상황에서 가장 큰 부상 또는 질병의 중대성을 추정할 것
3. 부상 또는 질병의 중대성은 부상이나 질병 등의 종류에 관계없이 공통의 척도를 사용하는 것이 바람직하며, 기본적으로 부상 또는 질병에 의한 요양기간 또는 근로손실일수 등을 척도로 사용할 것
4. 유해성이 입증되어 있지 않은 경우에도 일정한 근거가 있는 경우에는 그 근거를 기초로 하여 유해성이 존재하는 것으로 추정할 것
5. 기계·기구, 설비, 작업 등의 특성과 부상 또는 질병의 유형을 고려할 것

제12조(위험성 결정) ① 사업주는 제11조에 따른 유해·위험요인별 위험성의 추정 결과(제8조 단서에 따라 같은 조 제3호를 생략한 경우에는 제10조에 따른 유해·위험요인 파악 결과를 말한다)와 사업장 자체적으로 설정한 허용 가능한 위험성의 기준(산업안전보건법에서 정한 기준 이상으로 정하여야 한다)을 비교하여 해당 유해·위험요인별 위험성의 크기가 허용 가능한지 여부를 판단하여야 한다.

② 제1항에 따른 허용 가능한 위험성의 기준은 위험성 결정을 하기 전에 사업장 자체적으로 설정해 두어야 한다.

제13조(위험성 감소대책 수립 및 실행) ① 사업주는 제12조에 따라 위험성을 결정한 결과 허용 가능한 위험성이 아니라고 판단되는 경우에는 위험성의 크기, 영향을 받는 근로자 수 및 다음 각 호의 순서를 고려하여 위험성 감소를 위한 대책을 수립하여 실행하여야 한다. 이 경우 법령에서 정하는 사항과 그 밖에 근로자의 위험 또는 건강장해를 방지하기 위하여 필요한 조치를 반영하여야 한다.
1. 위험한 작업의 폐지·변경, 유해·위험물질 대체 등의 조치 또는 설계나 계획 단계에서 위험성을 제거 또는 저감하는 조치
2. 연동장치, 환기장치 설치 등의 공학적 대책
3. 사업장 작업절차서 정비 등의 관리적 대책
4. 개인용 보호구의 사용

② 사업주는 위험성 감소대책을 실행한 후 해당 공정 또는 작업의 위험성의 크기가 사전에 자체 설정한 허용 가능한 위험성의 범위인지를 확인하여야 한다.

③ 제2항에 따른 확인 결과, 위험성이 자체 설정한 허용 가능한 위험성 수준으로 내려오지 않는 경우에는 허용 가능한 위험성 수준이 될 때까지 추가의 감소대책을 수립·실행하여야 한다.
④ 사업주는 중대재해, 중대산업사고 또는 심각한 질병이 발생할 우려가 있는 위험성으로서 제1항에 따라 수립한 위험성 감소대책의 실행에 많은 시간이 필요한 경우에는 즉시 잠정적인 조치를 강구하여야 한다.
⑤ 사업주는 위험성평가를 종료한 후 남아 있는 유해·위험요인에 대해서는 게시, 주지 등의 방법으로 근로자에게 알려야 한다.

제14조(기록 및 보존) ① 규칙 제37조제1항제4호에 따른 "그 밖에 위험성평가의 실시내용을 확인하기 위하여 필요한 사항으로서 고용노동부장관이 정하여 고시하는 사항"이라 함은 다음 각 호에 관한 사항을 말한다.
1. 위험성평가를 위해 사전조사 한 안전보건정보
2. 그 밖에 사업장에서 필요하다고 정한 사항
② 시행규칙 제37조제2항의 기록의 최소 보존기한은 제15조에 따른 실시 시기별 위험성평가를 완료한 날부터 기산한다.

제15조(위험성평가의 실시 시기) ① 위험성평가는 최초평가 및 수시평가, 정기평가로 구분하여 실시하여야 한다. 이 경우 최초평가 및 정기평가는 전체 작업을 대상으로 한다.
② 수시평가는 다음 각 호의 어느 하나에 해당하는 계획이 있는 경우에는 해당 계획의 실행을 착수하기 전에 실시하여야 한다. 다만, 제5호에 해당하는 경우에는 재해발생 작업을 대상으로 작업을 재개하기 전에 실시하여야 한다.
1. 사업장 건설물의 설치·이전·변경 또는 해체
2. 기계·기구, 설비, 원재료 등의 신규 도입 또는 변경
3. 건설물, 기계·기구, 설비 등의 정비 또는 보수(주기적·반복적 작업으로서 정기평가를 실시한 경우에는 제외)
4. 작업방법 또는 작업절차의 신규 도입 또는 변경
5. 중대산업사고 또는 산업재해(휴업 이상의 요양을 요하는 경우에 한정한다) 발생
6. 그 밖에 사업주가 필요하다고 판단한 경우
③ 정기평가는 최초평가 후 매년 정기적으로 실시한다. 이 경우 다음의 사항을 고려하여야 한다.
1. 기계·기구, 설비 등의 기간 경과에 의한 성능 저하
2. 근로자의 교체 등에 수반하는 안전·보건과 관련되는 지식 또는 경험의 변화
3. 안전·보건과 관련되는 새로운 지식의 습득
4. 현재 수립되어 있는 위험성 감소대책의 유효성 등

제3장 위험성평가 인정

제16조(인정의 신청) ① 장관은 소규모 사업장의 위험성평가를 활성화하기 위하여 위험성평가 우수 사업장에 대해 인정해 주는 제도를 운영할 수 있다. 이 경우 인정을 신청할 수 있는 사업장은 다음 각 호와 같다.
1. 상시 근로자 수 100명 미만 사업장(건설공사를 제외한다). 이 경우 법 제63조에 따른 사업의 일부 또는 전부를 도급에 의하여 행하는 사업의 경우는 도급사업주의 사업장(이하 "도급사업장"이라 한다)과 수급사업주의 사업장(이하 "수급사업장"이라 한다) 각각의 근로자수를 이 규정에 의한 상시 근로자 수로 본다.
2. 총 공사금액 120억원(토목공사는 150억원) 미만의 건설공사

② 제2장에 따른 위험성평가를 실시한 사업장으로서 해당 사업장을 제1항의 위험성평가 우수사업장으로 인정을 받고자 하는 사업주는 별지 제1호서식의 위험성평가 인정신청서를 해당 사업장을 관할하는 공단 광역본부장·지역본부장·지사장에게 제출하여야 한다.

③ 제2항에 따른 인정신청은 위험성평가 인정을 받고자 하는 단위 사업장(또는 건설공사)으로 한다. 다만, 다음 각 호의 어느 하나에 해당하는 사업장은 인정신청을 할 수 없다.
1. 제22조에 따라 인정이 취소된 날부터 1년이 경과하지 아니한 사업장
2. 최근 1년 이내에 제22조제1항 각 호(제1호 및 제5호를 제외한다)의 어느 하나에 해당하는 사유가 있는 사업장

④ 법 제63조에 따른 사업의 일부 또는 전부를 도급에 의하여 행하는 사업장의 경우에는 도급사업장의 사업주가 수급사업장을 일괄하여 인정을 신청하여야 한다. 이 경우 인정신청에 포함하는 해당 수급사업장 명단을 신청서에 기재(건설공사를 제외한다)하여야 한다.

⑤ 제4항에도 불구하고 수급사업장이 제19조에 따른 인정을 별도로 받았거나, 법 제17조에 따른 안전관리자 또는 같은 법 제18조에 따른 보건관리자 선임대상인 경우에는 제4항에 따른 인정신청에서 해당 수급사업장을 제외할 수 있다.

제17조(인정심사) ① 공단은 위험성평가 인정신청서를 제출한 사업장에 대하여는 다음에서 정하는 항목을 심사(이하 "인정심사"라 한다)하여야 한다.
1. 사업주의 관심도
2. 위험성평가 실행수준
3. 구성원의 참여 및 이해 수준
4. 재해발생 수준

② 공단 광역본부장·지역본부장·지사장은 소속 직원으로 하여금 사업장을 방문하여 제1항의 인정심사(이하 "현장심사"라 한다)를 하도록 하여야 한다. 이 경우 현장심사는 현장심사 전일을 기

준으로 최초인정은 최근 1년, 최초인정 후 다시 인정(이하 "재인정"이라 한다)하는 것은 최근 3년 이내에 실시한 위험성평가를 대상으로 한다. 다만, 인정사업장 사후관리와 관련하여 제21조제3항에 따른 현장심사를 실시한 것은 제외할 수 있다.

③ 제2항에 따른 현장심사 결과는 제18조에 따른 인정심사위원회에 보고하여야 하며, 인정심사위원회는 현장심사 결과 등으로 인정심사를 하여야 한다.

④ 제16조제4항에 따른 도급사업장의 인정심사는 도급사업장과 인정을 신청한 수급사업장(건설공사의 수급사업장은 제외한다)에 대하여 각각 실시하여야 한다. 이 경우 도급사업장의 인정심사는 사업장 내의 모든 수급사업장을 포함한 사업장 전체를 종합적으로 실시하여야 한다.

⑤ 인정심사의 세부항목 및 배점 등 인정심사에 관하여 필요한 사항은 공단 이사장이 정한다. 이 경우 사업장의 업종별, 규모별 특성 등을 고려하여 심사기준을 달리 정할 수 있다.

제18조(인정심사위원회의 구성·운영) ① 공단은 위험성평가 인정과 관련한 다음 각 호의 사항을 심의·의결하기 위하여 각 광역본부·지역본부·지사에 위험성평가 인정심사위원회를 두어야 한다.
1. 인정 여부의 결정
2. 인정취소 여부의 결정
3. 인정과 관련한 이의신청에 대한 심사 및 결정
4. 심사항목 및 심사기준의 개정 건의
5. 그 밖에 인정 업무와 관련하여 위원장이 회의에 부치는 사항

② 인정심사위원회는 공단 광역본부장·지역본부장·지사장을 위원장으로 하고, 관할 지방고용노동관서 산재예방지도과장(산재예방지도과가 설치되지 않은 관서는 근로개선지도과장)을 당연직 위원으로 하여 10명 이내의 내·외부 위원으로 구성하여야 한다.

③ 그 밖에 인정심사위원회의 구성 및 운영에 관하여 필요한 사항은 공단 이사장이 정한다.

제19조(위험성평가의 인정) ① 공단은 인정신청 사업장에 대한 현장심사를 완료한 날부터 1개월 이내에 인정심사위원회의 심의·의결을 거쳐 인정 여부를 결정하여야 한다. 이 경우 다음의 기준을 충족하는 경우에만 인정을 결정하여야 한다.
1. 제2장에서 정한 방법, 절차 등에 따라 위험성평가 업무를 수행한 사업장
2. 현장심사 결과 제17조제1항 각 호의 평가점수가 100점 만점에 50점을 미달하는 항목이 없고 종합점수가 100점 만점에 70점 이상인 사업장

② 인정심사위원회는 제1항의 인정 기준을 충족하는 사업장의 경우에도 인정심사위원회를 개최하는 날을 기준으로 최근 1년 이내에 제22조제1항 각 호에 해당하는 사유가 있는 사업장에 대하여는 인정하지 아니할 수 있다.

③ 공단은 제1항에 따라 인정을 결정한 사업장에 대해서는 별지 제2호서식의 인정서를 발급하여

야 한다. 이 경우 제17조제4항에 따른 인정심사를 한 경우에는 인정심사 기준을 만족하는 도급사업장과 수급사업장에 대해 각각 인정서를 발급하여야 한다.

④ 위험성평가 인정 사업장의 유효기간은 제1항에 따른 인정이 결정된 날부터 3년으로 한다. 다만, 제22조에 따라 인정이 취소된 경우에는 인정취소일 전날까지로 한다.

⑤ 위험성평가 인정을 받은 사업장 중 사업이 법인격을 갖추어 사업장관리번호가 변경되었으나 다음 각 호의 사항을 증명하는 서류를 공단에 제출하여 동일 사업장임을 인정받을 경우 변경 후 사업장을 위험성평가 인정 사업장으로 한다. 이 경우 인전기간의 만료일은 변경 전 사업장의 인정기간 만료일로 한다.

1. 변경 전·후 사업장의 소재지가 동일할 것
2. 변경 전 사업의 사업주가 변경 후 사업의 대표이사가 되었을 것
3. 변경 전 사업과 변경 후 사업간 시설·인력·자금 등에 대한 권리·의무의 전부를 포괄적으로 양도·양수하였을 것.

제20조(재인정) ① 사업주는 제19조제4항 본문에 따른 인정 유효기간이 만료되어 재인정을 받으려는 경우에는 제16조제2항에 따른 인정신청서를 제출하여야 한다. 이 경우 인정신청서 제출은 유효기간 만료일 3개월 전부터 할 수 있다.

② 제1항에 따른 재인정을 신청한 사업장에 대한 심사 등은 제16조부터 제19조까지의 규정에 따라 처리한다.

③ 재인정 심사의 범위는 직전 인정 또는 사후관리와 관련한 현장심사 다음 날부터 재인정신청에 따른 현장심사 전일까지 실시한 정기평가 및 수시평가를 그 대상으로 한다.

④ 재인정 사업장의 인정 유효기간은 제19조제4항에 따른다. 이 경우, 재인정 사업장의 인정유효기간은 이전 위험성평가 인정 유효기간의 만료일 다음 날부터 새로 계산한다.

제21조(인정사업장 사후관리) ① 공단은 제19조제3항 및 제20조에 따라 인정을 받은 사업장이 위험성평가를 효과적으로 유지하고 있는지 확인하기 위하여 매년 인정사업장의 20퍼센트 범위에서 사후관리를 할 수 있다.

② 제1항에 따른 사후관리는 다음 각 호의 어느 하나에 해당하는 사업장으로 인정심사위원회에서 사후관리가 필요하다고 결정한 사업장을 대상으로 한다. 이 경우 제1호에 해당하는 사업장은 특별한 사정이 없는 한 대상에 포함하여야 한다.

1. 공사가 진행 중인 건설공사. 다만, 사후관리 일 현재 잔여공사기간이 3개월 미만인 건설공사는 제외할 수 있다.
2. 제19조제1항제2호에 따른 종합점수가 100점 만점에 80점 미만인 사업장으로 사후관리가 필요하다고 판단되는 사업장

3. 그 밖에 무작위 추출 방식에 의하여 선정한 사업장(건설공사를 제외한 연간 사후관리 사업장의 50퍼센트 이상을 선정한다)

③ 사후관리는 직전 현장심사를 받은 이후에 사업장에서 실시한 위험성평가에 대해 현장심사를 하는 것으로 하며, 해당 사업장이 제19조에 따른 인정 기준을 유지하는지 여부를 심사하여야 한다.

제22조(인정의 취소) ① 위험성평가 인정사업장에서 인정 유효기간 중에 다음 각 호의 어느 하나에 해당하는 사업장은 인정을 취소할 수 있다.
1. 거짓 또는 부정한 방법으로 인정을 받은 사업장
2. 직·간접적인 법령 위반에 기인하여 다음의 중대재해가 발생한 사업장(규칙 제2조)
가. 사망재해
나. 3개월 이상 요양을 요하는 부상자가 동시에 2명 이상 발생
다. 부상자 또는 직업성질병자가 동시에 10명 이상 발생
3. 근로자의 부상(3일 이상의 휴업)을 동반한 중대산업사고 발생사업장
4. 법 제10조에 따른 산업재해 발생건수, 재해율 또는 그 순위 등이 공표된 사업장(영 제10조제1항제1호 및 제35에 한정한다)
5. 제21조에 따른 사후관리 결과, 제19조에 의한 인정기준을 충족하지 못한 사업장
6. 사업주가 자진하여 인정 취소를 요청한 사업장
7. 그 밖에 인정취소가 필요하다고 공단 관역본부장, 지역본부장 또는 지사장이 인정한 사업장

② 공단은 제1항에 해당하는 사업장에 대해서는 인정심사위원회에 상정하여 인정취소 여부를 결정하여야 한다. 이 경우 해당 사업장에는 소명의 기회를 부여하여야 한다.
③ 제2항에 따라 인정취소가 결정된 경우에는 인정취소가 결정된 날을 인정취소일로 본다.

제23조(위험성평가 지원사업) ① 장관은 사업장의 위험성평가를 지원하기 위하여 공단 이사장으로 하여금 다음 각 호의 위험성평가 사업을 추진하게 할 수 있다.
1. 추진기법 및 모델, 기술자료 등의 개발·보급
2. 사업장 발굴 및 홍보
3. 사업장 관계자에 대한 교육
4. 사업장 컨설팅
5. 전문가 양성
6. 지원시스템 구축·운영
7. 인정제도의 운영
8. 그 밖에 위험성평가 추진에 관한 사항

② 공단 이사장은 제1항에 따른 사업을 추진하는 경우 고용노동부와 협의하여 추진하고 추진결과 및 성과를 분석하여 매년 1회 이상 장관에게 보고하여야 한다.

제24조(위험성평가 교육지원) ① 공단은 제21조제1항에 따라 사업장의 위험성평가를 지원하기 위하여 다음 각 호의 교육과정을 개설하여 운영할 수 있다.
사업주 교육
평가담당자 교육
전문가 양성 교육
② 공단은 제1항에 따른 교육과정을 관역본부·지역본부·지사 또는 산업안전보건교육원(이하 "교육원"이라 한다)에 개설하여 운영하여야 한다.
③ 제1항제2호 및 제3호이 따른 평가담당자 교육을 수료한 근로자에 대해서는 해당 시기에 사업주가 실시해야 하는 관라감독자교육을 수료한 시간만큼 실시한 것으로 본다.

제25조(위험성평가 컨설팅 지원) ① 공단은 근로자 수 50명 미만 소규모 사업장(건설업의 경우 전년도에 공시한 시공능력 평가액 순위가 200위 초과인 종합건설업체 본사 또는 총 공사금액 120억(토목공사는 150억) 미만인 건설공사를 말한다)의 사업주로부터 제5조제3항에 따른 컨설팅지원을 요청 받은 경우에 위험성평가 실시에 대한 컨설팅을 지원 할 수 있다.
② 제1항에 따른 공단의 컨설팅지원을 받으려는 사업주는 사업장 관할의 공단 관역본부장·지역본부장·지사장에게 지원신청을 하여야 한다.
③ 제2항에도 불구하고 공단 관역본부장·지역본부장·지사장은 재해예방을 위하여 필요하다고 판단되는 사업장을 직접 선정하여 컨설팅을 지원할 수 있다.

제4장 지원사업의 추진 등

제26조(지원신청 등) ① 제24조에 따른 교육지원 및 제25조에 따른 컨설팅지원의 신청은 별지 제3호 서식에 따른다. 다만, 제24조제1항제3호에 따른 교육의 신청 및 교육 등은 교육원이 정하는 바에 따른다.
② 교육기관의 장은 제1항의 교육신청자에 대하여 교육을 실시한 경우에는 별지 제4호서식 또는 별지 제5호서식에 따른 교육확인서를 발급하여야 한다.
③ 공단은 예산이 허용하는 범위에서 사업장이 제24조에 따른 교육지원과 제25조에 따른 컨설팅지원을 민간기관에 위탁하고 그 비용을 지급할 수 있으며, 이에 필요한 지원 대상, 비용 지급방법 및 기관 관리 등 세부적인 사항은 공단 이사장이 정할 수 있다.
④ 공단은 사업주가 위험성평가 감소대책의 실행을 위하여 해당 시설 및 기기 등에 대하여 "산업

재해예방시설자금 융자 및 보조업무처리규칙"에 따라 보조금 또는 융자금을 신청한 경우에는 우선하여 지원할 수 있다.

⑤ 공단은 제19조에 따른 위험성평가 인정 또는 제20조에 따른 재인정, 제22조에 따른 인전취소를 결정한 경우에는 결정일부터 3일 이내에 인정일 또는 재인정일, 인정취소일 및 사업장명, 소재지, 업종, 근로자 수, 인정유효기긴 등의 현황을 지방고용노동관서 산재예방지도과(산재예방지도과가 설치되지 않은 관서는 근로개선지도과)로 보고하여야 한다. 다만, 위험성평가 지원시스템 또는 그 밖의 방법으로 지방고용노동관서에서 인정사업장 현황을 실시간으로 파악할 수 잇는 경우에는 그러하지 아니하다.

제27조(인정사업장 등에 대한 혜택) ① 장관은 위험성평가 인정사업장에 대하여는 제19조 및 제20조에 따른 인정 유효기간 동안 사업장 안전보건 감독을 유예할 수 있다.
② 제1항에 따라 유예하는 안전보건 감독은 "근로감독관 집무규정(산업안전보건)" 제10조제2항에 따른 기획 감독 대상 중 장관이 별도로 정한 사업장으로 한정한다.
③ 장관은 위험성평가를 실시하였거나, 위험성평가를 실시하고 인정을 받은 사업장에 대해서는 정부 포상 또는 표창의 우선 추천 및 그 밖의 혜택을 부여할 수 있다.

제28조(재검토 기한) 고용노동부장관은 이 고시에 대하여 2020년1월1일 기준으로 매3년이 되는 시점(매 3년째의 12월31일까지를 말한다)마다 그 타당성을 검토하여 개선 등의 조치를 하여야 한다.

부칙〈제2020-53호, 2020.1.14〉

이 고시는 2020년 1월 16일부터 시행한다.

4장

안전보건 운영관리

가. 재해예방 기술
나. 기계장치의 재해예방
다. 보건기준
라. 물질안전보건자료(MSDS)

가. 재해예방 기술(운용관리)

1. 폭발(연소)

(1) 인화점과 발화점

(2) 인화점: 점화원에 의해 인화될 수 있는 가장 낮은 온도

(3) 발화점: 공기중에서 점화원이 없이 연소를 일으킬 수 있는 온도

일반적인 물질에 대한 인화점과 발화점은 아래 표와 같다.

물 질 명	인화점(℃)	발화점(℃)	물 질 명	인화점(℃)	발화점(℃)
1. 수소	Gas	579	9. 아세톤	-17.8	538
2. 메탄	-188	538	10. 벤젠	-11.1	562
3. 에탄	-141	515	11. M.E.K	-4.4	516
4. 부탄	-60	405	12. 톨루엔	4.4	536
5. 프로필렌	-108	497	13. 메틸알콜	12.2	464
6. 산화에틸렌	-28.9	426.7	14. 에틸알콜	12.8	423
7. 펜탄	-49	260	15. 등유	40~60	260
8. 가솔린	-43	280	16. 경유	50~70	257

(2) 화재의 종류

1) 일반화재(A급 화재)
   가연물인 나무, 종이, 섬유류 등에 의한 화재(백색 표시)
   화재발생빈도 및 피해액이 가장 큰 화재
2) 유류화재(B급 화재)
   석유 등 가연성 액체의 유증기가 타는 화재(황색 표시)
   일반적으로 다 타고난 후 아무것도 남기지 않는 화재
3) 전기화재(C급 화재)
   전기가 통하고 있는 전기 시설물이 타는 화재(청색 표시)
4) 금속화재(D급 화재)
   가연성 금속에 의한 화재(표시색깔 없음) - 물(水)로 소화 절대 금지

2. 소화기 종류 및 설치기준

(1) 설치기준

소화기의 설치기준(업종별로 상이, 수동식 소화 기준)
1) 면적별: 연면적 33㎡ 이상일 경우 1개
2) 층별: 층별 1개씩 설치하되, 소화기간의 거리가 20m 이내가 되도록 설치

(2) 소화기 종류

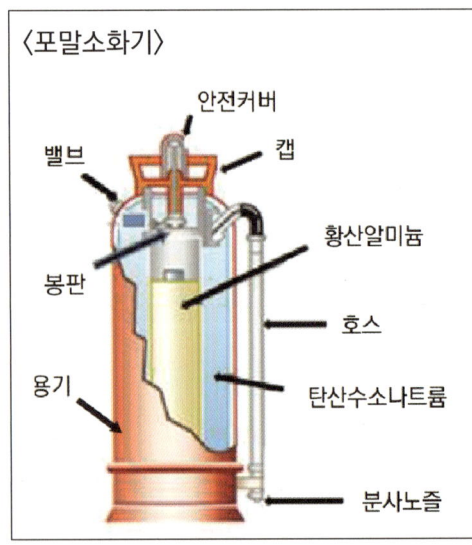

〈포말소화기〉

포말 소화기는

소화기를 거꾸로 흔들면 속에 있는 탄산수소나트륨 용액과 황산알루미늄 용액이 화학반응을 일으켜 이산화탄소와 수산화알알루미늄의 거품이 생겨 공기의 공급을 차단하여 소화를 한다.

일반화재와 유류나 화학약품 화재에 적당하지만, 전기화재에는 적당하지 않다.

〈분말소화기〉

분말 소화기는

질소나 이산화탄소 등 불에 잘 타지 않는 기체의 고압가스를 이용하여 소화약품인 탄산수소나트륨 분말이나 제1 인산암모늄 분말을 뿌리는 것이다.

이 소화기는 분말이 불에 닿아 분해되면서 이산화탄소나 여러가지 기체를 발생하여 공기를 차단하는 것으로 유류, 전기, 화학 약품 화재에 적당하다.

주의사항으로 소화기는 사용 직후 용기를 거꾸로 하여 잔류 가스를 방출시키고 충전된 고압가스용기를 교체하여 분말이 충전된 상태에서 보관해야 한다.

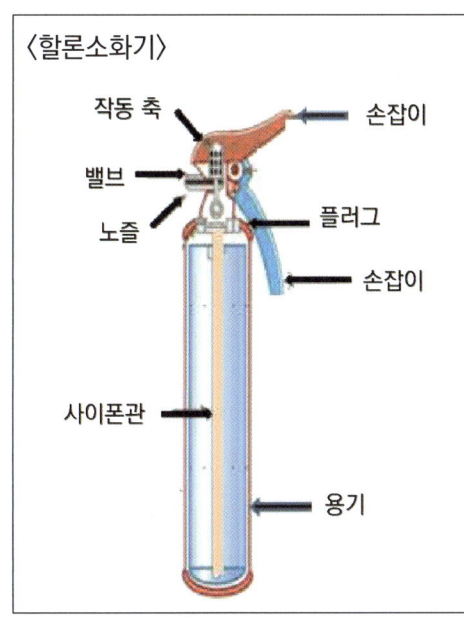

〈할론소화기〉

할론소화기는

할론가스를 소화약품으로 사용하는 것으로, 일반화재 및 유류, 화학약품, 전기, 가스화재 등에 걸쳐 다양하게 사용된다.

사용할 때 주의할 점은 내용물이 가압된 상태이므로 49℃ 이상의 온도에는 노출시키지 말아야 한다.

1) 성능: 할론가스를 충전하며, 전기에 부도체
2) 사용범위: 유류화재, 전기화재에 사용
3) 장단점:

　장점: 소화효과가 매우 크며 잔여물이 남지 않음.

　단점: 가스로 인한 환경오염 및 밀폐공간에서 사용시 질식 위험 있음.

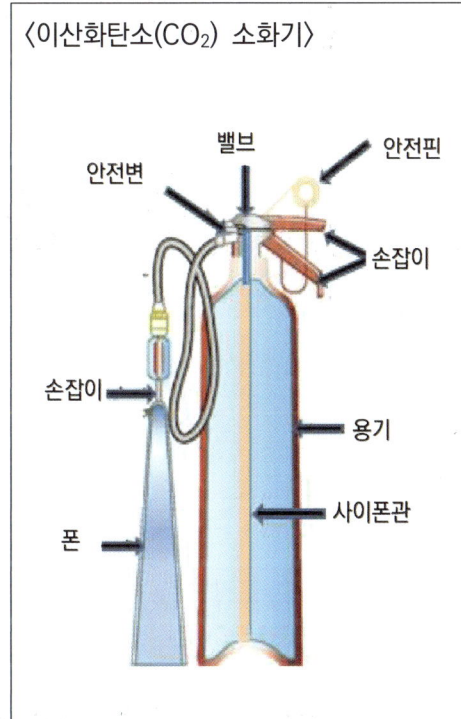

〈이산화탄소(CO_2) 소화기〉

이산화탄소 소화기는

이산화탄소를 액화시켜 충전한 것으로 액화상태의 이산화탄소가 용기에서 방출되면 고체상태인 드라이아이스로 변하면서 화재가 난 곳을 이산화탄소가스로 덮어 공기의 공급을 차단(질식효과)한다.

또한 드라이아이스 상태의 온도가 -78.5℃까지 급격히 낮아져 냉각효과도 크다.

방출 노즐을 잡을 때 동상의 염려가 있으므로 반드시 손잡이를 잡아야 한다.

1) 성능: 액화 CO_2가 충전, 물을 뿌리면 안되는 화재에 효과적
2) 사용범위: 유류화재, 전기화재에 사용
3) 특징:

　장점: 사용 후 잔여물이 없다.

　단점: 질식 및 동상의 위험, 가격이 비싸다.

3. 안전표지의 종류

(1) 금지표지(8종): 적색
(2) 경고표지(15종): 황색
(3) 지시표지(9종): 청색
(4) 안내표지(7종): 녹색

안전보건표지의 종류와 형태

1. 금지표지	출입금지	보행금지	차량통행금지	사용금지	탑승금지	금연
	화기금지	물체이동금지	2. 경고표지	인화성물질 경고	산화성물질 경고	폭발성물질 경고	급성독성물질 경고
	부식성물질 경고	방사성물질 경고	고압전기 경고	매달린 물체 경고	낙하물 경고	고온 경고	저온 경고
	몸균형 상실 경고	레이저광선 경고	발암성·변이원성·생식독성·전신독성·호흡기 과민성 물질 경고	위험장소 경고	3. 지시표지	보안경 착용	방독마스크 착용
	방진마스크 착용	보안면 착용	안전모 착용	귀마개 착용	안전화 착용	안전장갑 착용	안전복 착용
4. 안내표지	녹십자표지	응급구호표지	들것	세안장치	비상용기구	비상구

나. 기계장치의 재해예방

1. 양중기

1) 양중기 안전장치

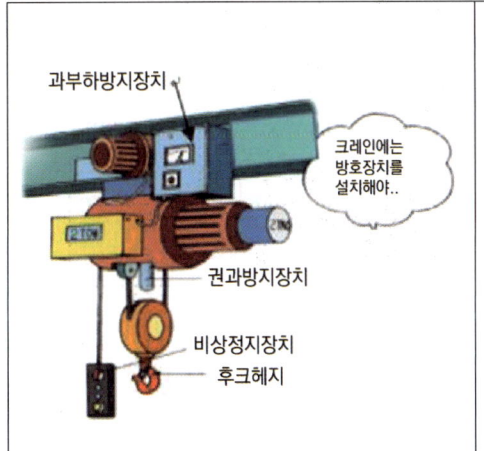

종류	작동방법	적용기계
전자식	과부하상태를 전자감응방식으로 감지	크레인, 곤도라 리프트, 승강기
전기식	전류의 변회를 권상전동기의 부하변동으로 감지	쿠레인
기계식	기계적 방법으로 과부하감지	크레인, 리프트 승강기, 콘도라

과부하방지장치

2) 양중기의 위험요인

- 매달린 화물에 의한 충돌 및 협착
- 매달린 화물의 낙하
- 구조물의 전도 및 파괴
- 감전

3) 양중기의 방호장치

- 과부하 방지장치
- 권과방지장치
- 비상정지장치
- 제동장치

2. 연삭기/그라인더 안전장치

1) 연삭기/그라인더

2) 연삭기/그라인더의 위험요소

- 회전하던 연삭숫돌이 파괴되면서 파편에 의한 재해의 위험
- 가공소재의 비산 입자에 의한 재해 위험
- 회전하는 연삭숫돌에 작업자의 손이 말려들어갈 위험
- 숫돌에 작업자의 신체접촉으로 재해 위험

3) 연삭기/그라인더의 방호장치

- 덮개
- 칩 비산 방지판
- 작업대

3. 안전 보호구

1) 안전보호구의 종류

1. 안전모: 물체가 떨어지거나 날아올 위험 또는 근로자가 추락할 위험이 있는 작업
2. 안전대: 작업장소 높이 또는 깊이 2 미터 이상의 추락할 위험이 있는 장소에서 하는 작업
3. 안전화: 물체의 낙하, 물체에의 끼임, 감전 또는 정전기의 대전에 의한 위험이 있는 작업
4. 보안경: 물체나 분진이 흩날릴 위험이 있는 작업
5. 안전 장갑: 한랭, 고온 물체 및 거칠은 물체를 취급하는 작업
6. 보안면: 눈에 해로운 유해광선이나 이물질이 발생하는 작업
7. 방진 마스크: 분진이 심하게 발생하는 작업
8. 방독 마스크: 독가스나 세균, 방사성 물질, 유해가스가 발생하는 작업
9. 귀마개 또는 귀 덮개: 소음이 발생하는 작업
10. 송기 마스크: 산소농도가 18% 미만, 유해물질 농도 2% 이상인 작업
11. 보호복: 신체에 장해를 일으킬 수 있는 작업

2) 안전모의 종류

	종류별 사용 구분
	A 형: 물체의 낙하 및 비래에 의한 위험 방지
	AB 형: 물체의 낙하, 비래 및 추락에 의한 위험 방지
	AE 형: 물체의 낙하, 비래 및 감전에 의한 위험 방지
	ABE 형: 물체의 낙하, 비래, 추락 및 감전에 의한 위험 방지

3) 안전대의 종류

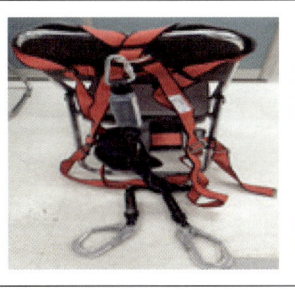

	종류별 기능
	벨트식: 허리에 착용하여 추락 시 신체 지지
	그네식: 온몸에 착용하여 추락 시 신체의 지지 및 충격 흡수로 허리 보호
	추락방지대: 자동잠금장치를 갖춰 쥠 줄과 구명줄이 연결되어 추락방지

4) 귀마개의 종류

종류별 사용대상작업
귀마개: 소음이 85dB 이상 발생하는 장소에서의 작업
귀덮개: 소음이 110dB 이상 발생하는 장소에서의 작업

5) 보안경/보안면의 종류

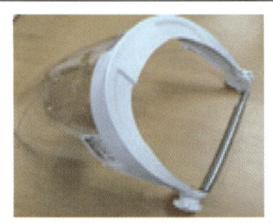

종류별 사용대상작업
일반보안경: 연마, 절삭, 분쇄, 화학약품 취급작업, 분진 작업 등
차광보안경: 용접용단작업, 용광로 작업, 수은등 살균 작업, 레이저 취급

6) 마스크의 종류(호흡용 마스크)

종류별 사용대상작업
방진 마스크: 연삭작업, 연마작업, 방직작업, 용접작업 등 분진 발생작업.
방독마스크: 황산, 염산 등의 산, 암모니아, 유기용제, 화학물질 취급작업
공기호흡기: 고농도의 분진, 유독가스와 증기가 발생하는 장소에서의 작업, 유해물질의 종류나 농도가 불분명한 곳에서의 작업
송기마스크: 산소결핍 또는 산소농도 모르는 장소에서의 작업

7) 방독마스크(사용대상)

종류별 정화통의 색	사용대상 유해물질
유기가스용(흑색)	유기용제, 유기화합물 등의 가스 또는 증기
일산화탄소용(적색)	일산화탄소 가스
이산화가스용(황적색)	아황산가스
할로겐가스용(회색/ 흑색)	할로겐 가스 또는 증기
암모니아용(녹색)	암모니아 가스

산업안전보건 기준에 관한 규칙

제31조(보호구의 제한적 사용)
1. 보호구를 사용하지 아니하더라도 근로자가 유해, 위험 작업으로부터 보호를 받을 수 있도록 필요한 조치를 하여야 하며, 해당 작업에 맞는 보호구를 사용하도록 하여야 한다.

제32조(보호구의 지급 등)
1. 작업조건에 맞는 보호구를 작업하는 근로자 수 이상으로 지급, 착용하도록 하여야 한다
    1) 물체가 떨어지거나 날아올 위험 또는 근로자가 추락할 위험이 있는 작업: 안전모
    2) 높이 또는 깊이 2미터 이상의 추락할 위험이 있는 장소에서 하는 작업: 안전대
    3) 물체의 낙하, 물체에의 끼임, 감전 또는 정전기의 대전에 의한 위험이 있는 작업: 안전화
    4) 물체가 흩날릴 위험이 있는 작업: 보안경
    5) 용접 시 불꽃이나 물체가 흩날릴 위험이 있는 작업: 보안면
    6) 감전의 위험이 있는 작업: 절연용 보호구
    7) 고열에 의한 화상 등의 위험이 있는 작업: 방열복
    8) 분진이 심하게 발생하는 하역작업: 방진마스크
    9) 영하 18℃ 이하인 급냉동어창에서 하는 하역작업: 방한모, 방한, 방한화, 방한장갑
2. 보호구를 받은 근로자는 그 보호구를 착용하여야 한다.

제33조(보호구의 관리)
1. 지급된 보호구는 상시 점검, 관리 및 청결을 유지하여야 한다(안전화, 안전모, 보안경 제외)
2. 방진마스크의 필터는 언제나 교환할 수 있도록 충분한 양을 갖추어 두어야 한다.

제34조(전용 보호구 등)
공동으로 사용하는 보호구는 근로자에게 질병이 감염 우려가 있는 경우 개인전용 보호구를 지급하고 질병 감염을 예방하기 위한 조치를 하여야 한다.

4. 지게차

1) 명칭 및 구조

2) 위험요소

① 운전자 시야불량(적재물 높이, 작업장 조명 등),
② 운전미숙(무자격, 미숙련, 현장 미적응 등)
③ 과속(작업시간 촉박, 운전자 습관, 구역내 안전속도 관리, 안내표지판 등)
④ 충돌위험(회전반경, 돌출부위, 전용통로, 안전 사각지대, 경고 및 전조 등)
⑤ 경사면 또는 무게중심 상승상태에서 급선회에 의한 전도위험
⑥ 화물 과다적재, 편하중, 지면요철 등에 의한 화물 낙하위험
⑦ 포크를 상승시킨 상태에서 고소작업 중 추락

3) 안전대책

① 지게차 안전통로 확보
  - 전용통로 확보(작업공간이 충분할 경우)
  - 통로 구분(바닥 면 또는 선을 색채로 표시)
  - 반사경 설치(교차로 등 사각지대)
② 안전장치 설치
  - 안전벨트 부착 및 착용
③ 화물적재의 안전성 확보
  - 운전자 시야 확보(과다적재 금지)
  - 포크에 화물을 매달은 상태에서 주행 금지
  - 파렛트에 화물을 과다적재 후 시야 확보를 위해 포크를 상승시킨 상태에서 주행 금지
  - 핸들 Knob 부착 금지
④ 지게차 안전운행
  - 지게차 주행시 전조등 및 후미등 점등
  - 지게차 운행구간별 제한속도 지정 및 표지판 부착
⑤ 고소작업 사용금지
  - 안전난간이 설치된 전용운반구 사용가능
⑥ 전담 관리자 지정
  - 전담 관리자 지정(운전자) 및 키 관리
  - 승차석 외 탑승 금지
  - 무자격자 운전 금지

▌산업안전보건 기준에 관한 규칙

제 10 절 제 2 관 지게차
제 179 조(전조등 등의 설치)
  1. 지게차는 전조등과 후미등을 갖추어야한다(충분한 조명이 확보되어 있는 장소 제외)
  2. 작업 중 근로자와 충돌할 위험이 있는 경우에는 지게차에 후진경보기와 경광등 또는 후방감지기 등 후방을 확인할 수 있는 조치를 해야 한다.
제 180 조(헤드가드) 아래의 경우에는 적합한 헤드가드를 갖추어야 한다.
  (화물의 낙하에 의하여 지게차의 운전자에게 위험을 미칠 우려가 없는 경우 제외)

1. 강도는 지게차의 최대하중의 2 배 값(4 톤 초과 시 4 톤)의 등분포정하중 견딜 수 있을 것
2. 상부틀의 각 개구의 폭 또는 길이가 16 센티미터 미만일 것
3. 앉거나 서서 조작하는 지게차의 헤드가드는 한국산업표준에서 정한 높이기준 이상일 것

제 181 조(백레스트)
  지게차는 백레스트를 갖추어야 한다

제 182 조(팔레트 등)
  지게차에 의한 하역운반작업에 사용하는 팔레트 또는 스키드는
  1. 적재하는 화물의 중량에 따른 충분한 강도를 가질 것
  2. 심한 손상, 변형 또는 부식이 없을 것

제 183 조(좌석 안전띠의 착용 등)
  1. 앉아서 조작하는 방식의 지게차를 운전하는 자에게 좌석 안전띠를 착용하도록 할 것
  2. 지게차를 운전하는 근로자는 좌석 안전띠를 착용하여야 한다.

5. 프레스

1) 명칭 및 구조

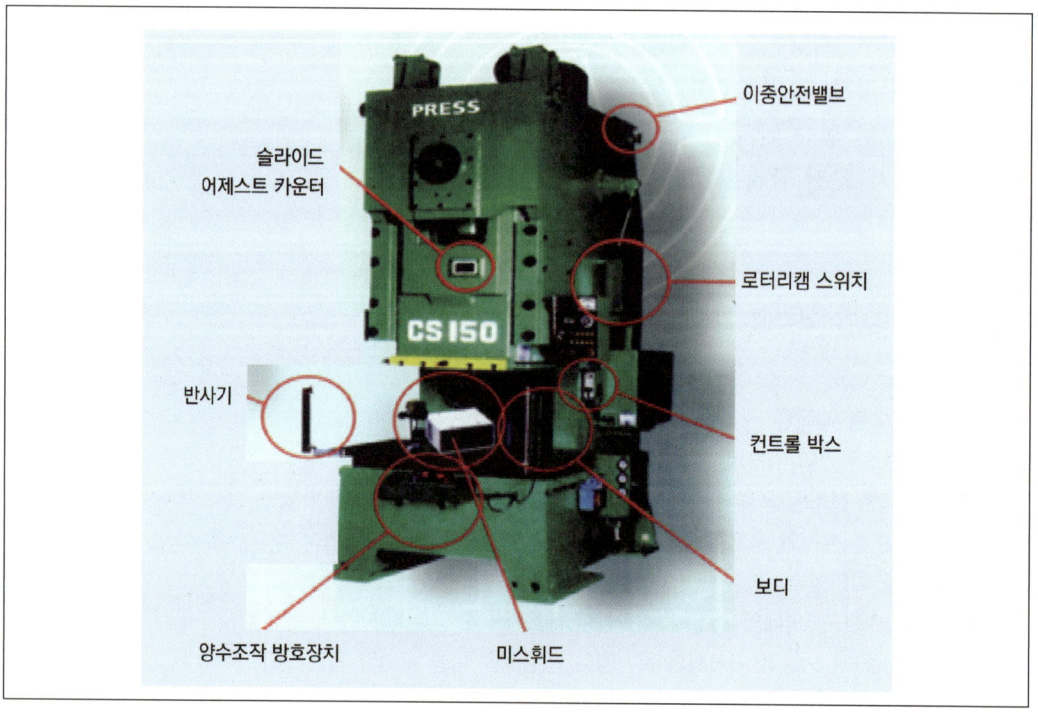

2) 위험요소

① 방호장치 미 설치로 소재 공급, 취출작업 중 금형사이에 끼임.
② 금형교체, 조정작업 중 슬라이드의 불시 하강으로 끼임.
③ 금형 취부, 해체작업 시 금형에 끼임.
④ 작업 중 신호수와 신호불일치로 인한 오작동으로 끼임.

3) 안전대책

① 프레스 형식에 적합한 방호장치 설치
② 정비, 수리, 금형 교체작업 시에는 안전블록 설치 후 작업 실시
③ 금형 취부, 해체작업 시에는 금형 교환장치 사용
④ 2인1조 등의 공동작업 시에는 신호체계를 명확히 정하여 작업수행
⑤ 이물질 제거작업 시에는 수공구 사용
⑥ 프레스를 일시정지 시에는 페달에 덮개 설치

6. 절단기

1) 명칭 및 구조

2) 위험요소

① 소재의 반발로 인한 비래, 충돌 위험
② 파손된 절단석 비래 위험
③ 비산되는 불티에 의한 눈 손상 위험
④ 발생하는 금속 분진에 의한 호흡기 질환 위험
⑤ 누전에 의한 감전 위험

3) 안전대책

① 방호덮개 부착:
    절단석 전면에 가동식 방호덮개를 부착
② 가공물 고정장치 사용
    - 가공물을 손으로 잡지 말고 간이 바이스와 같은 가공물 고정장치 사용
③ 절단석 규격품 사용
    - 고속절단기의 회전속도에 상응하는 최고사용 속도를 가진 절단석 사용
④ 절단석 점검
    - 절단석 교체 시에는 균열 등 외관 이상 여부를 확인하고 견고하게 고정
    - 교체 후에는 1분정도 공회전하여 이상 유무 확인
⑤ 무리한 절단 작업 금지
    - 과도하게 큰 가공물을 무리하게 가공 시 숫돌 파손이나 가공물 흔들림 등이 발생하므로 제작사에서 제시한 규격 이하의 가공물만 절단
    - 절단석의 측면 사용 금지
⑥ 외함접지 및 누전차단기 접속
    - 고속절단기의 금속제 외함에 접지를 하고 누전차단기에서 전원을 인출하여 사용
    - 고속절단기 손잡이에 고무 등 절연 재질을 씌워 누전 시 감전 재해 예방
⑦ 보호구 착용
    - 보안경, 마스크 등 개인보호구 착용 후 작업 실시
    - 목장갑 등 쉽게 말려들 수 있는 장갑의 착용을 피하고 손에 밀착되는 장갑 착용

▎**산업안전보건 기준에 관한 규칙**

제1장 제3절 프레스 및 전단기
제103조(프레스 등의 위험 방지)
1. 프레스 등을 사용하여 작업 경우 위험 부위에 덮개 등 필요한 방호 조치를 하여야 한다.
   (슬라이드 또는 칼날에 의한 위험을 방지하는 구조인 프레스 제외)
2. 작업의 성질상 방호 조치가 곤란한 경우에 프레스 등의 종류, 압력 능력, 분당 행정의 수, 행정의 길이 및 작업방법에 상응하는 성능을 갖는 방호장치 등의 필요한 조치를 하여야 한다.
   (양수 조작식 안전장치 및 감응식 안전장치의 경우 프레스 등의 정지성능에 상응하는 성능)
3. 안전, 방호장치인 전환 스위치, 방호장치의 전환 스위치 등은 항상 유효한 상태로 유지할 것
4. 발 스위치를 사용함으로써 방호장치를 사용하지 아니할 우려가 있는 경우에 발 스위치 제거 등 필요한 조치를 하여야 한다.

제104조(금형조정작업의 위험 방지)
프레스 등의 금형을 부착·해체 또는 조정하는 작업을 할 때에 근로자의 신체가 위험한계 내에 있는 경우 슬라이드가 갑자기 작동함에 따른 위험을 방지하기 위하여 안전블록 사용 등 필요한 조치를 하여야 한다.

7. 컨베이어

1) 컨베이어의 종류

① 벨트 또는 체인 컨베이어: 벨트 또는 체인을 이용하여 물체를 연속으로 운반하는 장치
② 나사 컨베이어: 나사를 회전시켜 물체를 이동 시키는 컨베이어
③ 롤러 컨베이어: 자유롭게 회전이 가능한 여러 개의 롤러를 이용하여 물체를 운반하는 장치
④ 버켓 컨베이어: 쇠사슬이나 벨트에 달린 버켓을 이용하여 물체를 낮은 곳에서 높은 곳으로 운반하는 컨베이어
⑤ 트롤리 컨베이어: 천정에 설치된 레일 위를 이동하는 트롤리에 물건을 달아서 이동하는 컨베이어

2) 스크류 컨베이어 구조

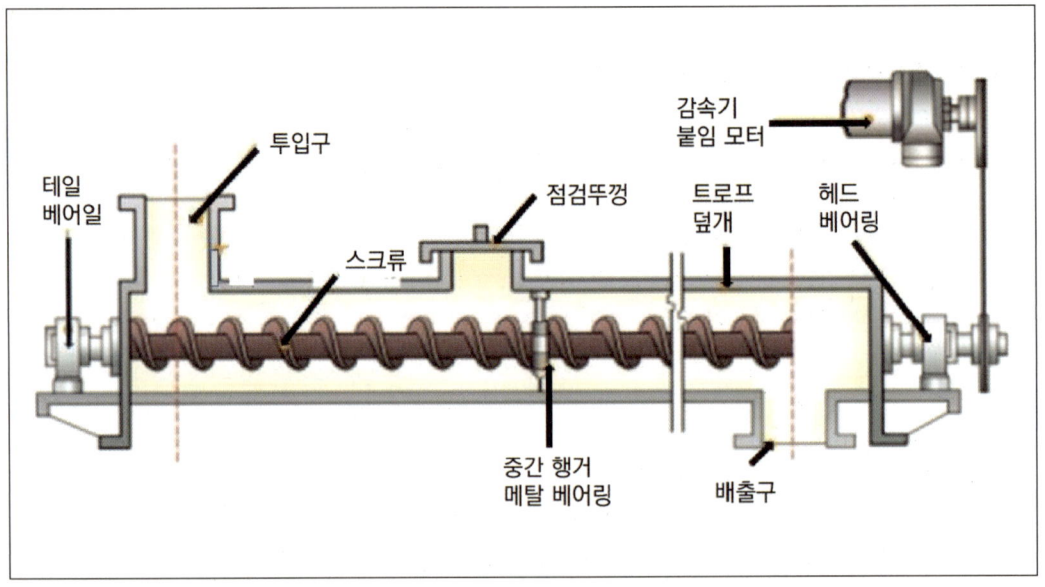

3) 컨베이어의 유해위험요인

① 동력전달부위, 벨트와 가이드 틈새, 회전롤러와 벨트사이 등에 신체 또는 작업복 등이 끼여 말려 들어감
② 작동 중인 컨베이어의 정비, 점검, 이물질 제거 시에 신체의 일부가 끼임
③ 정지상태에서 정비, 청소, 점검 중에 다른 작업자의 오조작에 의한 작동 위험
④ 컨베이어 위로 통행하거나 이동용 발판으로 사용
⑤ 컨베이어 아래로 통행하다가 머리 부딪침
⑥ 컨베이어 상부로 통행하다가 미끄러짐

4) 안전대책

① 작업 전에 컨베이어를 점검 및 이상 시 수리 등 필요한 조치를 취해야 한다.
② 작업 개시 전의 점검항목
  - 원동기 및 풀리 기능의 이상 유무
  - 방지장치기능의 이상 유무
  - 비상정지장치의 이상 유무

- 원동기, 회전축, 기어 및 풀리 등의 덮개(울)의 이상 유무
③ 컨베이어의 안전기준을 참조하여 필요한 조치를 취하여야 한다.
- 화물이탈 방지: 화물의 이탈, 낙하방지
- 덮개 또는 울: 회전 및 동작 부위에 덮개, 울 설치
- 비상정지장치: 접근이 용이한 곳에 설치
- 통로: 통로의 폭, 안전난간 등의 설치
- 표시: 최대 하중, 시간당 운반량 등

5) 컨베이어 안전수칙

① 작업중 접촉 우려가 있는 구조물 및 날카로운 모서리, 돌기물 제거 및 조치 강구
② 컨베이어를 횡단하는 곳에는 중간에 건널 다리를 설치한다.
③ 컨베이어 운전 중 정지가 가능한 구조일 경우에는 컨베이어의 일부 구간을 미닫이 형태의 구조로 하여 통행로를 확보한다.
④ 컨베이어 운전 시 아래의 안전조치를 준수하여야 한다.
- 주변 정리정돈으로 안전한 통로, 공간을 확보한다.
- 비상정지 스위치 주변에는 장애물이 없어야 한다.
- 화물 공급량이 과부하가 되지 않도록 적재중량을 준수한다.
- 정상상태로 사용하고 정기적으로 정비한다.
- 청소, 정비, 급유 시에는 컨베이어 운행을 정지하고, 표지판을 설치한다.

┃산업안전보건 기준에 관한 규칙

제11절 컨베이어

제 191 조(이탈 등의 방지)
 컨베이어를 사용하는 경우에는 정전, 전압강하 등에 따른 화물 또는 운반구의 이탈 및 역주행을 방지하는 장치를 갖추어야 한다.
 (무동력상태 또는 수평상태로만 사용하여 근로자가 위험해질 우려가 없는 경우 제외)

제 192 조(비상정지장치)
 컨베이어에 해당 근로자가 위험해질 우려가 있는 경우 및 비상시에는 즉시 컨베이어의 운전을 정지시킬 수 있는 장치를 설치하여야 한다.
 (무동력상태로만 사용하여 근로자가 위험해질 우려가 없는 경우 제외)

제193조(낙하물에 의한 위험 방지)
 컨베이어로부터 화물이 떨어져 근로자가 위험해질 우려가 있는 경우에는 해당 컨베이어에 덮개 또는 울 등 낙하 방지를 위한 조치를 하여야 한다.

제194조(트롤리 컨베이어)
 트롤리 컨베이어를 사용하는 경우에는 트롤리와 체인, 행거가 쉽게 벗겨지지 않도록 서로 확실하게 연결하여 사용하도록 하여야 한다.

제195조(통행의 제한 등)
 1. 운전 중인 컨베이어 위로 근로자를 넘어가도록 하는 경우에는 위험을 방지용 건널 다리 등 필요한 조치를 하여야 한다.
 2. 동일선상에 구간별 설치된 컨베이어에 중량물을 운반하는 경우에는 중량물 충돌에 대비한 스토퍼를 설치하거나 작업자 출입을 금지하여야 한다.

8. 공기압축기

1) 구조 및 명칭

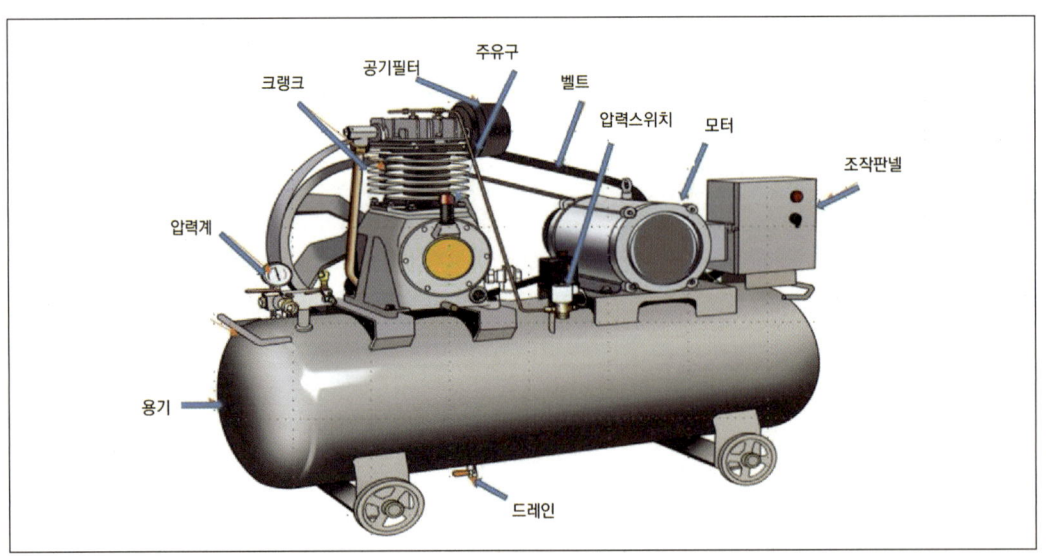

2) 위험요인

① 공기압축기의 밸트, 풀리 등의 회전부위 노출로 작업자 말림 위험

② 벨트의 장력이 느슨한 상태로 작동 중 벨트 이탈에 의한 사고 위험
③ 공기저장탱크 압력상승에 의한 파열 사고 위험
④ 전기배선 및 전원 충전부 노출, 미접지에 의한 접촉 및 감전사고 위험

3) 안전대책

① 회전부위 안전덮개 설치
② 밸트소손 및 밸트장력 느슨하지 않게 관리
③ 압력계의 손상여부 및 정상 작동상태 확인
④ 드레인 밸브 누유, 파손 및 작동상태 확인
⑤ 안전밸브 봉인, 누설, 작동상태 확인
⑥ 주기적인 드레인 실시 및 상태 확인

4) 안전수칙

① 제한압력 이상으로 운전하지 말 것
② 회전부위에 덮개 설치하고 접근을 금지할 것
③ 안전밸브의 조절장치를 임의 조절하지 말 것
④ 이상과열, 진동 발생시 운전정지 조치
⑤ 탱크의 드레인을 주기적으로 실시할 것

▌산업안전보건 기준에 관한 규칙

제87조(원동기·회전축 등의 위험 방지)
① 기계의 원동기·회전축·기어·풀리·플라이휠·벨트 및 체인 등 근로자가 위험에 처할 우려가 있는 부위에 덮개·울·슬리브 및 건널다리 등을 설치하여야 한다.
② 회전축·기어·풀리 및 플라이휠 등에 부속되는 키·핀 등의 기계요소는 묻힘형으로 하거나 해당 부위에 덮개를 설치하여야 한다.
③ 벨트의 이음 부분에 돌출된 고정구를 사용해서는 아니된다.
④ 제1항의 건널다리에는 안전난간 및 미끄러지지 아니하는 구조의 발판을 설치하여야 한다.
⑤ 원심기에는 덮개를 설치하여야 한다.
⑥ 압력용기 및 공기압축기 등에 부속하는 원동기·축이음·벨트·풀리의 회전 부위 등 근로자가 위험에 처할 우려가 있는 부위에 덮개 또는 울 등을 설치하여야 한다.

9. 산업용 보일러

1) 산업보일러 구조 및 명칭

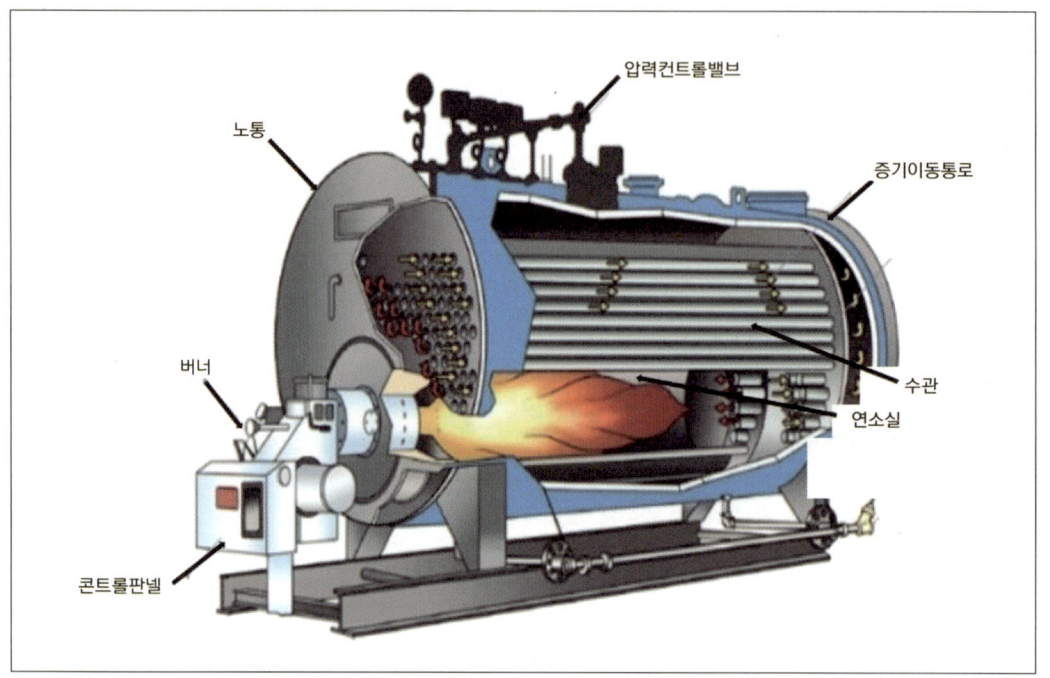

2) 위험요인

① 착화 불량에 따른 노내 폭발 위험
② 이상 압력으로 인한 수관 또는 노통 파열 위험
③ 버너 노즐이 막혀 소화, 국부 가열로 수관 또는 노통 파열 위험
④ 자동급수장치 고장으로 인한 저수위로 수관 또는 노통 폭발 위험
⑤ 안전밸브 등 압력방출장치가 미작동에 의한 폭발 위험
⑥ 소화 후 재점화 시 화실 내를 충분히 소기하지 않아 연소실 폭발 위험
⑦ 연소장치 고장 또는 가스감지기 오작동에 의한 비상정지 위험

3) 보일러의 안전장치

① 압력방출(안전밸브)장치

② 압력제한 스위치
③ 고수위, 저수위 조절장치
④ 압력계
⑤ 자동경보장치

4) 안전수칙

① 보일러 가동 전
- 점화 전 연료의 온도 등 연료공급계통의 이상을 확인한다.
- 보일러 급수탱크의 수위 등 급수계통이 정상상태인지 확인한다.
- 점화에 실패한 경우 연료공급을 차단하고, 연소실의 가스를 충분히 배기시킨 후 재 점화한다.
- 연료에 수분 등의 이물질이 없는지 확인한다.
- 연료, 공기, 스팀, 용수 등의 누설이 없는지 확인한다.

② 보일러 가동 중
- 보일러 내에서 증발이 시작되면 소정 압력에 달할 때까지 보일러의 압력, 수위의 움직임 및 연소 상태를 점검한다.
- 증기압을 정상압력으로 상승 후 각종 계측기의 기능 확인 후에 증기 공급을 시작한다.
- 화염 상태(불꽃의 크기, 색깔 등), 연소 상태를 확인한다.
- 수위검출기나 조절기 등 계측장비에만 의존하지 말고 수시로 직접 확인한다.
- 정상가동 상태에서의 소음, 진동이 비정상적으로 발생여부를 수시로 확인한다.

▌산업안전보건 기준에 관한 규칙

제 116 조(압력방출장치)

① 보일러 규격에 맞는 압력방출장치를 1 개 또는 2 개 이상 설치하고 최고사용압력(설계압력 또는 최고허용압력) 이하에서 작동되도록 하여야 한다.
(압력방출장치가 2 개 이상 설치된 경우에는 최고사용압력 이하에서 1 개가 작동되고, 다른 압력방출장치는 최고사용압력 1.05 배 이하에서 작동되도록 부착하여야 한다.)
압력방출장치는 매년 1 회 이상 설정압력에서 압력방출장치가 적정하게 작동하는지를 검사한 후 납으로 봉인하여 사용하여야 한다.
(공정안전보고서 제출 대상으로서 공정안전보고서 이행 상태 평가결과가 우수한 사업장은 4 년마다 1 회 이상 설정압력에서 압력방출장치가 적정하게 작동하는지를 검사할 수 있다.)

제 117 조(압력제한스위치) 최고사용압력과 상용압력 사이에서 보일러의 버너 연소를 차단할 수 있도록 압력제한스위치를 부착하여 사용하여야 한다.
제 118 조(고저수위 조절장치) 고저수위지점을 알리는 경보등, 경보음장치 등을 설치하여야 하며, 자동으로 급수되거나 단수되도록 설치하여야 한다.
제 119 조(폭발위험의 방지) 보일러의 압력방출장치, 압력제한스위치, 고·저수위 조절장치, 화염 검출기 등의 기능이 정상적으로 작동될 수 있도록 유지, 관리하여야 한다.
제 120 조(최고사용압력의 표시 등) 압력용기 등의 최고사용압력, 제조연월일, 제조회사명 등이 지워지지 않도록 각인 표시된 것을 사용하여야 한다.

10. 밀폐공간 작업

1) 밀폐공간

밀폐공간이란 근로자가 작업을 수행할 수 있는 공간으로 환기가 불충분한 상태에서 산소결핍, 유해가스로 인한 건강장해, 인화성물질에 의한 화재 폭발 등의 위험이 있는 장소로서 밀폐공간의 경우 유해물질이 가스 상태로 공기 중에 존재할 수 있습니다.

2) 밀폐공간의 기준

① 산소농도가 18% 미만, 23.5% 이상
② 탄산가스 농도 1.5% 이상
③ 황화수소 농도 10ppm 이상
④ 일산화탄소 30ppm 이하
⑤ 기타 유해가스는 작업환경측정 노출기준을 적용

3) 밀폐공간 작업에 대한 안전대책

① 밀폐공간 위험작업허가서 발행 및 작업 승인
② 작업내용, 작업 일시, 장소, 기간, 내용 방법 등의 정보 확인
③ 산소 및 유해가스 농도 측정 결과에 대한 관련 조치
④ 작업 인원 및 관련자 교육실시

⑤ 작업자에 안전대, 공기호흡기 등 필요한 보호구 지급, 착용
⑥ 작업장 내 조명 확보
⑦ 비상 감시자 배치 및 비상연락체계
⑧ 정기적인 휴식 및 휴식 후 작업환경 재확인

4) 산소농도별 증상

① 산소농도 18%: 연속환기 필요
② 산소농도 16%: 호흡, 맥박의 증가, 두통, 메스꺼움, 토할 것 같음.
③ 산소농도 12%: 어지럼증, 토할 것 같음, 체중지탱 불능으로 추락
④ 산소농도 10%: 안면창백, 의식불명, 구토
⑤ 산소농도 8%: 혼절, 7~8분 이내 사망
⑥ 산소농도 6%: 순간적으로 혼절, 호흡정지, 경련, 6분 이상이면 사망

■ 산업안전보건 기준에 관한 규칙

10장 제2절 밀폐공간 내 작업 시의 조치

제619조(밀폐공간 작업 프로그램의 수립·시행)
① 밀폐공간에서 근로자에게 작업을 하도록 하는 경우 다음 내용이 포함된 밀폐공간 작업 프로그램을 수립하여 시행하여야 한다.
- 사업장 내 밀폐공간의 위치 파악 및 관리 방안
- 밀폐공간 내 질식, 중독 등을 일으킬 수 있는 유해, 위험 요인의 파악 및 관리 방안
- 밀폐공간 작업 시 사전 확인이 필요한 사항에 대한 확인 절차
- 안전보건교육 및 훈련
- 그 밖에 밀폐공간 작업 근로자의 건강장해 예방에 관한 사항
② 근로자가 밀폐공간에서 작업을 시작하기 전에 다음사항을 확인하여 근로자가 안전한 상태에서 작업하도록 하여야 한다.
- 작업 일시, 기간, 장소 및 내용 등 작업 정보
- 관리감독자, 근로자, 감시인 등 작업자 정보
- 산소 및 유해가스 농도의 측정결과 및 후속조치 사항
- 작업 중 불활성가스 또는 유해가스의 누출, 유입, 발생 가능성 검토 및 후속조치 사항
- 작업 시 착용하여야 할 보호구의 종류

- 비상연락체계
③ 밀폐공간에서의 작업이 종료될 때까지 작업내용을 해당 작업장 출입구에 게시하여야 한다.

제619조의2(산소 및 유해가스 농도의 측정)
① 밀폐공간에서 작업을 시작(작업을 일시 중단 후 다시 시작 포함)하기 전 해당 밀폐공간의 산소 및 유해가스 농도를 측정하여 적정공기가 유지되고 있는지를 평가하도록 해야 한다.
② 산소 및 유해가스 농도를 측정한 결과 적정공기가 유지되고 있지 아니하다고 평가된 경우에 작업장을 환기시키거나, 근로자에게 공기호흡기 또는 송기마스크를 지급하여 착용하도록 하는 등 근로자의 건강장해 예방을 위하여 필요한 조치를 하여야 한다.

제620조(환기 등)
근로자가 밀폐공간에서 작업을 하는 경우에 작업을 시작하기 전과 작업 중 작업장에 적정공기 상태가 유지되도록 환기하여야 한다.

제621조(인원의 점검)
밀폐공간에서 작업을 하는 경우에 근로자를 입장시킬 때와 퇴장시킬 때마다 인원을 점검하여야 한다.

제622조(출입의 금지)
① 사업장 내 밀폐공간을 사전에 파악하여 밀폐공간 관계 근로자 외의 사람의 출입을 금지하고, 출입금지 표지를 밀폐공간 근처의 보기 쉬운 장소에 게시하여야 한다.
② 근로자는 출입이 금지된 장소에 사업주의 허락 없이 출입해서는 아니된다.

제623조(감시인의 배치 등)
① 밀폐공간에서 작업 중에는 작업상황 감시인을 지정하여 밀폐공간 외부에 배치하여야 한다.
② 감시인은 밀폐공간 작업자에게 이상이 있을 경우에 구조요청 등 필요한 조치를 한 후 이를 즉시 관리감독자에게 알려야 한다.
③ 밀폐공간 작업 동안 작업장과 외부의 감시인 간에 연락 가능한 설비를 설치하여야 한다.

제624조(안전대 등)
① 밀폐공간에서 작업하는 근로자가 산소결핍이나 유해가스로 인하여 추락할 우려가 있는 경우 근로자에게 안전대, 공기호흡기를 지급하여 착용하도록 하여야 한다.
② 안전대나 구명밧줄을 착용하는 때에는 안전하게 착용할 수 있는 설비를 설치하여야 한다.

제625조(대피용 기구의 비치)
밀폐공간에서 작업하는 경우에 공기호흡기(송기마스크), 사다리 및 섬유로프 등 비상시에 근로자를 피난 또는 구출하기 위하여 필요한 기구를 갖추어야 한다.

제618조(밀폐공간의 종류- (제1호 관련 별표 18)
① 장기간 사용하지 않은 우물 등의 내부
② 케이블·가스관 또는 지하에 부설되어 있는 매설물을 수용하기 위하여 지하에 부설한 암거·맨홀 또는 피트의 내부
③ 빗물·하천의 유수 또는 용수가 있거나 있었던 통·암거·맨홀 또는 피트의 내부
④ 바닷물이 있거나 있었던 열교환기·관·암거·맨홀·둑 또는 피트의 내부
⑤ 장기간 밀폐된 강재(鋼材)의 보일러·탱크·반응탑이나 그 밖에 그 내벽이 산화하기 쉬운 시설(그 내벽

이 스테인리스강으로 된 것 또는 그 내벽의 산화를 방지하기 위하여 필요한 조치가 되어 있는 것은 제외한다)의 내부

⑥ 석탄·아탄·황화광·강재·원목·건성유(乾性油)·어유(魚油) 또는 그 밖의 공기 중의 산소를 흡수하는 물질이 들어 있는 탱크 또는 호퍼(hopper) 등의 저장시설이나 선창의 내부

⑦ 천장·바닥 또는 벽이 건성유를 함유하는 페인트로 도장되어 그 페인트가 건조되기 전에 밀폐된 지하실·창고 또는 탱크 등 통풍이 불충분한 시설의 내부

⑨ 분뇨, 오염된 흙, 썩은 물, 폐수, 오수, 그 밖에 부패하거나 분해되기 쉬운 물질이 들어있는 정화조·침전조·집수조·탱크·암거·맨홀·관 또는 피트의 내부

⑩ 드라이아이스를 사용하는 냉장고·냉동고·냉동화물자동차 또는 냉동컨테이너의 내부

⑪ 헬륨·아르곤·질소·프레온·탄산가스 또는 그 밖의 불활성기체가 들어 있거나 있었던 보일러·탱크 또는 반응탑 등 시설의 내부

⑫ 산소농도가 18% 미만 또는 23.5% 이상, 탄산가스농도가 1.5% 이상, 일산화탄소농도가 30ppm 이상 또는 황화수소농도가 10ppm 이상인 장소의 내부

⑬ 화학물질이 들어있던 반응기 및 탱크의 내부

⑭ 유해가스가 들어있던 배관이나 집진기의 내부

⑮ 근로자가 상주하지 않는 공간으로서 출입이 제한되어 있는 장소의 내부

제 628 조(소화설비 등에 대한 조치)

지하실, 기관실 등 통풍이 불충분한 장소에 비치한 소화기나 소화설비에 탄산가스를 사용하는 경우에 다음 각 호의 조치를 하여야 한다.

① 해당 소화기나 소화설비가 쉽게 뒤집히거나 손잡이가 쉽게 작동되지 않도록 할 것

② 소화를 위하여 작동하는 경우 외에 소화기나 소화설비를 임의로 작동하는 것을 금지하고, 그 내용을 보기 쉬운 장소에 게시할 것

제 629 조(용접 등에 관한 조치)

① 통풍이 충분하지 않은 장소에서 용접/용단 작업을 하는 경우에 다음의 조치를 하여야 한다.
 - 작업장소는 가스농도를 측정, 환기 등의 방법으로 적정공기 상태를 유지할 것
 - 환기조치로 해당 작업장소의 적정공기 상태를 유지하기 어려운 경우 해당 작업 근로자에 공기호흡기 또는 송기마스크를 지급하여 착용하도록 할 것

제 630 조(불활성기체의 누출)

불활성기체를 내보내는 배관이 있는 보일러·탱크·반응탑 등의 장소에서 작업을 하는 경우에 다음의 조치를 하여야 한다.

① 밸브나 콕을 잠그거나 차단판을 설치할 것

② 밸브나 콕과 차단판에 잠금장치를 하고, 임의 개방을 금지한다는 내용을 게시할 것

③ 불활성기체를 내보내는 배관을 조작하기 위한 스위치나 누름단추 등에는 오조작으로 인하여 불활성기체가 새지 않도록 배관 내의 불활성기체의 명칭과 개폐의 방향 등 조작방법에 관한 표지를 게시할 것

제 631 조(불활성기체의 유입 방지)

탱크나 반응탑 등 용기의 안전판으로부터 불활성기체가 배출될 우려가 있는 작업을 하는 경우 안전판으

로부터 배출되는 기체가 작업장소에 잔류하는 것을 방지하기 위한 조치를 하여야 한다.

제 632 조(냉장실 등의 작업)

① 냉장실·냉동실 내부에서 작업을 하는 경우에 작업하는 동안 설비의 출입문이 임의로 잠기지 않도록 조치하여야 한다.

② 냉장/냉동실 등 밀폐된 사용시설이나 설비의 출입문은 작업자가 있는지 확인하여야 한다.

제 633 조(출입구의 임의 잠김 방지)

탱크·반응탑 등의 밀폐시설에서 작업하는 동안 설비의 출입뚜껑이나 출입문이 임의로 잠기지 않도록 조치하고 작업하게 하여야 한다.

제 634 조(가스배관공사 등에 관한 조치)

① 지하실이나 맨홀의 내부 등 통풍이 불충분한 장소에서 가스를 공급하는 배관을 해체하거나 부착하는 작업을 하는 경우에 다음의 조치를 하여야 한다.
 - 배관을 해체하거나 부착하는 작업장소에 해당 가스가 들어오지 않도록 차단할 것
 - 작업장소는 적정공기 상태가 유지되게 환기 또는 공기호흡기/송기마스크를 지급 및 착용하도록 할 것

제 636 조(지하실 등의 작업)

① 밀폐공간의 내부를 통하는 배관이 설치되어 있는 지하실이나 피트 등의 내부에서 작업을 할 경우에 배관을 통하여 산소가 결핍된 공기나 유해가스가 새지 않도록 조치하여야 한다.

② 작업장소에서 산소가 결핍된 공기나 유해가스가 새는 경우에 이를 직접 외부로 내보낼 수 있는 설비의 설치 등 적정공기 상태를 유지하기 위한 조치를 하여야 한다.

제 637 조(설비 개조 등의 작업)

분뇨·오수·펄프액 및 부패하기 쉬운 물질에 오염된 펌프·배관 또는 그 밖의 부속설비를 분해·개조·수리 또는 청소하는 경우에 다음의 조치를 하여야 한다.

① 작업 방법 및 순서를 정하여 이를 미리 해당 작업에 종사하는 근로자에게 알릴 것

② 황화수소 중독 방지에 대한 지식을 가진 사람을 작업지휘자로 지정하여 지휘하도록 할 것

제 638 조(사후조치)

관리감독자가 별표 2 제 19 호나목부터 라목(아래)까지의 규정에 따른 측정 또는 점검 결과 이상을 발견하여 보고했을 경우 즉시 환기, 보호구 지급, 설비 보수 등의 안전조치를 해야 한다.

① 산소가 결핍된 공기나 유해가스에 노출되지 않도록 작업 시작 전에 해당 근로자의 작업을 지휘하는 업무

② 작업을 하는 장소의 공기가 적절한지를 작업 시작 전에 측정하는 업무

③ 측정장비·환기장치 또는 공기호흡기 또는 송기마스크를 작업 시작 전에 점검하는 업무

④ 근로자에게 공기호흡기 또는 송기마스크의 착용을 지도하고 착용 상황을 점검하는 업무

제 639 조(사고 시의 대피 등)

① 밀폐공간 작업 시에 산소결핍이나 유해가스로 인한 질식·화재·폭발 등의 우려가 있으면 즉시 작업을 중단시키고 해당 근로자를 대피하도록 하여야 한다.

② 근로자를 대피시킨 경우 적정공기 상태임이 확인될 때까지 그 장소에 관계자 외의 출입을 금지하고, 그 내용을 게시하여야 한다.

③ 근로자는 출입이 금지된 장소에 사업주의 허락 없이 출입하여서는 아니된다.

제 640 조(긴급 구조훈련)

긴급상황 발생 시 대응할 수 있도록 밀폐공간에서 작업하는 근로자에 대하여 비상연락체계 운영, 구조용 장비의 사용, 공기호흡기 또는 송기마스크의 착용, 응급처치 등에 관한 훈련을 6 개월에 1 회 이상 주기적으로 실시하고, 그 결과를 기록하여 보존하여야 한다.

제 641 조(안전한 작업방법 등의 주지)

밀폐공간에서 작업하는 경우에 작업을 시작할 때마다 사전에 다음 사항을 근로자에 알려야 한다.

① 산소 및 유해가스농도 측정에 관한 사항
② 환기설비의 가동 등 안전한 작업방법에 관한 사항
③ 보호구의 착용과 사용방법에 관한 사항
④ 사고 시의 응급조치 요령
⑤ 구조요청을 할 수 있는 비상연락처, 구조용 장비의 사용 등 비상시 구출에 관한 사항

제 642 조(의사의 진찰)

산소결핍증 또는 유해가스에 중독된 경우에 즉시 의사의 진찰이나 처치를 받도록 하여야 한다.

제 643 조(구출 시 공기호흡기 또는 송기마스크의 사용)

1. 밀폐공간에서 위급한 근로자를 구출하는 작업을 하는 경우 구출작업에 종사하는 근로자에게 공기호흡기 또는 송기마스크를 지급하여 착용하도록 하여야 한다.
2. 근로자는 지급된 보호구를 착용하여야 한다.

제 644 조(보호구의 지급 등)

공기호흡기 또는 송기마스크를 지급하는 때에 근로자에게 질병 감염의 우려가 있는 경우에는 개인전용의 것을 지급하여야 한다.

11. 도장작업

1) 위험요인

① 도장작업시 열, 불꽃에 의한 화재, 폭발 위험
② 용기내부작업시 환기 불량에 의한 질식, 중독 위험
③ 개인보호구 미착용으로 인한 재해
④ 도장작업시 화기사용 및 소화기 미비치로 인한 화재
⑤ 페인트 스프레이건에 접지 불량에 의한 감전, 화재

2) 도장작업 안전대책

① 작업장 내 및 인근지역에서 화기 사용을 금지할 것
② 작업자는 안전보호구, 마스크, 보안경, 장갑 등의 보호구를 착용함.
③ 작업장 내에서 흡연, 음식물 섭취를 금하고, 식사 전에는 손, 얼굴을 깨끗이 씻을 것
④ 허가된 작업자외의 출입을 금지할 것
⑤ 작업자는 휴대용 가스검지기를 착용하고 작업할 것
⑥ 작업 전에 환기장치의 작동상태를 확인할 것

12. 크레인

1) 천정크레인 이미지

2) 위험의 포인트

① 와이어로프 파단으로 중량물이 떨어질 위험
② 훅에서 보조달기구 이탈로 인하여 중량물 떨어질 위험
③ 중량물 운반작업 시 관성에 의한 중량물과 운전자 간의 충돌 위험
④ 크레인 상부 또는 레일통로에서 보수 및 점검 중 추락, 협착 위험

⑤ 권과방지장치 불량, 와이어로프 절단 등으로 화물 낙하 위험
⑥ 줄걸이 작업방법 불량으로 낙하 위험
⑦ 줄 파손(손상) 및 중량초과 등으로 화물낙하 위험

3) 안전대책

① 점검, 보수작업 시 안전성 확보(보수용 통로, 스토퍼 설치 등)
② 이동통로 확보(크레인 운행구간 및 이동통로 확보)
③ 줄걸이 작업방법 개선(적합한 지그 사용, 전용 줄걸이용구 사용, 적합한 로프 사용)

13. 용접작업

1) 구조 및 명칭

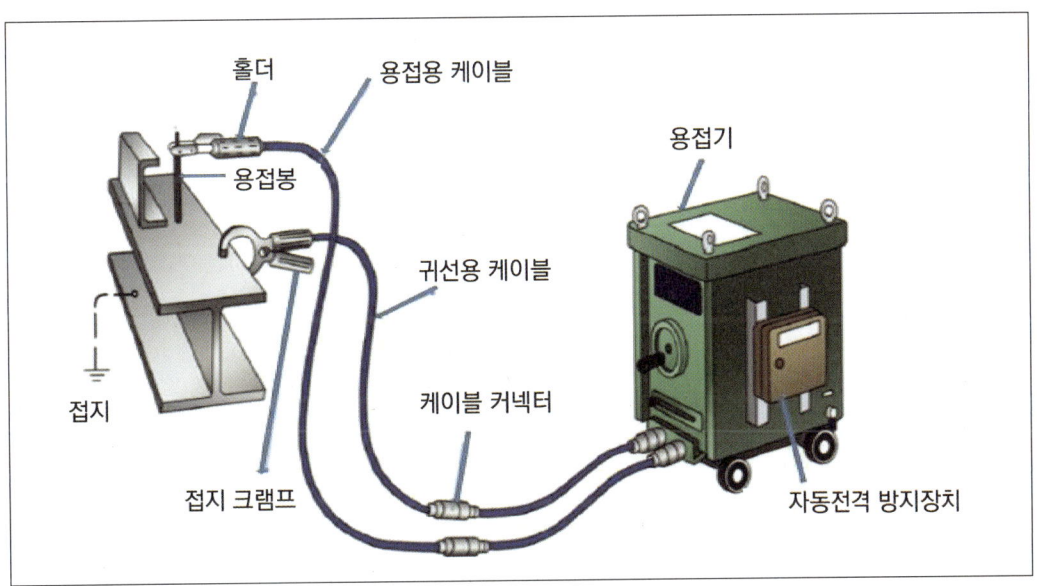

2) 위험 포인트

① 용접불꽃 날림에 의한 화재 위험
② 용접불꽃이 신체부위에 비산되어 화상 위험
③ 절연이 파괴된 홀더나 전선에 접촉하여 감전 위험

3) 안전대책

① 용접작업장 주위에 불꽃 날림 방지막 설치 및 소화기 비치
② 용접작업자 보호구 착용(보안경, 보안면 등)
③ 절연이 파괴된 홀더사용금지, 용접작업자 절연장갑 착용, 자동전격방지기 설치

4) 용접작업 전 안전점검 사항

① 용접봉 홀더의 절연상태 확인
② 자동전격방지기가 설치 및 정상작동 여부 확인
③ 케이블 피복의 손상 여부 확인
④ 클램프의 충전부위 노출 여부
⑤ 용접기 본체 접지 확인
⑥ 정기적으로 절연저항 측정 여부 확인
⑦ 용접장소에 소화장비 비치 여부 확인
⑧ 용접작업장 부근에 가연성물질, 인화성 물질 방치 여부
⑨ 밀폐된 작업장의 통풍이나 환기 적정 여부
⑩ 용접보안면, 보호복, 안전화 등 보호구를 착용 여부
⑪ 작업자가 용접작업에 필요한 지식을 갖추었는지 여부

▌산업안전보건 기준에 관한 규칙

제6절 제1관 아세틸렌 용접장치

제285조(압력의 제한)

아세틸렌 용접장치를 사용하여 금속의 용접, 용단 또는 가열작업을 하는 경우에는 게이지 압력이 127 킬로파스칼을 초과하는 아세틸렌을 발생시켜 사용해서는 아니 된다.

제286조(발생기실의 설치장소 등)
① 아세틸렌 용접장치의 아세틸렌 발생기를 설치할 경우 전용의 발생기실에 설치하여야 한다.
② 발생기실은 건물의 최상층에 위치하고, 화기사용 설비에서 3m 를 초과하는 장소에 설치
③ 발생기실을 옥외에 설치한 경우는 그 개구부는 다른 건축물로부터 1.5m 이상 떨어질 것

제 287 조(발생기실의 구조 등)
발생기실을 설치하는 경우에 다음의 사항을 준수하여야 한다.
① 벽은 불연성 재료로 또는 같은 수준 또는 그 이상의 강도를 가진 구조로 할 것
② 지붕과 천장에는 얇은 철판이나 가벼운 불연성 재료를 사용할 것
③ 바닥면적의 1/16 이상의 단면적을 가진 배기통을 옥상으로 돌출시키고 그 개구부를 창이나 출입구로부터 1.5m 이상 떨어지도록 할 것
④ 출입구의 문은 불연성 재료로 두께 1.5mm 이상의 철판이나 그 이상의 강도를 가진 구조로 할 것
⑤ 벽과 발생기 사이는 발생기의 조정 등의 작업을 방해하지 않도록 간격을 확보할 것

제 288 조(격납실)
사용하지 않고 있는 이동식 아세틸렌 용접장치를 보관하는 경우에는 전용의 격납실에 보관하여야 한다(기종을 분리하고 발생기를 세척한 후 보관하는 경우 제외).

제 289 조(안전기의 설치)
① 아세틸렌 용접장치의 취관마다 안전기를 설치하여야 한다.
(주관 및 취관에 가장 가까운 분기관(分岐管)마다 안전기를 부착한 경우 제외).
② 가스용기가 발생기와 분리되어 있는 아세틸렌 용접장치에 대하여 발생기와 가스용기 사이에 안전기를 설치하여야 한다.

제 290 조(아세틸렌 용접장치의 관리 등)
아세틸렌 용접장치를 사용하여 금속의 용접, 용단 또는 가열작업을 하는 경우에 다음 각 호의 사항을 준수하여야 한다.
① 발생기(이동식 용접장치 제외)의 종류, 형식, 제작업체명, 매 시 평균 가스발생량 및 1 회 카바이드 공급량을 발생기실 내의 보기 쉬운 장소에 게시할 것
② 발생기실에는 관계 근로자가 아닌 사람이 출입하는 것을 금지할 것
③ 발생기에서 5m 이내 또는 발생기실에서 3m 이내의 장소에서는 흡연, 화기의 사용 또는 불꽃이 발생할 위험한 행위를 금지시킬 것
④ 도관에는 산소용과 아세틸렌용의 혼동을 방지하기 위한 조치를 할 것
⑤ 아세틸렌 용접장치의 설치장소에는 적당한 소화설비를 갖출 것
⑥ 이동식 아세틸렌용접장치의 발생기는 고온의 장소, 통풍이나 환기가 불충분한 장소 또는 진동이 많은 장소 등에 설치하지 않도록 할 것

14. 사출성형기

1) 구조 및 명칭

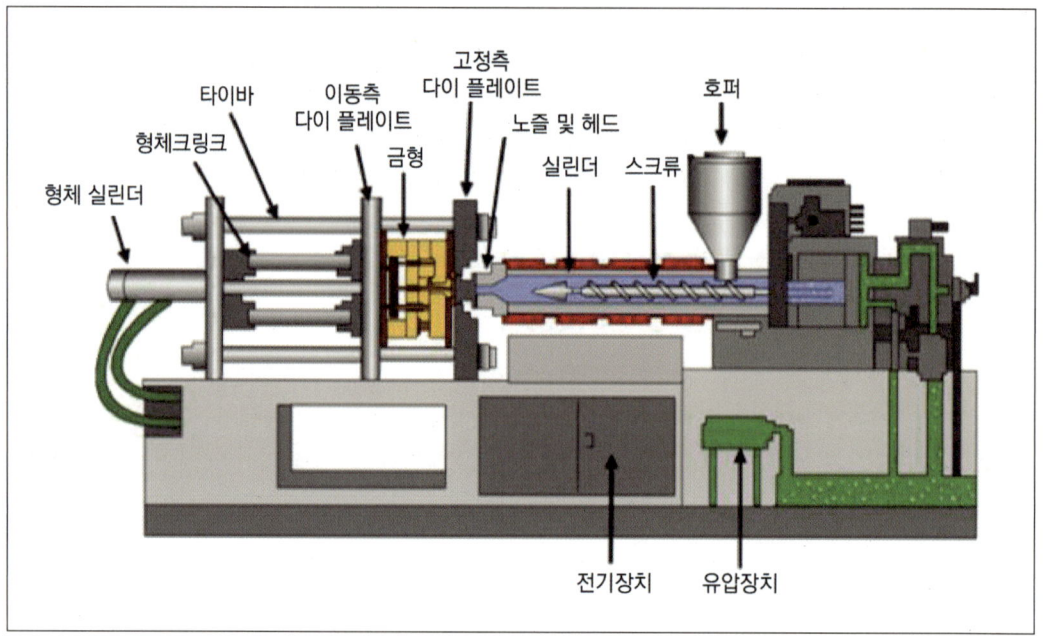

2) 위험 포인트

① 금형내 이물질 제거, 금형의 조정, 설치 작업에 따른 협착 위험
② 노즐 접촉에 의한 감전, 화상 위험
③ 호퍼내 수동으로 원료 투입에 따른 추락 위험
④ 취출작업 시 금형사이에 손 끼일 위험
⑤ 중량물 취급에 따른 근골격계질환 위험

3) 안전대책

① 안전문 연동장치, 안전문 닫힘을 방지하기 위한 작업발판형 빗장 설치
② 노즐부위 노출충전부에 절연 캡 또는 덮개 설치
③ 호퍼 내에 원재료 투입 장소에 안전난간 설치
④ 성형기에 방호장치 설치(양수조작식 또는 게이트 가드 등)

▌산업안전보건 기준에 관한 규칙

제1장 제8절 사출성형기

제121조(사출성형기 등의 방호장치)
① 사출성형기에 게이트가드 또는 양수조작식 등의 필요한 방호 조치를 하여야 한다.
② 게이트가드는 닫지 아니하면 기계가 작동되지 아니하는 연동구조여야 한다.
③ 기계의 가열 또는 감전 우려가 있는 부위에 방호덮개 등 필요한 안전 조치를 하여야 한다.

15. 소음진동

제4장 소음 및 진동에 의한 건강장해의 예방

제512조(정의)
① 소음작업이란 1일 8시간 작업을 기준으로 85dB 이상의 소음이 발생하는 작업을 말한다.
② 강렬한 소음작업이란 다음 중의 어느 하나에 해당하는 작업을 말한다.
 - 90 dB 이상의 소음이 1일 8시간 이상 발생하는 작업
 - 95 dB 이상의 소음이 1일 4시간 이상 발생하는 작업
 - 100 dB 이상의 소음이 1일 2시간 이상 발생하는 작업
 - 105 dB 이상의 소음이 1일 1시간 이상 발생하는 작업
 - 110 dB 이상의 소음이 1일 30분 이상 발생하는 작업
 - 115 dB 이상의 소음이 1일 15분 이상 발생하는 작업
③ 충격소음작업이란 소음이 1초 이상의 간격으로 발생하는 다음 중 하나에 해당하는 작업
 - 120 dB 을 초과하는 소음이 1일 1만회 이상 발생하는 작업
 - 130 dB 을 초과하는 소음이 1일 1천회 이상 발생하는 작업
 - 140 dB 을 초과하는 소음이 1일 1백회 이상 발생하는 작업
④ 진동작업이란 다음 중 어느 하나에 해당하는 기계, 기구를 사용하는 작업을 말한다.
 - 착암기(鑿巖機)
 - 동력을 이용한 해머
 - 체인 톱
 - 엔진 커터(engine cutter)

- 동력을 이용한 연삭기
- 임팩트 렌치(impact wrench)
- 그 외 진동으로 인하여 건강장해를 유발할 수 있는 기계·기구

⑤ 청력보존 프로그램이란 소음노출평가, 소음노출기준 초과에 따른 공학적 대책, 청력보호구이 포함된 소음성난청을 예방, 관리하기 위한 종합적인 계획을 말한다.

제 513 조(소음 감소 조치)

강렬한 소음작업이나 충격소음작업 장소에 기계, 기구 등의 대체, 시설의 밀폐, 흡음 또는 격리 등 소음 감소를 위한 조치를 하여야 한다.

(작업상 기술적, 경제적으로 조치가 현저히 곤란하다는 전문가의 의견이 있는 경우 제외)

제 514 조(소음 수준의 주지 등)

소음작업, 강렬한 소음작업, 충격소음작업의 종사자에 다음 사항을 근로자에게 알려야 한다.
- 해당 작업 장소의 소음 수준
- 인체에 미치는 영향과 증상
- 보호구의 선정과 착용방법
- 그 밖에 소음으로 인한 건강장해 방지에 필요한 사항

제 515 조(난청발생에 따른 조치)

소음으로 소음성 난청 등의 건강장해가 발생할 경우에 다음 조치를 하여야 한다.
- 해당 작업장의 소음성 난청 발생 원인 조사
- 청력손실을 감소시키고 청력손실의 재발을 방지하기 위한 대책 마련
- 대책의 이행 여부 확인
- 작업전환 등 의사의 소견에 따른 조치

제 516 조(청력보호구의 지급 등)

① 근로자가 소음작업, 강렬한 소음작업 또는 충격소음작업에 종사하는 경우에 근로자에게 청력보호구를 지급하고 착용하도록 하여야 한다.
② 청력보호구는 근로자 개인 전용의 것으로 지급하여야 한다.
③ 지급된 보호구를 사업주의 지시에 따라 착용하여야 한다.

제 517 조(청력보존 프로그램 시행 등)

다음 중 어느 하나에 해당하는 경우에 청력보존 프로그램을 수립하여 시행하여야 한다.
① 작업환경 측정 결과 소음 수준이 90dB 초과하는 사업장
② 소음으로 인하여 근로자에게 건강장해가 발생한 사업장

16. 사다리 작업

1) 사다리의 종류

접이식 휴대용   접이식   H형   A형

2) 이동식사다리 안전작업수칙

① 비계 등의 설치가 어려운 협소한 장소에서 사다리 사용
② 평탄하고 견고하고 미끄럼 없는 바닥에 설치
③ 최대길이가 3.5m 이하 A형 사다리에서만 작업
④ 사다리 작업 시 안전모착용, 고소 작업에는 안전대 착용
⑤ 2인1조 작업:
  - 작업 높이가 2m 이상의 경우
  - 최상부 발판에서 작업금지
  - 최상단 및 그 하단 디딤대에서 작업금지
⑥ 사다리를 사용 전에 결함 여부를 확인할 것
⑦ 작업진행에 맞게 사다리를 이동시켜 자신의 팔길이 이상 떨어진 곳의 작업 금지
⑧ 사다리 밑을 고정시키고 올라갈 때는 양손으로 잡을 것

3) 사다리 안전관리

① 사다리는 손상, 부식 등이 없는 견고한 것을 사용할 것
② 사다리는 바닥이 평평한 장소에 설치할 것
③ 사다리에 올라 작업을 하는 경우에는 안전모, 안전대를 착용할 것
④ 통행이 빈번한 장소에 사다리를 설치할 경우에는 작업장소 주변에 접근금지 표시를 설치할 것
⑤ 접이식(A형) 사다리는 접히거나 펼쳐지지 않도록 방지장치를 설치하고, 넘어짐 방지를 위해 아웃트리거 등을 설치할 것
⑥ 일자형 사다리의 상단은 걸쳐놓은 부분으로부터 60cm 이상 올라가도록 설치할 것
⑦ 이동식 사다리를 통로로 설치하는 경우 기울기는 70도 이하로 유지할 것
⑧ 고정식 사다리 높이가 7미터 이상인 경우에는 바닥으로부터 높이가 2.5미터 되는 지점부터 등받이 울을 설치할 것

다. 보건기준

1. 관리대상 유해물질에 의한 건강장해의 예방

1.1 산업안전보건 기준에 관한 규칙

제420조(용어의 정의)

① 관리대상 유해물질: 근로자에게 건강장해를 일으킬 우려가 있어 건강장해를 예방하기 위한 보건상의 조치가 필요한 원재료, 가스, 증기, 분진, 흄, 미스트로서 별표 12에서 정한 유기화합물, 금속류, 산, 알칼리류, 가스상태 물질류를 말한다.
② 유기화합물: 상온, 상압에서 휘발성이 있는 액체로서 다른 물질을 녹이는 성질이 있는 유기용제를 포함한 탄화수소계 화합물 중 별표 12 제1호에 따른 물질을 말한다.
③ 금속류: 고체가 되었을 때 금속광택이 나고 전기, 열을 잘 전달하며, 전성과 연성을 가진 물질 중 별표 12 제2호에 따른 물질을 말한다.
④ 산, 알칼리류: 수용액 중에서 해리하여 수소이온을 생성하고 염기와 중화하여 염을 만드는 물질과 산을 중화하는 수산화화합물로서 물에 녹는 물질 중 별표 12 제3호에 따른 물질을 말한다.
⑤ 가스상태 물질류: 상온, 상압에서 사용하거나 발생하는 가스 상태의 물질로서 별표 12 제4호에 따른 물질을 말한다.
⑥ 특별관리물질: 발암성 물질, 생식세포 변이원성 물질, 생식독성 물질 등 근로자에게 중대한 건강장해를 일으킬 우려가 있는 물질로서 별표 12에서 특별관리물질로 표기된 물질을 말한다.
⑦ 유기화합물 취급 특별장소: 유기화합물을 취급하는 다음 중 하나에 해당하는 장소를 말한다.
- 선박의 내부
- 차량의 내부

- 탱크의 내부(반응기 등 화학설비 포함)
- 터널이나 갱의 내부
- 맨홀의 내부
- 피트의 내부
- 통풍이 충분하지 않은 수로의 내부
- 덕트의 내부
- 수관(水管)의 내부
- 그 밖에 통풍이 충분하지 않은 장소

⑧ 임시작업: 일시적으로 하는 작업 중 월 24시간 미만인 작업을 말한다.
⑨ 단시간작업: 관리대상 유해물질 취급하는 1일 1시간 미만인 작업을 말한다.

제422조(관리대상 유해물질과 관계되는 설비)

실내작업장에서 관리대상 유해물질을 취급하는 업무에 종사하는 경우에 그 작업장에 관리대상 유해물질의 가스, 증기 또는 분진 발산원을 밀폐하는 설비나 국소배기장치를 설치하여야 한다.
단 분말상태의 관리대상 유해물질을 습기가 있는 상태에서 취급 경우 제외

제429조(국소배기장치의 성능)

국소배기장치를 설치하는 경우에 별표 13에 따른 제어풍속을 낼 수 있는 성능을 갖춘 것을 설치하여야 한다.

제430조(전체환기장치의 성능 등)

① 단일 성분의 유기화합물이 발생하는 작업장에 전체환기장치를 설치하려는 경우에 필요 환기량 이상으로 설치하여야 한다.
② 유기화합물의 발생이 혼합물질인 경우에는 각각의 환기량을 모두 합한 값을 필요 환기량으로 적용한다.
③ 전체환기장치를 설치하려는 경우에 전체환기장치의 배풍기를 관리대상 유해물질의 발산원에 가장 가까운 위치에 설치하여야 한다.

제433조(누출의 방지조치)

취급설비의 뚜껑, 플랜지, 밸브, 콕 등의 접합부에 대하여 유해물질이 새지 않도록 누출을 방지하기 위하여 필요한 조치를 하여야 한다.

제434조(경보설비 등)

관리대상 유해물질 중 금속류, 산·알칼리류, 가스상태 물질류를 1일 평균 합계 100리터(기체는 용적 1세제곱미터를 2리터로 환산) 이상 취급하는 사업장에서 해당 물질이 샐 우려가 있는 경우에 경보설비를 설치하거나 경보용 기구를 갖추어 두어야 한다.
② 관리대상 유해물질 등이 새는 경우에 대비하여 그 물질을 제거하기 위한 약제, 기구 또는 설비를 갖추거나 설치하여야 한다.

제435조(긴급 차단장치의 설치 등)

① 관리대상 유해물질 취급설비 중 발열반응 등 이상화학반응에 의하여 관리대상 유해물질이 샐 우려가 있는 설비에 대하여 원재료의 공급을 막거나 불활성가스와 냉각용수 등을 공급하기 위한 장치 등 필요한 조치를 하여야 한다.
② 장치에 설치한 밸브나 콕을 정상적인 기능을 발휘할 수 있는 상태로 유지하여야 하며, 근로자가 이를 안전하고 정확하게 조작할 수 있도록 색깔로 구분 등 필요한 조치를 하여야 한다.
③ 관리대상 유해물질을 내보내기 위한 장치는 밀폐식구조로 하거나 내보내지는 관리대상 유해물질을 안전하게 처리할 수 있는 구조로 하여야 한다.

제436조(작업수칙)

관리대상 유해물질 취급설비나 그 부속설비를 사용하는 작업을 하는 경우에 관리대상 유해물질이 새지 않도록 다음 사항에 관한 작업수칙을 정하여 이에 따라 작업하도록 하여야 한다.
① 밸브, 콕 등의 조작(관리대상 유해물질을 내보내는 경우에만 해당한다.)
② 냉각장치, 가열장치, 교반장치 및 압축장치의 조작
③ 계측장치와 제어장치의 감시·조정
④ 안전밸브, 긴급 차단장치, 자동경보장치 및 그 밖의 안전장치의 조정

⑤ 뚜껑·플랜지·밸브 및 콕 등 접합부가 새는지 점검
⑥ 시료의 채취
⑦ 관리대상 유해물질 취급설비의 재가동 시 작업방법
⑧ 이상사태가 발생한 경우의 응급조치
⑨ 그 밖에 관리대상 유해물질이 새지 않도록 하는 조치

제437조(탱크 내 작업)

① 관리대상 유해물질이 들어 있던 탱크 등을 개, 수리 또는 청소를 하거나 내부에 들어가서 작업하는 경우에 다음 각 호의 조치를 하여야 한다.
- 관리대상 유해물질에 관하여 필요한 지식을 가진 사람이 해당 작업을 지휘하도록 할 것
- 유해물질이 들어올 우려가 없는 경우에는 작업을 하는 설비의 개구부를 모두 개방할 것
- 근로자의 신체가 유해물질에 오염된 경우나 작업이 끝난 경우에는 즉시 몸을 씻게 할 것
- 비상시에 작업설비 내부의 근로자를 즉시 대피/구조하기 위한 기구/설비를 갖추어 둘 것
- 작업하는 설비내부에 대해 작업전에 근로자가 건강장해를 입을 우려가 있는지 확인할 것
- 설비 내부에 유해물질이 있는 경우에는 설비 내부를 환기장치로 충분히 환기시킬 것
- 유기화합물을 넣었던 탱크에 대하여 다음의 조치를 할 것
  * 유기화합물이 탱크로부터 배출된 후 탱크 내부에 재유입되지 않도록 할 것
  * 물/수증기 등으로 탱크 내부를 씻은 후 그 씻은 물, 수증기 등은 탱크에서 배출시킬 것
  * 탱크 용적의 3배 이상의 공기 또는 탱크에 물을 가득 채웠다가 배출시킬 것

② 위의 조치를 확인할 수 없는 설비에 대하여 근로자가 그 설비의 내부에 머리를 넣고 작업하지 않도록 하고 작업하는 근로자에게 주의하도록 미리 알려야 한다.

제438조(사고 시의 대피 등)

① 관리대상 유해물질을 취급하는 근로자에게 다음 중 하나에 해당하는 상황이 발생하여 관리대상 유해물질에 의한 중독이 발생할 우려가 있을 경우에 즉시 작업을 중지하고 근로자를 그 장소에서 대피시켜야 한다.
- 환기장치의 고장으로 기능이 저하되거나 상실된 경우
- 유해물질을 취급하는 장소의 내부가 유해물질에 의하여 오염되거나 유해물질이 새는 경우

② 제1항 각 호에 따른 상황이 발생하여 작업을 중지한 경우에 관리대상 유해물질에 의하여 오염되거나 새어 나온 것이 제거될 때까지

관계자가 아닌 사람의 출입을 금지하고, 그 내용을 보기 쉬운 장소에 게시하여야 한다.
③ 근로자는 출입이 금지된 장소에 사업주의 허락 없이 출입해서는 아니 된다.

제439조(특별관리물질의 취급일지 작성)

특별관리물질 취급일지를 작성하여 갖추어 두어야 한다.

제440조(특별관리물질의 고지)

근로자가 취급하는 물질이 특별관리 물질이라는 사실과 발암성 물질, 생식세포 변이원성 물질 또는 생식독성 물질 등 중 어느 것에 해당하는지에 관한 내용을 근로자에게 알려야 한다.

제441조(사용 전 점검 등)

① 국소배기장치를 설치한 후 처음 사용하거나, 국소배기장치를 분해하여 개조하거나 수리한 후 처음으로 사용하는 경우에는 다음 사항을 사용 전에 점검하여야 한다.
 - 덕트와 배풍기의 분진 상태
 - 덕트 접속부가 헐거워졌는지 여부
 - 흡기 및 배기 능력
 - 그 밖에 국소배기장치의 성능을 유지하기 위하여 필요한 사항
② 점검 결과 이상이 발견된 경우에는 즉시 청소, 보수 등 필요한 조치를 하여야 한다.
③ 점검을 한 후 기록의 보존에 관하여는 제555조를 준용한다.

제442조(명칭 등의 게시)

① 관리대상 유해물질을 취급하는 작업장의 보기 쉬운 장소에 다음 사항을 게시하여야 한다.
 - 관리대상 유해물질의 명칭
 - 인체에 미치는 영향
 - 취급상 주의사항
 - 착용하여야 할 보호구
 - 응급조치와 긴급 방재 요령
② 건강 및 환경 유해성 분류기준에 따라 인체에 미치는 영향이 유사한 관리대상 유해물질 별로 분류하여 게시할 수 있다.

제443조(관리대상 유해물질의 저장)

① 유해물질을 운반 또는 저장하는 경우에 물질이 새거나 발산되지 않게 뚜껑이나 마개가 있는 용기를 사용하거나 단단하게 포장을 하여야 하며,
    - 관계 근로자 외 출입을 금지하는 표시를 할 것
    - 관리대상 유해물질의 증기를 실외로 배출시키는 설비를 설치할 것
② 관리대상 유해물질은 일정한 장소를 지정하여 저장하여야 한다.
제444조(빈 용기 등의 관리)
유해물질의 운반/저장에 사용한 용기나 포장은 밀폐하거나 실외의 지정장소에 보관하여야 한다.

제445조(청소)

유해물질을 취급하는 실내 작업장, 휴게실, 식당에 오염제거 위하여 청소해야 한다.

제446조(출입의 금지 등)

① 유해물질을 취급하는 실내작업장에 근로자 외의 출입을 금지하고, 내용을 게시하여야 한다(금속류, 산·알칼리류, 가스상태 물질류를 1일 평균 합계 100리터 미만을 취급장 제외).
② 유해물질이나 오염된 물질은 일정한 장소를 정하여 폐기, 저장 등을 하여야 하며, 관계 근로자 외 출입을 금지하고, 그 내용을 게시하여야 한다.
③ 출입이 금지된 장소에 사업주의 허락 없이 출입해서는 아니 된다.

제447조(흡연 등의 금지)

① 유해물질을 취급하는 실내작업장에서 금연, 금식하여야 하며, 그 내용을 게시하여야 한다.
② 근로자는 금연 또는 금식 된 장소에서 흡연 또는 음식물 섭취를 해서는 아니 된다.

제448조(세척시설 등)

① 유해물질을 취급하는 작업의 경우에 세면/목욕/세탁/건조 시설을 설치하고 필요한 용품과 용구를 갖추어 두어야 한다.
② 세척시설은 오염된 작업복과 평상복을 구분 보관할 수 있는 구조로 하여야 한다.

제449조(유해성 등의 주지)

① 유해물질을 취급하는 근로자에게 작업배치 전에 다음 사항을 알려야 한다.
   - 관리대상 유해물질의 명칭 및 물리적·화학적 특성
   - 인체에 미치는 영향과 증상
   - 취급상의 주의사항
   - 착용하여야 할 보호구와 착용방법
   - 위급상황 시의 대처방법과 응급조치 요령
   - 그 밖에 근로자의 건강장해 예방에 관한 사항

② 근로자가 아래의 물질을 취급하는 경우에 작업을 시작하기 전에 해당 물질이 급성 독성을 일으키는 물질임을 근로자에게 알려야 한다.

제450조(호흡용 보호구의 지급)

① 근로자에게 송기마스크를 지급/착용하도록 하여야 하는 업무
   - 유기화합물을 넣었던 탱크 내부에서의 세척 및 페인트칠 업무
   - 유기화합물 취급 특별장소에서 유기화합물을 취급하는 업무

② 근로자에게 송기마스크나 방독마스크를 지급/착용하도록 하여야 하는 업무
   - 밀폐설비나 국소배기장치가 설치되지 아니한 장소에서의 유기화합물 취급업무
   - 유기화합물 취급장소에 설치된 환기장치 내의 기류가 확산될 우려가 있는 물체를 다루는 유기화합물 취급업무
   - 유기화합물 취급 장소에 유기화합물의 증기발산원을 밀폐하는 설비를 개방하는 업무

③ 송기마스크 착용시키려는 경우 신선한 공기를 공급할 수 있는 성능을 가진 장치가 부착된 송기마스크를 지급하여야 한다.

④ 금속류, 산·알칼리류, 가스상태 물질류 등을 취급하는 작업장에서 근로자의 건강장해 예방에 적절한 호흡용 보호구를 근로자에게 지급하여 필요시 착용하도록 하고, 호흡용 보호구를 공동으로 사용하여 근로자에게 질병이 감염될 우려가 있는 경우에는 개인 전용의 것을 지급하여야 한다.

⑤ 근로자는 지급된 보호구를 사업주의 지시에 따라 착용하여야 한다.

제451조(보호복 등의 비치)

① 근로자가 피부 자극성 또는 부식성 유해물질을 취급하는 경우에 불침투성 보호복·보호

장갑·보호장화 및 피부보호용 바르는 약품을 갖추어 두고, 사용하도록 하여야 한다.
② 유해물질이 흩날리는 업무를 하는 경우에 보안경을 지급하고 착용하도록 하여야 한다.
③ 유해물질이 근로자의 피부나 눈에 직접 닿을 우려가 있는 경우에 즉시 물로 씻어낼 수 있도록 세면/목욕 등 필요한 세척시설을 설치하여야 한다.
④ 지급된 보호구를 사업주의 지시에 따라 착용하여야 한다.

2. 금지유해물질에 의한 건강장해의 예방

2.1 산업안전보건 기준에 관한 규칙

제498조(정의)

① 시험·연구 또는 검사 목적: 실험실·연구실 또는 검사실에서 물질분석 등을 위하여 금지유해물질을 시약으로 사용하거나 그 밖의 용도로 조제하는 경우를 말한다.
② 실험실등: 금지유해물질을 시험·연구 또는 검사용으로 제조·사용하는 장소를 말한다.

제499조(설비기준)

① 금지유해물질을 시험, 연구, 검사 목적으로 제조 또는 사용하는 자는 다음 각 호의 조치를 하여야 한다.
  - 제조, 사용 설비는 밀폐식 구조로서 금지유해물질의 가스, 증기 또는 분진이 새지 않도록 할 것(부스식 후드의 내부에 그 설비를 설치한 경우는 제외)
  - 금지유해물질을 제조·저장·취급하는 설비는 내식성의 튼튼한 구조일 것
  - 금지유해물질을 저장하거나 보관하는 양은 해당 시험·연구에 필요한 최소량으로 할 것
  - 금지유해물질의 특성에 맞는 적절한 소화설비를 갖출 것
  - 제조·사용·취급 조건이 해당 금지유해물질의 인화점 이상인 경우에는 사용하는 전기기계·기구는 적절한 방폭구조로 할 것
  - 실험실등에서 가스/액체/잔재물을 배출하는 경우에는 안전한 처리설비 설비를 갖출 것
② 제1항제1호에 따라 설치한 밀폐식 구조라도 금지유해물질을 넣거나 꺼내는 작업 등을 하는 경우에 해당 작업장소에 국소배기장치를 설치하여야 한다.

제500조(국소배기장치의 성능 등)

부스식후드의 내부에 해당 설비를 설치하는 경우에 다음의 기준에 맞도록 하여야 한다.
① 부스식후드의 개구면 외의 곳으로부터 금지유해물질의 가스·증기 또는 분진 등이 새지 않는 구조로 할 것
② 부스식후드의 적절한 위치에 배풍기를 설치할 것
③ 배풍기 성능은 부스식후드의 개구면에서의 제어풍속이 정한 성능 이상이 되도록 할 것

제501조(바닥)

금지유해물질의 제조, 사용 설비가 설치된 장소의 바닥과 벽은 불침투성 재료로 하되, 물청소 할 수 있는 구조로 해당 물질을 제거하기 쉬운 구조로 하여야 한다.

제502조(유해성의 주지)

금지유해물질을 제조·사용하는 경우에 다음사항을 근로자에게 알려야 한다.
- 물리적·화학적 특성
- 발암성 등 인체에 미치는 영향과 증상
- 취급상의 주의사항
- 착용하여야 할 보호구와 착용방법
- 위급상황 시의 대처방법과 응급처치 요령
- 그 밖에 근로자의 건강장해 예방에 관한 사항

제503조(용기)

① 금지유해물질의 보관용기는 물질이 새지 않도록 다음의 기준에 맞도록 하여야 한다.
- 뒤집혀 파손되지 않는 재질일 것
- 뚜껑은 견고하고 뒤집혀 새지 않는 구조일 것
② 전용 용기를 사용하고 사용한 용기는 깨끗이 세척하여 보관하여야 한다.
③ 용기에는 경고표지를 붙여야 한다.

제504조(보관)

① 금지유해물질을 관계 근로자 외의 사람이 취급할 수 없도록 일정한 장소에 보관하고, 보기 쉬운 장소에 게시하여야 한다.
② 보관하고 게시하는 경우에는 다음의 기준에 맞도록 하여야 한다.
- 실험실 등의 일정한 장소나 별도의 전용장소에 보관할 것
- 금지유해물질 보관장소에는 금지유해물질의 명칭, 인체에 미치는 영향, 위급상황 시의 대처방법과 응급처치 방법을 게시할 것
③ 금지유해물질을 시험·연구 외의 목적으로 외부로 내가지 않도록 할 것

제505조(출입의 금지)

① 금지유해물질 제조·사용 설비가 설치된 실험실등에는 관계근로자가 아닌 사람의 출입을 금지하고, 「산업안전보건법 시행규칙」 별표 6 중 일람표 번호 503에 따른 표지를 출입구에 붙여야 한다
* 503 금지대상물질의 취급 실험실 등/관계자 외 출입금지, 발암물질 취급 중 보호구/보호복 착용, 흡연 및 음식물 섭취 금지*
② 금지유해물질 또는 오염된 물질은 일정한 장소를 정하여 저장하거나 폐기하여야 하며, 그 장소에는 관계 근로자 외의 출입을 금지하고, 그 내용을 게시하여야 한다.
③ 근로자는 출입이 금지된 장소에 사업주의 허락 없이 출입해서는 아니 된다.

제506조(흡연 등의 금지)

① 금지유해물질을 제조, 사용하는 작업장에서 금연, 금식하게 하고, 내용을 게시하여야 한다.
② 근로자는 금연, 금식장소에서 흡연 또는 음식물 섭취를 해서는 아니 된다.

제507조(누출 시 조치)

금지유해물질이 실험실등에서 새는 경우에 흩날리지 않도록 필요한 조치를 하여야 한다.

제508조(세안설비 등)

응급 시 사용할 수 있도록 실험실에 긴급 세척시설과 세안설비를 설치하여야 한다.

제509조(기록의 보존)

금지유해물질을 제조하거나 사용하는 경우에는 물질의 이름, 사용량, 시험·연구내용, 새는 경우의 조치 등에 관한 사항을 기록하고, 그 서류를 보존하여야 한다.

제510조(보호복 등)

① 금지유해물질을 취급하는 경우에 피부노출을 방지할 수 있는 불침투성 보호복·보호장갑 등을 개인전용의 것으로 지급하고 착용하도록 하여야 한다.
② 지급하는 보호복과 보호장갑 등을 평상복과 분리하여 보관할 수 있도록 전용 보관함을 갖추고 필요시 오염 제거를 위하여 세탁을 하는 등 필요한 조치를 하여야 한다.
③ 지급된 보호구를 사업주의 지시에 따라 착용하여야 한다.

제511조(호흡용 보호구)

① 금지유해물질을 취급하는 근로자에게 별도의 정화통을 갖춘 근로자 전용 호흡용 보호구를 지급하고 착용하도록 하여야 한다.
② 근로자는 지급된 보호구를 사업주의 지시에 따라 착용하여야 한다.

3. 분진에 의한 건강장해의 예방

3.1 산업안전보건 기준에 관한 규칙

제605조(정의)

1. 분진: 근로자가 작업하는 장소에서 발생하거나 흩날리는 미세한 분말 상태의 물질[황사, 미세먼지(PM-10, PM-2.5)포함]을 말한다.
2. 분진작업: 별표 16에서 정하는 작업을 말한다.
3. 호흡기보호 프로그램: 분진노출에 대한 평가, 분진노출기준 초과에 따른 공학적 대책, 호흡용 보호구의 지급 및 착용, 분진의 유해성과 예방에 관한 교육, 정기적 건강진단, 기록/관리사항 등이 포함된 호흡기질환 예방·관리를 위한 종합적인 계획을 말한다.

제607조(국소배기장치의 설치)

분진작업을 하는 실내작업장에는 분진을 줄이기 위한 밀폐설비나 국소배기장치를 설치하여야 한다.

제608조(전체환기장치의 설치)

분진작업을 하는 때에 분진 발산 면적이 따른 설비를 설치하기 곤란한 경우에 전체 환기장치를 설치할 수 있다.

제609조(국소배기장치의 성능)

국소배기장치는 별표 17에서 정하는 제어풍속 이상의 성능을 갖춘 것이어야 한다.

제611조(설비에 의한 습기 유지)

분진작업장소에 습기 유지 설비를 설치한 경우에 분진작업을 하는 동안 설비를 사용하여 해당 분진작업장소를 습한 상태로 유지하여야 한다.

제612조(사용 전 점검 등)

1. 국소배기장치를 처음으로 사용하는 경우나 국소배기장치를 분해하여 개조하거나 수리를 한 후 처음으로 사용하는 경우에 다음에서 정하는 바에 따라 사용 전에 점검하여야 한다.
1) 국소배기장치
   가. 덕트와 배풍기의 분진 상태
   나. 덕트 접속부가 헐거워졌는지 여부
   다. 흡기 및 배기 능력
   라. 그 밖에 국소배기장치의 성능을 유지하기 위하여 필요한 사항
2) 공기정화장치
   가. 공기정화장치 내부의 분진상태
   나. 여과제진장치의 여과재 파손 여부
   다. 공기정화장치의 분진 처리능력

라. 그 밖에 공기정화장치의 성능 유지를 위하여 필요한 사항
　2. 점검 결과 이상을 발견한 경우에 즉시 청소, 보수, 그 밖에 필요한 조치를 하여야 한다.

제613조(청소의 실시)

1. 분진작업을 하는 실내작업장에 대하여 매일 작업을 시작하기 전에 청소를 하여야 한다.
2. 분진작업을 하는 실내작업장의 바닥·벽 및 설비와 휴게시설이 설치되어 있는 장소의 마루 등(실내만 해당)에 대해서는 쌓인 분진을 제거하기 위하여 매월 1회 이상 정기적으로 진공청소기나 물을 이용하여 분진이 흩날리지 않는 방법으로 청소하여야 한다.

제614조(분진의 유해성 등의 주지)

상시 분진작업에 관련된 업무를 하는 경우에 다음 사항을 근로자에게 알려야 한다.
1) 분진의 유해성과 노출경로
2) 분진의 발산 방지와 작업장의 환기 방법
3) 작업장 및 개인위생 관리
4) 호흡용 보호구의 사용 방법
5) 분진에 관련된 질병 예방 방법

제615조(세척시설 등)

근로자가 분진작업을 하는 경우에 목욕시설 등 필요한 세척시설을 설치하여야 한다.

제616조(호흡기보호 프로그램 시행 등)

다음 중 어느 하나에 해당하는 경우에 호흡기보호 프로그램을 수립하여 시행하여야 한다.
1) 분진의 작업환경 측정 결과 노출기준을 초과하는 사업장
2) 분진작업으로 인하여 근로자에게 건강장해가 발생한 사업장

제617조(호흡용 보호구의 지급 등)

① 분진작업을 하는 근로자에게 적절한 호흡용 보호구를 지급하여 착용하도록 하여야 한다.
② 보호구를 개인전용 보호구를 지급하고, 오염 방지를 위하여 필요한 조치를 하여야 한다.

4. 근골격계부담 작업으로 인한 건강장해의 예방

4.1 산업안전보건 기준에 관한 규칙

제656조(정의)

① 근골격계부담 작업:
작업량/작업속도/작업강도 및 작업장구조 등 고용노동부장관이 고시하는 작업을 말한다.
② 근골격계질환:
반복적인 동작, 부적절한 작업자세, 무리한 힘의 사용, 날카로운 면과의 신체접촉, 진동 및 온도 등의 요인에 의하여 발생하는 건강장해로서 목, 어깨, 허리, 팔, 다리의 신경, 근육 및 그 주변 신체조직 등에 나타나는 질환을 말한다.
③ 근골격계질환 예방관리 프로그램:
유해요인조사, 작업환경 개선, 의학적 관리, 교육훈련, 평가에 관한 사항 등이 포함된 근골격계질환을 예방관리하기 위한 종합적인 계획을 말한다.

제657조(유해요인 조사)

① 근골격계부담 작업을 하는 경우에 3년마다 다음 사항에 대한 유해요인조사를 하여야 한다. (신설되는 사업장의 경우에는 신설일부터 1년 이내에 최초의 유해요인 조사할 것)
  - 설비·작업공정·작업량·작업속도 등 작업장 상황
  - 작업시간·작업자세·작업방법 등 작업조건
  - 작업과 관련된 근골격계질환 징후와 증상 유무 등
② 다음 중 하나에 해당하는 사유가 발생하였을 경우 지체 없이 유해요인 조사를 하여야 한다.
  - 임시건강진단에서 근골격계질환 환자가 발생하였거나 근로자가 근골격계 질환으로 업무상 질병으로 인정받은 경우
  - 근골격계부담 작업에 해당하는 새로운 작업·설비를 도입한 경우
  - 근골격계부담 작업에 해당하는 업무의 양과 작업공정 등 작업환경을 변경한 경우
③ 유해요인 조사에 근로자 대표 또는 해당 작업 근로자를 참여시켜야 한다.

제658조(유해요인 조사 방법)

유해요인조사를 할 경우에 근로자와의 면담, 증상 설문조사, 인간공학적 측면을 고려한 조사를 적절한 방법으로 하여야 한다.

제659조(작업환경 개선)

유해요인조사 결과 근골격계질환이 발생할 우려가 있는 경우에 작업환경 개선에 필요한 조치를 하여야 한다.

제660조(통지 및 사후조치)

① 근골격계부담 작업으로 인하여 운동범위의 축소, 쥐는 힘의 저하, 기능의 손실 등의 징후가 나타나는 경우 그 사실을 사업주에게 통지할 수 있다.
② 근골격계부담 작업으로 인하여 제1항에 따른 징후가 나타난 근로사에 내하여 의학적 조치를 하고 필요한 경우에는 작업환경 개선 등 적절한 조치를 하여야 한다.

제661조(유해성 등의 주지)

① 근골격계부담 작업을 하는 경우에 다음사항을 근로자에게 알려야 한다.
   - 근골격계부담 작업의 유해요인
   - 근골격계질환의 징후와 증상
   - 근골격계질환 발생 시의 대처요령
   - 올바른 작업자세와 작업도구, 작업시설의 올바른 사용방법
   - 그 밖에 근골격계질환 예방에 필요한 사항
② 유해요인 조사 및 그 결과, 조사방법 등을 해당 근로자에게 알려야 한다.
③ 근로자대표의 요구 시 설명회를 개최하여 유해요인 조사결과를 작업자에게 알려야 한다.

제662조(근골격계질환 예방관리 프로그램 시행)

① 다음 중 하나에 해당하는 경우에 근골격계질환 예방관리 프로그램을 수립, 시행하여야 한다.
   - 근골격계질환으로 업무상 질병으로 인정받은 근로자가 연간 10명 이상 발생한 사업

장 또는 5명 이상 발생한 사업장으로서 발생 비율이 사업장 근로자의 10% 이상인 경우
  - 근골격계질환 예방과 관련하여 노사 간 이견이 지속되는 사업장으로서 고용노동부장관이 인정하여 근골격계질환 예방관리 프로그램을 수립하여 시행할 것을 명령한 경우
② 근골격계질환 예방관리 프로그램을 작성, 시행할 경우에 노사협의를 거쳐야 한다.
③ 근골격계질환 예방관리 프로그램을 작성, 시행할 경우에 인간공학, 산업의학, 산업위생, 산업간호 등 분야별 전문가로부터 필요한 지도, 조언을 받을 수 있다.

제663조(중량물의 제한)

인력으로 들어 올리는 작업을 하는 경우에 과도한 무게로 인하여 근로자의 목, 허리 등 근골격계에 무리한 부담을 주지 않도록 최대한 노력하여야 한다.

제664조(작업조건)

취급하는 물품의 중량, 취급빈도, 운반거리, 운반속도 등 인체에 부담을 주는 작업의 조건에 따라 작업시간과 휴식시간 등을 적정하게 배분하여야 한다.

제665조(중량의 표시 등)

5킬로그램 이상의 중량물을 들어올리는 작업을 하는 경우에 다음의 조치를 하여야 한다.
 - 주로 취급하는 물품에 대하여 근로자가 쉽게 알 수 있도록 물품의 중량과 무게중심에 대하여 작업장 주변에 안내표시를 할 것
 - 취급하기 곤란한 물품은 손잡이 부착, 갈고리, 진공빨판 등 적절한 보조도구를 활용할 것

제666조(작업자세 등)

중량물을 들어올리는 작업을 하는 경우에 무게중심을 낮추거나 대상물에 몸을 밀착하도록 하는 등 신체의 부담을 줄일 수 있는 자세에 대하여 알려야 한다.

라. 물질안전보건자료(MSDS)

1. 법규요구사항

제110조(물질안전보건자료의 작성 및 제출)

① 물질안전보건자료대상물질을 제조하거나 수입하려는 자는 물질안전보건자료를 작성하여 고용노동부장관에게 제출하여야 한다.
이 경우 고용노동부장관은 물질안전보건자료의 기재 사항이나 작성 방법을 정할 때 「화학물질관리법」 및 「화학물질의 등록 및 평가 등에 관한 법률」과 관련된 사항에 대해서는 환경부장관과 협의하여야 한다.
1. 제품명
2. 물질안전보건자료대상물질을 구성하는 화학물질 중 제104조에 따른 분류기준에 해당하는 화학물질의 명칭 및 함유량
3. 안전 및 보건상의 취급 주의 사항
4. 건강 및 환경에 대한 유해성, 물리적 위험성
5. 물리화학적 특성 등 고용노동부령으로 정하는 사항

② 물질안전보건자료대상물질을 제조하거나 수입하려는 자는 물질안전보건자료대상물질을 구성하는 화학물질 중 제104조에 따른 분류기준에 해당하지 아니하는 화학물질의 명칭 및 함유량을 고용노동부장관에게 별도로 제출하여야 한다.
다만, 다음 각 호의 어느 하나에 해당하는 경우는 그러하지 아니하다.
1. 물질안전보건자료에 본문에 따른 화학물질의 명칭 및 함유량이 전부 포함된 경우
2. 물질안전보건자료대상물질을 수입하려는 자가 물질안전보건자료대상물질을 국외에서 제조하여 우리나라로 수출하려는 자("국외제조자")로부터 물질안전보건자료에 적힌 화학물질 외에는 제104조에 따른 분류기준에 해당하는 화학물질이 없음을 확인하는 내용의 서류를 받아 제출한 경우

③ 물질안전보건자료대상물질을 제조하거나 수입한 자는 고용노동부령으로 정하는 사항이

변경된 경우 그 변경 사항을 반영한 물질안전보건자료를 고용노동부장관에게 제출하여야 한다.
④ 물질안전보건자료 등의 제출 방법, 시기, 그 밖에 필요한 사항은 고용노동부령으로 정한다.

제111조(물질안전보건자료의 제공)

① 물질안전보건자료대상물질을 양도하거나 제공하는 자는 이를 양도받거나 제공받는 자에게 물질안전보건자료를 제공하여야 한다.
② 물질안전보건자료대상물질을 제조하거나 수입한 자는 이를 양도받거나 제공받은 자에게 변경된 물질안전보건자료를 제공하여야 한다.
③ 물질안전보건자료대상물질을 양도하거나 제공한 자는 물질안전보건자료를 제공받은 경우 이를 물질안전보건자료대상물질을 양도받거나 제공받은 자에게 제공하여야 한다.
④ 물질안전보건자료 또는 변경된 물질안전보건자료의 제공방법 및 내용, 그 밖에 필요한 사항은 고용노동부령으로 정한다.

제112조(물질안전보건자료의 일부 비공개 승인 등)

① 영업비밀과 관련되어 화학물질의 명칭 및 함유량을 물질안전보건자료에 적지 아니하려는 자는 고용노동부장관에게 신청하여 승인을 받아 해당 화학물질의 명칭 및 함유량을 대체자료로 적을 수 있다. 다만, 근로자에게 중대한 건강장해를 초래할 우려가 있는 화학물질로서 「산업재해보상보험법」 산업재해보상보험 및 예방심의위원회의 심의를 거쳐 고용노동부장관이 고시하는 것은 그러하지 아니하다.
② 고용노동부장관은 화학물질의 명칭 및 함유량의 대체 필요성, 대체자료의 적합성 및 물질안전보건자료의 적정성 등을 검토하여 승인 여부를 결정하고 결과를 통보하여야 한다.
③ 고용노동부장관은 제2항에 따른 승인에 관한 기준을 「산업재해보상보험법」에 따른 산업재해보상보험 및 예방심의위원회의 심의를 거쳐 정한다.
④ 승인의 유효기간은 승인을 받은 날부터 5년으로 한다.
⑤ 고용노동부장관은 유효기간이 만료되는 경우에도 계속하여 대체자료로 적으려는 자가 그 유효기간의 연장승인을 신청하면 유효기간이 만료되는 다음 날부터 5년 단위로 그 기간을 계속하여 연장승인할 수 있다.
⑥ 신청인은 승인 또는 연장승인에 관한 결과에 대하여 고용노동부장관에게 이의신청을 할 수 있다.
⑦ 고용노동부장관은 이의신청에 대하여 승인 또는 연장승인 여부를 결정하고 그 결과를

신청인에게 통보하여야 한다.

⑧ 고용노동부장관은 다음 중 하나에 해당하는 경우에는 승인 또는 연장승인을 취소할 수 있다.

다만, 제1호의 경우에는 그 승인 또는 연장승인을 취소하여야 한다.

1. 거짓이나 그 밖의 부정한 방법으로 승인 또는 연장승인을 받은 경우
2. 승인 또는 연장승인을 받은 화학물질이 제1항 단서에 따른 화학물질에 해당하게 된 경우

⑨ 승인 또는 연장승인의 취소 절차 및 방법, 그 밖에 필요한 사항은 고용노동부령으로 정한다.

⑩ 다음 중 하나에 해당하는 자는 근로자의 안전 및 보건을 유지하거나 직업성 질환 발생 원인을 규명하기 위하여 근로자에게 중대한 건강장해가 발생하는 등 고용노동부령으로 정하는 경우에는 물질안전보건자료대상물질을 제조하거나 수입한 자에게 제1항에 따라 대체자료로 적힌 화학물질의 명칭 및 함유량 정보를 제공할 것을 요구할 수 있다.

1. 근로자를 진료하는 「의료법」 제2조에 따른 의사
2. 보건관리자 및 보건관리전문기관
3. 산업보건의
4. 근로자대표
5. 역학조사(疫學調査) 실시 업무를 위탁 받은 기관
6. 「산업재해보상보험법」에 따른 업무상질병판정위원회

제114조(물질안전보건자료의 게시 및 교육)

① 물질안전보건자료대상물질을 취급하려는 사업주는 물질안전보건자료를 물질안전보건자료대상물질을 취급하는 작업장 내에 이를 취급하는 근로자가 쉽게 볼 수 있는 장소에 게시하거나 갖추어 두어야 한다.

② 물질안전보건자료대상물질을 취급하는 작업공정별로 물질안전보건자료대상물질의 관리요령을 게시하여야 한다.

③ 물질안전보건자료대상물질을 취급하는 근로자의 안전 및 보건을 위하여 해당 근로자를 교육하는 등 적절한 조치를 하여야 한다.

제115조(물질안전보건자료대상물질 용기 등의 경고표시)

① 물질안전보건자료대상물질을 양도하거나 제공하는 자는 이를 담은 용기 및 포장에 경고표시를 하여야 한다. 다만, 용기 및 포장에 담는 방법 외의 방법으로 물질안전보건자료대상

물질을 양도하거나 제공하는 경우에는 경고표시 기재 항목을 적은 자료를 제공하여야 한다.
② 사업장에서 사용하는 물질안전보건자료대상물질을 담은 용기에 경고표시를 하여야 한다.

제116조(물질안전보건자료와 관련된 자료의 제공)

고용노동부장관은 근로자의 안전 및 보건 유지를 위하여 필요하면 물질안전보건자료와 관련된 자료를 근로자 및 사업주에게 제공할 수 있다.

2. 안전보건자료의 교육

MSDS는 근로자의 안전보건을 위하여 더없이 중요한 자료이다.
그래서 산업안전보건법에서는 근로자에 대한 교육에는 물질안전보건자료가 모든 과정에 포함되어 있다.

여기서 MSDS 교육과 관련하여 간단히 설명한다.

1) MSDS의 입수

MSDS는 해당 물질을 거래 시에는 항상 제공하도록 되어있어 대부분의 공급자가 제공하고 있으나 보통 반복거래의 경우에는 MSDS가 개정된 경우만 제공하고 있다.
그러나 제조업자가 아닌 대리점이나 수입품의 경우에는 제공되지 않는 경우가 있으며 제공된다 하여도 외국어로 작성되어 있어 직접 현장에 게시하는데 문제가 있다.

이와 같이 MSDS가 제공되지 않을 경우에는 제조사의 홈페이지에 대부분 공개되고 있기 때문에 다운로드 받아서 사용하면 된다.

이것도 어려우면 최후의 수단으로 산업안전보건공단에 접속하여 해당물질의 MSDS를 다운받아 사용하면 되는데 이때는 제조회사 정보란에 "산업안전공단"으로 된 부분을 제조회사 정보로 대체하여야 한다.

2) MSDS의 개정

MSDS도 개정되는 경우가 있으므로 주기적으로 개정여부를 확인하는 것이 필요한데 해당 물품을 제공하는 거래처에서 알아서 제공해주는 경우가 거의 없다.
그렇다고 반복해서 구매하는데 그때마다 필요없이 MSDS를 중복으로 제공받는 것도 바람직한 일은 아니다.

심사에서 일부회사에서는 반복 거래 시에 개정 현황을 알기 어려울 때는 매년 최초 구매발주 때에 MSDS의 제공을 요청하여 제공받아서 개정여부를 확인하여 처리하는 회사를 보게 되는데 이 방식이 업무를 효율적으로 할 수 있는 좋은 방법인 것 같다.

3) MSDS 게시

MSDS는 해당 물질을 사용, 저장 및 보관하고 있는 장소에 게시하여 사용자가 필요시 항상 이용할 수 있도록 하여야 한다.
이때도 여러가지 문제가 발생하는데 MSDS가 외래어로 표시된 경우에는 필요한 부분을 한글로 번역하여 게시하여야 한다.
게시해야 할 MSDS의 분량이 많을 경우에는 법에서 정하는 기준에 따라 중요한 내용을 요약하여 게시하여도 된다.

어떤 회사는 MSDS를 현장이 아닌 관리자의 사무실에 보관하고 있는 경우도 있으나 작업자가 이용하기에는 적합하지 않다.
또 현장 환경이 열악하여 MSDS의 오손이 우려되는 경우에는 비닐포장을 하는 등 적절한 방법으로 보호되고 읽기 쉽게 관리하여야 한다.

4) MSDS 교육

MSDS의 교육대상 범위는 일반적으로 해당 물질을 취급하는 근로자에게는 16개 항목 중에서 순서대로 해서 1번에서 8번까지와 13번 폐기시 주의사항에 대해서 교육하면 될 것 같다.
그 외의 사항은 연구분야 등의 보다 전문적인 인원이 알아서 업무에 반영하면 좋을 것 같다.

그러면 지금부터 각 항목별 교육이 필요한 사항을 살펴보자.

1. 화학제품과 제조회사 정보

여기서는 제품명과 제조회사에 대한 기본 사항을 알아서 긴급할 때 사용할 수 있으면 된다.

2. 유해 위험성

1) 그림문자를 확인하게 되면 구체적이지는 않지만 대략적인 유해 위험성을 알 수 있다. 그림문자는 국제조화시스템(GHS)이 시행된 2015년 7월 이후에 적용되고 있는데 교육 중에 그림문자에 대한 이해를 시키지 못하여 무용지물 같은 느낌을 많이 받는 것이 현실이므로 교육담당자는 교육내용에 그림문자에 대한 교육도 반듯이 병행할 것을 권고한다.
2) 유해위험문구에는 물질에 노출되었을 때 눈, 피부, 장기 등 인체에 미치는 영향을 설명하고 있다.
3) 예방조치문구에는 신체부위에 흡입, 묻었을 경우에 대한 예방과 대책 사항 및 저장과 폐기에 대한 사항을 설명하고 있다.

3. 구성성분의 명칭과 함유량

실사용자에게는 특별히 숙지해야 할 사항은 아니다.

4. 응급조치 요령

이 부분은 아주 중요하고 관련된 설명이 필요한 사항이다.

특히 눈에 들어갔을 때나 피부에 묻었을 경우는 다량의 물로 충분히 씻고 의사의 진찰을 받으라는 경우가 많은데, 먼저 다량의 물로 충분히 씻기 위해서는 화학물질이 눈 또는 피부에 묻었기 때문에 멀리 갈 수 없으므로 주변에 세안장치(eye shower), 세척설비를 갖추어 두어야 응급조치가 가능하다.

그리고 세안장치는 자주사용하지 않기 때문에 물이 정체되어 있어 녹물이 나올 수 있고, 겨울에는 동파의 우려가 있어 관리에 주의를 요한다.

5. 폭발, 화재 시 대처방법

먼저 화재의 종류에 대하여 앞에서 언급한 A, B, C, D 급화재에 대한 기본적인 이해가 필요하고, 다음은 각 화재별로 적용되는 소화기의 종류와 특성도 교육하는 것이 좋겠다.
여기서 중요한 것은 소화기와 소화전으로 소화기는 작업장에 배치도와 전체 목록이 있어야 하며 소화기 위치 표시는 가능한 한 멀리서도 잘 확인될 수 있는 위치에 부착하여야 하며 소화기 보관 장소 앞에 장애물을 방치하여 필요시에 접근에 방해되지 않게 하고, 점검기준을 정하여 주기적으로 점검하여야 한다.
소화전은 실내와 실외소화전의 관리방법에 차이가 있는데 실내소화전은 필요한 길이만큼의 호스를 연결하여 소방수배관과 분사 노즐을 체결하여 펴기 쉬운 상태로 보관하여야 한다.
실외소화전은 호스를 둥글게 감은 상태로 필요한 수량을 보관하고 밸브랜치와 분사노즐도 채결하지 않은 상태로 함께 보관하여야 한다.
그리고 호스는 꼬이거나 파손되지 않고 물기를 제거하여 보관하여야 한다.

소방자재의 보관관리에는 방화사는 주로 모래주머니에 넣어 보관하게 되는데 녹색의 주머니를 햇볕에 노출되는 장소에 보관하면 단기간 내 열화, 손실되기 때문에 사용이 어려우며, 박스에 모래를 보관하는 경우에는 모래를 퍼 나를 수 있는 장비도 함께 보관하여야 한다.
방화수도 마찬 가지로 사용할 수 있는 도구가 함께 보관되도록 관리가 필요하다.

6. 누출사고 시 대처방법

소량의 누출을 방지하기 위해서는 걸레, 톱밥, 흡유포 등을 사용하고 있는데 이들도 항상 사용이 가능한 상태로 적절한 량을 보관하여야 한다.
반면 저장탱크에 보관하는 경우에는 누출을 대비하여 방유벽이 설치되어야 하며 벽면이나 바닥은 파손되거나 구멍이 없어야 하고, 옥외의 경우 빗물이 고여있지 않도록 비가 온 뒤에는 항상 우수를 제거할 수 있어야 한다.

7. 취급 및 저장방법

필요한 안전보호구를 갖추고 사고가 발생할 수 있는 점화원을 제거하고 적절한 수량과 온도관리 등 MSDS에 기재사항을 잘 숙지 및 준수하여야 한다.

8. 노출방지 및 개인보호구

노출방지를 위하여 보관 및 저장장치를 밀폐한다거나 발생 및 누출부위에 배기장치를 설치할 수도 있을 것이다.

아무리 예방조치를 철저히 하여도 완전하게 노출에서 자유로울 수는 없기 때문에 취급하여야 하는 근로자는 만약을 대비하여 적절한 신체 각 부위인 눈, 손, 신체 등을 보호하기 위하여 적절한 보호구를 착용하고 취급하여야 한다.

여기에도 보호구관리가 문제가 되는데 보호구의 지급은 개인별로 할 것인지, 공동으로 보관할 것이지, 개인에 지급한다면 지급주기와 지급대장이 마련되어야 할 것이고, 공용이라면 보관장소에 목록을 작성하여 관리하고 여러 사람이 사용하게 되므로 오염이나 파손 등이 없이 언제던지 누구나 필요 시에 사용 가능한 상태로 관리하는 것이 중요하다.

이상 설명한 사항은 MSDS교육에서 최소한 설명되어야 하는 부분이다.

3. MSDS 구성 및 그림문자

1) 그림문자

경고 표지(그림문자)

연번	그림문자	적용대상	연번	그림문자	적용대상
1		인화성 물질 자기반응성물질 자연발화성물질 자기발열성물질 물반응성물질 유기과산화물	6		급성독성(구분 1-3)
2		폭발성물질 자기반응성물질 유기과산화물	7		급성독성(구분 4) 자극성 피부 과민성 특정표적장기독성(구분 3)
3		산화성 물질	8		호흡기 과민성 생식독성 발암성 생식세포변이원성 특정표적장기독성(구분 1-2) 흡입유해성
4		고압가스	9		수생환경유해성
5		부식성물질			

2) MSDS 구성

1. 화학제품과 회사에 관한 정보
2. 유해성·위험성
3. 구성성분의 명칭 및 함유량
4. 응급조치 요령
5. 폭발·화재 시 대처방법
6. 누출 사고 시 대처방법
7. 취급 및 저장방법
8. 노출방지 및 개인보호구
9. 물리화학적 특성
10. 안정성 및 반응성
11. 독성에 관한 정보
12. 환경에 미치는 영향
13. 폐기시 주의사항
14. 운송에 필요한 정보
15. 법적 규제현황
16. 그 밖의 참고사항

5장

내부심사

가. 일반사항
나. 내부심사 전과정
    1. 심사계획
    2. 심사수행
    3. 심사보고
    4. 후속조치
    5. 심사프로세스 개선
다. 심사팀 구성

가. 일반사항

1. 심사 관련 용어

1) 심사(audit)

심사기준에 충족되는 정도를 결정하기 위하여 객관적인 증거를 수집하고 객관적으로 평가하기 위한 체계적이고 독립적이며 문서화된 프로세스

> **비고 1** 심사의 기본적인 요소는 심사대상에 책임이 없는 인원에 의해 수행되는 절차에 따라, 대상의 적합성에 대한 확인결정을 포함한다.
>
> **비고 2** 심사는 내부심사(1차심사), 외부심사(2자 또는 3자)가 있으며, 결합심사 또는 합동심사가 있을 수 있다.
>
> **비고 3** 내부심사는 경영검토와 기타 내부목적을 위하여 조직에 의해, 또는 조직 자신을 대신해서 수행되며, 조직의 자체 적합성 선언의 기초로 구성할 수 있다. 독립성은 심사대상 활동에 대한 책임으로부터 자유롭다는 것으로 입증될 수 있어야 한다.
>
> **비고 4** 외부심사는 일반적으로 2자 심사와 3자 심사로 불리는 심사를 포함한다. 2자 심사는 조직과 이해관계가 있는 관계자, 예를 들면, 고객 또는 고객을 대신한 다른 사람 등에 의해서 수행된다. 3자 심사는 적합성 인증/등록을 제공하는 외부의 독립된 심사조직 또는 정부기관에 의해 수행된다.

2) 결합심사(combined audit)

한 피 심사자에 둘 이상의 경영시스템이 함께 수행되는 심사

> **비고** 결합심사에 포함될 수 있는 경영시스템의 일부는 조직에 의해 적용되는 관련 경영 시스템, 제품표준, 서비스 표준 또는 프로세스 표준에 의해 식별될 수 있다.

3) 합동심사(joint audit)

둘 이상의 심사 조직에 의해 한 피심사자에게 수행되는 심사

4) 심사 프로그램(audit program)

특정한 기간 동안 계획되고, 특정한 목적을 위하여 관리되는 하나 또는 그 이상의 심사의 조합

5) 심사범위(audit scope)

심사의 영역과 경계

> **비고** 심사범위는 일반적으로 물리적 위치, 조직단위, 활동, 프로세스에 대한 기술을 포함 한다.

6) 심사계획서(audit plan)

심사와 관련된 활동과 준비사항을 기술한 문서

7) 심사기준(audit criteria)

객관적인 증거를 비교하는 기준으로 사용되는 방침, 절차 또는 요구사항

8) 심사증거(audit evidence)

심사기준에 관련되고 검증할 수 있는 기록, 사실의 기술 또는 기타 정보

9) 심사 발견사항(audit findings)

심사기준에 대하여 수집된 심사증거를 평가한 결과

> **비고 1** 심사 발견사항은 적합 또는 부적합으로 나타난다.
> **비고 2** 심사 발견사항은 개선의 기회 파악 또는 좋은 관행의 기록으로 이어질 수 있다.
> **비고 3** 영어에서, 심사기준이 법규요구사항 또는 규제 요구사항으로 선택된 경우, 심사 발견 사항은 준수 또는 비준수라고 불릴 수 있다.

10) 심사결론(audit conclusion)

심사 목표 및 모든 심사 발견 사항을 고려한 심사결과

11) 심사 의뢰자(audit client)

심사를 요청하는 조직 또는 개인

12) 피심사자(auditee)

심사를 받는 조직

13) 안내자(guide)

〈심사〉심사팀을 지원하기 위하여 피심사자가 지명한 인원

14) 심사팀(audit team)

심사를 수행하는 한 사람 또는 그 이상의 인원, 필요한 경우 기술전문가의 지원을 받는다.
비고 1 심사팀의 한 심사원은 심사팀장으로 지명된다.
비고 2 심사팀에는 훈련 중인 심사원을 포함할 수 있다.

15) 심사원(auditor)

심사를 수행하는 인원

16) 참관인(observer)

〈심사〉 심사팀과 동행하지만 심사원의 역할을 하지 않는 사람
비고 참관인은 피심사자의 인원, 관계 당국, 또는 입회심사를 수행하는 기타 이해관계자가 될 수 있다.

나. 내부심사 전과정

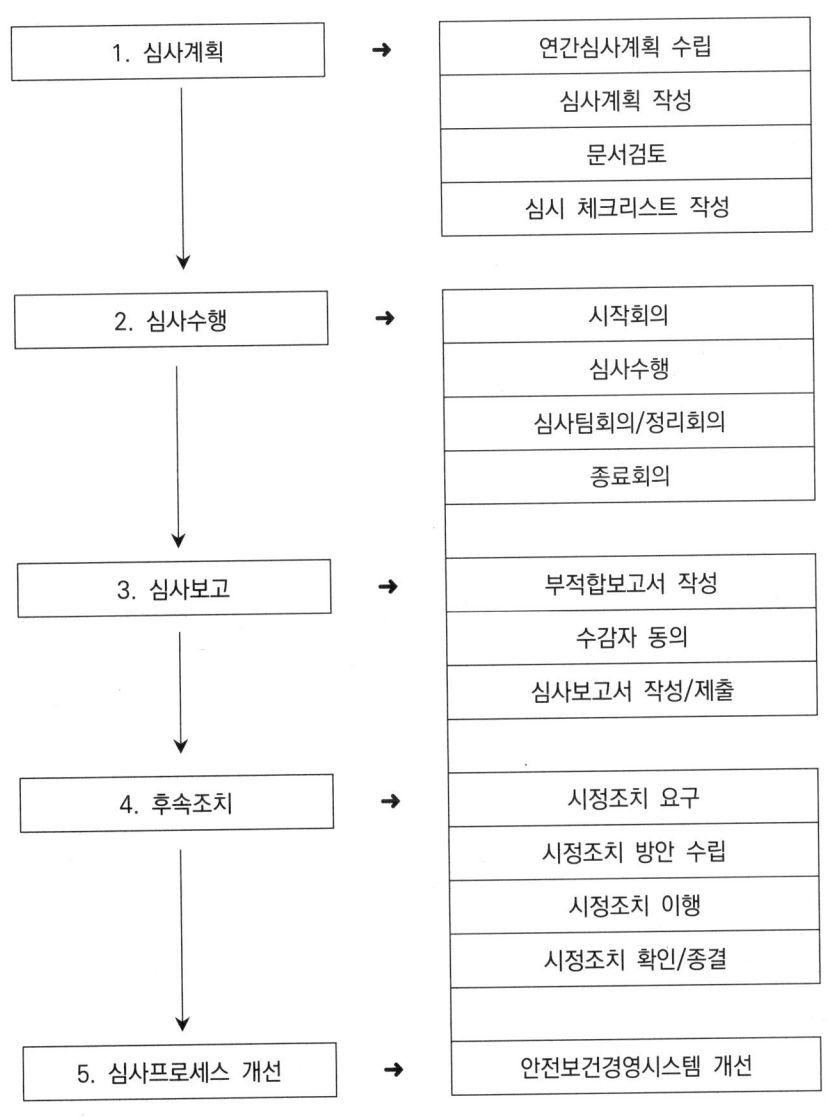

1. 심사계획

1) 연간 심사계획

　　일년 동안에 실시할 심사계획을 개괄적으로 정하여 관련부서 업무계획에 반영할 수 있도록 하는 목적이 있으나 대부분의 조직에서는 연간계획을 별도로 수립하지 않고, 내부심사 절차서에 "내부심사는 xx월에 주기적으로 실시"라고 정해두고 절차에 따라 수행하는 조직이 많은 편이다.

　　물론 대단위 사업장에서는 년간 심사계획이 꼭 필요할 수도 있으므로 이 역시 조직의 사정에 부합하게 기간을 정하여 수행하는 것이 좋겠다.

　　연간심사계획에는 심사대상부서(부문), 심사시기, 심사대상 업무(활동), 개별 심사의 수행여부 등을 포함하는 것이 바람직하다.

2) 심사의 종류

　　심사는 정기심사와 비정기(특별)심사로 구분하는데 정기심사는 일정 주기를 정하여 시스템의 모든 요소를 대상으로 실행하는 심사이며, 비정기심사는 정기심사 외에 안전보건상의 문제가 생겼거나 경영자의 지시 및 조직의 필요성에 의하여 실시하는 심사로 일부 부서, 일부 업무활동, 요구사항의 일부분만 심사하는 경우가 일반적이다.

3) 심사계획서 작성

　　심사의 목적, 범위, 기간 및 일정을 확정, 심사팀 구성 및 심사원 선정, 수감부서 선정, 심사기준, 주요 심사항목, 시작 및 종료시간 등을 포함하는 심사에 대한 세부계획을 수립하게 된다.

　① 심사목적의 파악은 심사계획 및 심사팀 구성에 있어 매우 중요하다. 그리고 부서별로 시스템의 성숙도나 안전보건관련 업무 부하의 차이가 있으므로 참조하여 결정하여야 한다.

　② 심사범위를 파악할 때는 회사내의 모든 부서(문)에 대한 심사, 특정 부문에 대한 심사(안전부문, 생산공정 등 일부 부문이나 부서에 초점을 맞춘다), 특정 요소에 대한 심사(전체 시스템 중에서 시정조치, 설비관리와 같이 일부 분야에 초점을 맞춘다)에 대하여 파악한다.

　③ 심사기간 및 일정계획은 심사수검부서의 업무일정, 업무부하, 부서규모, 과거 심사결과 등을 고려하여 전체 심사일정을 충족하는 범위 내에서 정하여야 한다.

　④ 심사팀의 구성 및 심사원 선정은 사내 자격관리대장에 등록된 내부심사원자격인정자

중에서 시행하는 심사의 목적과 업무, 심사원의 전문지식 및 공정성과 독립성을 고려하여 선정한다.

⑤ 심사계획서는 누가, 언제, 무엇을 심사할 것인지에 대한 세부사항과 무엇이 계획되었는지를 수감부서에 알리고, 각 심사원 별 심사 부서 및 심사 항목을 명시, 심사 대상의 누락 여부, 이동 및 회의 시간의 고려 등을 확인하여 심사팀장 또는 주관부서장이 심사계획서를 작성한다.

⑥ 심사계획을 작성할 때 참고하는 정보에는 전에 실시한 내부심사 기록, 심사팀원의 숙련도, 부서 배치도, 심사에 이용 가능한 시간, 심사경로 등을 고려하여 작성한다.
심사계획은 수검부서에서 심사준비와 업무에 지장이 없도록 심사실시 약 2주전에 수감부서와 정확한 일자와 시간에 대해 의사소통하는 것이 바람직하며, 심사실시 1-2일 전에 다시 한번 확인을 해두는 것이 좋다.

⑦ 심사기준이란 객관적인 증거를 비교하는 기준으로 사용되는 방침, 절차 또는 요구사항(표준 요구사항, 사내 자체요구사항 등)의 조합을 말하는데 내부심사에서는 주로 사내 문서(매뉴얼, 절차서와 지침서 또는 이해관계자의 요구사항)가 기준이 된다.

4) 내부심사에서 문서검토
전사 공통의 문서는 물론 심사대상부서의 고유문서까지 모두 검토해야 한다. 심사대상부서의 문서를 검토함으로서 해당 부서를 이해하게 되고, 심사프로그램을 보다 충실하게 작성하고 심사체크리스트의 작성에도 도움이 된다.
시스템 문서가 단순한 경우 사전에 모든 절차서와 지침서를 검토하는 것이 유용하지만 만일 시스템이 복잡하다면 심사주안점이 되는 문서 및 기록을 샘플링하여 검토하기도 한다. 심사에서 부적합이 발견되는 원인 중에서 가장 많은 부분이 조직이 문서에서 정한 사항과 현장 또는 실행하고 있는 사항이 상호 일치하지 않는 경우이다.
과거에 근무했던 회사에서는 직원들이 시스템문서에 대한 이해가 부족하여 시스템이 제대로 돌아가지 않아서 이를 해결하는 방법으로 매년 실시하는 대리승진시험 과목 중 사규과목에 시스템문서를 추가하였더니 그렇게도 읽지 않던 문서를 읽고, 이해가 어려운 사항은 주관부서에 문의하는 일이 많아서 주관부서는 그간 놓쳤던 문서를 개정하는 계기가 되었음은 물론이고 시험응시자는 시스템을 잘 이해하게 되는 일거양득의 효과를 거둔 일이 생각난다.

5) 심사체크리스트 작성
① 심사체크리스트 작성의 어려움
내부심사에서 심사원이 가장 어려움을 호소하는 것 중 하나는 심사에서 무엇을 어떻게

질문하여야 하는지에 대한 것이다. 이것은 "내부심사원 양성교육과정"에 참여한 수강생들의 한결같은 의견이다.

인증기관에 소속되어 심사가 본업인 심사원들도 장기간을 쉬던가 생소한 업체에 처음으로 심사를 수행하게 되면 처음에는 약간 당황하는 경우가 있는데 심사가 일상의 업무가 아닌 내부심사원의 경우는 얼마나 고민일까 충분히 이해가 간다.

그렇기 때문에 가장 필요한 것이 심사체크리스트이다.

② 심사체크리스트 핵심사항 목록화

심사체크리스트는 심사에서 점검해야 할 핵심사항을 목록화한 것으로 심사 시 질문의 출발점 역할을 하는 심사수행과정에 대한 이정표다.

③ 체크리스트의 필요성

체크리스트의 필요성은 심사의 깊이와 연속성을 보장해주고, 관련사항에 대한 누락의 방지 및 심사 샘플에 대한 기록이며, 심사원에게 인터뷰 순서를 잡아주고, 심사 도중 막혔을 때와 심사 속도를 조절할 수 있게 해주므로 심사업무에 대한 부담을 경감시켜 준다.

좀더 구체적으로 살펴보면 체크리스트의 작성과정은 해당문서의 검토와 기준에 대한 고려에서 출발하는 것이기 때문에 이 과정을 통해 경영시스템 기준에 대한 충분한 검토가 이루어 질 수 있으며, 체크리스트는 계획대비 성과에 대한 기록이고 실시한 심사 샘플에 대한 훌륭한 증거이다.

잘 준비된 체크리스트는 심사 현장에서 일어나는 일들에 의해 심사가 어느 한쪽으로 치우치지 않도록 해준다. 그러나 이전 심사에서 이미 알려진 체크리스트를 변경시키지 않고 사용하는 경우 얻어낼 수 있는 결과는 기계적이고 판에 박힌 것이 될 수 밖에 없으며, 심사의 최종결과도 효과적이라고 볼 수 없을 것이다.

④ 체크리스트 작성시 활용정보

그러면 심사체크리스트를 작성할 때 어떤 정보를 활용하는지에 대하여 살펴보면 먼저 시스템과 관련된 문서화된 정보(매뉴얼, 절차서, 지침서, 프로세스, 방침, 목표와 표준 및 자체 요구사항과 이해관계자 요구사항 등)과 전회 심사정보(심사발견사항, 개선권고사항 등) 외에 기타 필요한 정보들이 있을 수 있는데 본인은 전에 근무했던 회사에서 내부심사 체크리스트에 분임조 경진대회, 개선제안제도 및 TPM 경진대회 등 각종 사내대회에서 수상한 사항들을 포함시켜 수상한 업무의 사후관리가 지속적으로 관리될 수 있도록 점검했던 기억이 있다.

2. 심사수행

1) 시작회의

심사시작을 알리는 것으로 상호소개, 심사수행 방법, 심사진행 계획, 심사결과보고에 대한 설명과 질의 응답의 내용으로 진행한다.

내부심사에서는 공식적인 시작회의가 필수적으로 요구되는 것은 아니다. 시작회의의 주목적은 수검자에게 심사에 대한 기본적인 사항을 소개함으로써 수검자를 편안하게 해주는 동시에 업무적인 접근을 용이하게 할 수 있도록 하는 것이다.

내부심사에서 시작회의는 조직에 따라서는 2,3자 심사 시와 동일한 형태로 진행하는 경우도 가끔은 보았는데 대기업의 경우가 그렇고 보통의 경우 공식적인 회의는 생략한다.

대기업은 조직의 규모도 인원도 많아서 종업원 상호간에 일면식이 없고, 부서간의 업무에 대해서도 생소한 경우가 많아서 확대 시작회의를 하는 것이 필요한 부분이다.

일반적으로 시작회의에서 다루어지는 의제를 간단히 살펴본다.
① 심사원(팀) 및 심사수검부서 상호간 소개
② 심사일정 및 시간계획 소개
③ 심사 수행방법 설명
④ 심사의 목적 및 범위 설명
⑤ 심사결과 발견사항에 대한 분류, 보고 방법 설명
⑥ 심사를 안내하는 인원의 필요 여부 및 역할
⑦ 심사 시 협조요청사항
⑧ 심사방법이 샘플링심사이고 이에 대한 설명 등에 대하여 의사소통한다.

시작회의에는 수검부서장이 참석하는 것이 일반적이며, 심사관련 전반적인 사항이 관련인원에게 이해되도록 한다.

2) 심사수행

심사계획에 따라서 사전에 작성된 체크리스트를 활용하여, 수행되고 있는 사항이 심사기준을 충족하는지 여부를 확인하고 필요한 정보인 객관적 증거를 확보하는 활동이다.

심사는 심사계획서에 따라 수행되고, 동시에 심사원은 본인에게 할당된 부분을 심사한다. 이제 심사가 진행되는 순서를 살펴보자.
① 현장순회 및 공정설명의 청취는 심사대상에 대한 전반적인 이해와 상황의 파악을 위하여 필요하다고 생각하지만 필요하고 가능한 경우에 실시하여야 한다.
② 심사에서 질문은 질문-응답(경청)-관찰 및 확인-기록을 반복하는데 질문의 종류에는 개방형 질문, 탐색형 질문, 폐쇄형 질문을 주로 사용하게 된다.

- 개방형 질문은 수감자가 자유롭게 얘기할 수 있도록 해준다. 즉, '대답의 실마리'를 제공해 주며 대화를 촉진시키고, 수감자가 상황을 설명하도록 허용해준다.
- 탐색형 질문은 추적해 가는 또는 '초점을 맞추어가는 질문'으로 더욱 깊이 있는 정보를 찾아내기 위해 사용하며, 심사원은 탐색할 때 탐정과 같은 접근은 피하도록 주의해야 한다.
- 폐쇄형 질문은 특수한 사실들을 확인하기 위해 사용하는데 일반적으로 "예 또는 아니오" 대답을 유도한다(예: "당신은 … 합니까?").

같은 질문을 다른 방법으로 하게 되면 다른 대답을 유도해 낼 수 있기 때문에 상황에 따라 적당한 질문의 유형을 결정하는 것이 좋겠다.

질문을 잘못하여 수검자에게 자신이 심문을 당하고 있다거나 자신을 믿지 않고 있다는 인상을 주어서는 안 된다.

심사원은 심사계획 시에 준비했던 체크리스를 참조하여 필요한 사항에 대하여 질문을 통하여 확인하게 되는데 질문을 할 때 애매모호하거나, 함정이 있는 또는 복합적인 질문은 삼가하여야 한다.

수검자가 심사를 편안한 마음으로 받을 수 있게 분위기도 조성해야 하고, 온화하고 우호적으로 대하는 것과 심사원의 역할은 20%만 말하고 80%는 듣는 일임을 잊지 말아야 한다.

3) 심사관련회의
    ① 심사팀회의
        심사팀원만 참가하는 회의로 심사 수검조직의 인원은 참가하지 않는다.
        심사기간 중에 심사팀회의는 최소한 하루에 한번은 이루어져야 하며, 심사를 마친 오후에 실시하는 것이 일반적이나, 점심 식사 시간에 할 수도 있다.
        회의의 주요 목적은 심사원간에 정보를 교환하고, 지적 사항을 확인하며, 필요 시 팀 구성원에게 자신이 책임진 영역의 시스템 요소에 대한 점검 또는 확인을 요청하는 것이다.
        다시 말하면 심사계획과 심사진행 중에 인지하게 된 정보를 심사원 간에 공유하여 심사에 반영하기 위함이다.
        여기서는 심사계획과 상이한 점이 발견된 경우, 예로 부서의 업무분장에 대한 내용, 심사대상부서 또는 표준의 모든 요소가 모두 포함되었는지 등에 대하여 심사원 간의 정보교환으로, 문제가 되는 부분의 유무를 검토하여 심사계획, 심사진행사항 심사원 간의 업무 분장에 참조한다.

② 정리회의

동일 조직에서 2일 이상 심사를 진행할 경우에 실시하는데, 심사원이 전날 심사했던 결과를 요약한 내용을 수검부서에 전달하고, 조직에 부적합, 심사진행상황, 심사와 관련한 필요한 정보를 전달하게 된다.

이러한 사항들은 심사팀의 종료회의 준비를 위한 체계적인 접근을 가능하게 한다. 심사팀은 회의를 통해 수검자에게 확인된 가장 중요한 부적합에 대해 적당히 경고하고, 그 부적합을 부정할 수 있는 증거를 더 찾을 수 있는 기회를 주게 된다.

종료회의를 수행하는 날에는 정리를 하루에 두 번 하는 것과 같으므로 통상적으로 정리회의는 생략한다.

③ 종료회의

전체 심사일정을 마무리하는 최종회의로 목적은 심사결과를 요약하여 피심사조직에 제공하고, 부적합사항과 개선권고사항을 알려주고, 심사과정에서 오해나 실수가 있었다면 해결하고 향후에 심사와 관련하여 진행될 사항을 알리고 동의를 받는다.

종료회의 의제로는 심사수검에 대한 감사인사, 심사 우수사례에 대한 언급, 심사결과에 대한 요약설명, 샘플링심사에 대한 한계성, 향후 계획에 대한 협의와 심사의 목적과 범위를 재확인하게 되는데 제3자심사에서 만약 인증범위가 심사계획과 다르다면 이를 추가로 확인하여 인증범위 변경이 확인되고 요건을 충족할 경우에는 인증서를 재 발급하도록 조치하여야 한다.

종료회의시에 우수사례에 대한 내용을 전체 조직에 알림으로 인해 관련부서의 협조를 촉진하고 심사에 대한 부정적인 인식을 바꾸는 계기가 될 수 있다.

심사에서 확인된 사항 중에는 문서나 기록으로 확인이 가능한 부분도 있겠으나 어떤 경우에는 현장확인이 필요하다.

예로 "유해화학물질을 보관 및 취급하는 장소에는 MSDS를 비치하고 있다"는 것은 피심사자의 답변만으로는 확인이 되지 않고 현장에서의 확인이 필요한 부분이다.

그리고 나서 심사원은 확인한 사항에 대하여 간단히 기록으로 남겨서 추후 보고서 작성시 증거, 심사내용 검토 위한 기본자료 및 차기 심사에 참고자료로 활용할 수 있도록 하기 위하여 사실에 충실하게 기록하여야 한다. 결론에 근거가 되는 증거들을 명확히 기술해야 하고, 타인이 기록지를 읽을 수 있다는 것을 가정하여 작성하여야 한다. 심사기록지는 심사 중 확인한 것을 관련 문서 또는 객관적인 근거와 함께 기록한 것을 말하며 반드시 별도의 양식을 준비할 필요는 없으며, 관찰결과를 체크리스트의 여백에 기록하는 것도 하나의 방법이다.

4) 수검부서와 심사발견사항의 확인

　심사원은 심사에서 발견된 사항에 대해서는 부적합을 입증할 수 있는 객관적인 증거를 확보하는 것이 중요한데, 객관적 증거는 관찰, 실측, 시험 등의 활동을 통하여 확보할 수 있고 문서화된 정보, 현물, 현장, 현품 및 피심사자의 답변 등이 객관적인 증거가 될 수 있다.

5) 부적합사항의 확인(해당 시)

　심사에서 부적합 사항이 발견되면 수검자나 수검부서 부서장과의 합의가 필요하나 수검자의 면전에서 부적합보고서를 발행하는 행위는 삼가하는 것이 좋다.
　만약 절차에 부적합사항은 수검부서장의 서명을 받도록 정했다면 이를 지켜야 한다.
　심사의 목적은 부적합을 발견하는 것보다 시스템의 부족한 점을 상호 토의를 통하여 개선할 수 있도록 하는 것이 더 중요하다.
　내부심사에서는 외부심사에서 공개할 수 없었던 기밀사항이나 문제시되는 부분도 허심탄회하게 토의하고 문제를 해결할 수 있기 때문에 이를 잘 활용한다면 시스템 개선에 많은 도움이 될 것이다.
　사실 현장에서 느끼는 바로는 내부심사를 실질적으로 하기보다는 외부심사 수검 시에 필수 점검사항이니까 형식적으로 하는 경우도 가끔 볼 수 있다.

6) 심사협조에 대한 감사

　심사가 끝나면 수검부서에서 심사를 준비하고 심사에 성실하게 협조해 준 것에 대하여 감사하는 것도 잊지 않아야 한다.

3. 심사보고

심사계획에 의해 심사를 수행했으면 이제 그 결과인 발견사항에 대하여 정리하는 단계로 부적합보고서 작성 -> 부적합사항 검토 및 판정 -> 피 심사조직 동의 -> 심사보고서 작성 및 제출의 순으로 진행된다.

앞에서 심사는 심사기준에 충족되는 정도를 결정하기 위하여 증거를 수집하고 객관적으로 평가하기 위한 체계적이고 독립적이며 문서화된 프로세스라고 정의했다.

앞에서 설명한 부분을 다시 한번 간단히 정리 해보면 심사기준은 심사체크리스트를 작성할 때 활용하고, 심사원 교육에서 교육했던 사항 인데 표준 요구사항, 조직자체 요구사항, 이해관계자 요구사항, 법규 및 규제적 요구사항 등이 될 수 있겠고, 심사증거는 조직의 문서 또는 기록, 현물 또는 현장, 실측자료 및 피심사자의 답변이다.

1) 부적합사항

부적합은 일반적으로 중부적합과 경부적합 및 개선 권고사항으로 구분된다.

① 중부적합(Major Nonconformity)은 경영시스템 또는 기타 기준 문서에서 하나의 요건에 대한 시스템상의 누락 또는 전체적인 붕괴 또는 한 개의 조항에 대해 발견된 다수의 동일한 경부적합은 중부적합으로 간주될 수 있다.

② 경부적합(Minor Nonconformity)

경영시스템 또는 기타 기준문서에서 하나의 요건을 충족시키지 못한 경우, 절차서상 하나의 항목에 대하여 하나의 잘못이 관찰된 경우이다

③ 개선 권고사항(Observation)

부적합이라고 확신이 서지만 객관적 증거가 없는 경우, 현재는 부적합이 아니지만 차후 부적합으로 전개될 우려가 있는 사항, 사내표준대로 시행되고 있으나 업무의 목적 달성에 비효율적이거나 불합리하다고 판단되는 경우, 관련 업무의 개선이나 시스템 효율성 측면에서 개선이 필요한 사항 등이다.

여기에서 만약 부적합이 발생되면 심사원은 그 부적합에 대하여 부적합보고서를 작성하여 심사팀장에게 제출하고, 심사팀상은 이를 피 심사소식에 송부하여 부석합에 대한 시정조치를 요구하여야 한다.

④ 부적합에 대한 조치 방법

중부적합과 경부적합에 따른 조치방법을 달리하는 회사도 있으나 통상적으로 시정조치로 만족하는 경우가 많다.

개선 권고사항은 회사에서 정한 기준에 따라 처리하는데 일반적으로 부적합과 동일시 하여 시정조치를 취하는 경우와 그냥 업무에 참조하는 경우로 구분할 수 있다.

개선 권고사항의 경우 외부심사에서는 별도의 시정조치를 요구하지는 않는다.

2) 심사보고서 작성

심사보고서를 작성하기 위해서는 먼저 심사 시에 작성한 심사기록사항을 참고하여 객관적인 증거가 심사기준을 충족하는지 여부를 확인하여 부적합 여부를 판단하고, 부적합이라면 피심사부서장의 협의나 동의여부도 확인하여 확정한다.

그리고 부적합의 중요도를 구분하여 절차에 따라 부적합보고서를 작성하게 된다.

부적합보고서가 갖춰야 할 조건들에 대하여 살펴보면

① 심사원은 수검자가 정확한 세부사항 혹은 항목을 찾아낼 수 있도록, 그리고 근본적인 원인을 해결하기 위한 시정조치 활동을 시작할 수 있도록 부적합보고서에 충분한 정보를 제공해야 한다.

② 부적합의 근거를 제시해야 한다.

③ 타인에 의해서도 무엇에 대한 부적합인지 추적이 가능해야 한다.
④ 수검부서에 의해서 수용되어야 한다.

3) 부적합보고서 작성 4원칙
① 정확성(Correct), 부적합 내용이 사실(Fact)에 근거하여야 하며, 반드시 객관적 증거가 있어야 한다. 가능하다면 "5개를 확인했는데 그 중 2개가 준수되지 않음" 같이 정량적 정보를 포함하는 것이 좋다.
② 완전성(Complete), 부적합보고서에 명시하여야 하는 항목은 빠짐없이 기재하여야 한다. 예로 수검부서명, 관련 표준 조항번호, 부적합의 구분, 관련 시스템 문서 등
③ 간결성(Concise), 부적합 내용을 군더더기 없이 간결하게 작성하여야 한다. 부적합 상황을 자세히 기술하다 보면 오히려 그 내용 중에 무엇이 부적합인지 이해하기 어렵다. 특히 제일, 모두, 완전히 등의 형용사나 부사의 사용을 배제하는 것이 좋다.
④ 명료성(Clear), 부적합 내용을 6하 원칙(5W1H)에 의거하여 누구나 그 내용을 명확히 알 수 있도록 기술하여야 한다. 수검자 측이나 다른 심사원이 부적합 내용을 이해하기 힘들어 구두로 추가 설명이 필요하다면 잘못 기술된 것이다.

4) 부적합보고서 작성방법
① 부적합보고서 작성방법은 요구사항과 부적합사항 및 객관적 증거를 기술하는 것으로 정해진 순서는 없으나 통상적으로 먼저 해당부적합에 대한 요구사항을 기술하고, 다음에 객관적 증거와 부적합사항의 순으로 작성한다.
  예) xx는 yy하여야 하나(요구사항), ~~의 경우는(객관적 증거), yy하지 않은 사례가 있음(부적합사항).
② 객관적인 증거로는 관련 문서에 관한 정보, 확인한 샘플의 수량 중 몇 개, 확인한 자재, 기계, 사람, 장비 등을 구체적으로 제시하는 것이 요구된다.
 - 그러나 실제 심사원이 심사보고서를 작성하는데 많은 부담을 가지고 있는 게 현실이다.
③ 부적합보고서에 포함되어야 할 사항을 간단히 살펴보자.
일반적인 사항으로는 부적합보고서를 식별할 수 있는 번호, 부적합에 대한 일련번호, 심사원명(서명), 심사팀장명(서명), 피 심사부서명, 심사일자, 부적합 등급 등이고, 부적합사항은 요구사항 번호, 요구사항 내용, 객관적 증거, 부적합 내용 및 기타 필요한 사항이 있으면 반영하여야 한다.
④ 부적합보고서에서 피해야 할 사항은 부적합에 관련된 개인의 이름을 적지 않아야 하고, 부적합보고서에 감정적이나 주관적인 표현은 삼가해야 하며, 심사 중에 제시되지 않았던 사항을 부적합으로 하는 것은 금기사항이다.

4. 후속조치

여기서 말하는 후속조치라는 것은 부적합보고서의 작성 이 후의 조치사항을 말한다
절차를 보면 부적합에 대한 시정조치 요구 -> 시정조치 방안 수립 및 이행 -> 시정조치 확인 -> 종결의 과정을 거치게 된다.

1) 시정조치 요구
   ① 시정조치요구는 부적합보고서로 작성된 것 자체를 피심사부서에 보내는 경우와 부적합 보고서에 근거하여 별도의 시정조치요구서를 작성하여 요청하는 경우가 있다.

2) 시정조치방안수립 및 이행
   ① 일단 시정조치 요구서를 접수한 피심사부서에서는 시정조치방안을 검토하여 바로 시정조치를 하거나, 필요할 경우에는 시정조치계획을 수립하여 조치하는 경우도 있는데 조치계획을 수립하는 경우는 시정조치에 장기간이 소요되어 요구부서에서 요청한 기간 내 조치가 불가능한 때는 이를 주관부서(심사원)에게 우선 통보하여 업무에 참조하게 한다.
   ② 시정조치의 내용은 통상적으로 시정 -> 원인분석 -> 재발방지대책 -> 유효성 확인의 항목으로 조치한다. 시정조치를 위하여 조치부서에서는 조치 책임자를 지정하여 조치 하기도 하고 조치 활동을 응급조치와 근본조치로 나누어 하는 등 현실에 적합하게 운영한다.
   시정은 부적합사항을 제거하는 행위를 말하며, 원인분석은 부적합이 발생하게 된 직접적인 원인을 조사하는 것으로 통상 Why(왜)를 5회 반복하여 최적의 원인을 파악한다. 재발방지는 동일부적합이 재발되지 않도록 파악된 원인을 제거하는 행위이다.

   이와 병행하여 보통 수평전개 조치도 취하게 되는데 현재 발생된 부적합은 심사원이 확인한 곳에서만 발견된 것인데 동일한 조건의 다른 장소에서도 같은 부적합이 발생할 수도 있으니까 지적되지 않은 장소(사항)에 대해서도 자체적으로 확인해서 만약 동일한 부적합이 발견된다면 이 부분에 대해서도 발견된 부적합사항과 동일한 재발방지대책을 수행하는 것이다.

   또 한가지 재발방지나 수평전개의 조치사항은 현재 실행되지 않는 사항에 대하여 새롭게 실시하는 것일 수도 있는데 이때는 조치행위가 정착될 때까지 지속되는지에 대하여 확인(모니터링)하는 것도 필요하다면 추가하여야 한다.

시정조치방안을 수립하여 원인분석과 재발방지대책이 수립되면 시정조치 사항을 실제로 이행하여야 하고, 시정조치결과를 심사팀에 제출하여야 한다.

3) 시정조치 확인 및 종결
   ① 심사팀은 시정조치결과를 접수하여 시정조치 내용을 검토하고 시정조치의 유효성을 확인하여 시정조치로 부적합이 충분히 해소되었다고 판단되는 경우에는 부적합에 대하여 종료하고, 그렇지 못한 경우에는 시정조치요구서를 재 송부하여 시정조치를 다시 요청하게 된다.
   주관부서는 지금까지 언급한 내부심사계획에서 심사결과 및 부적합 시정조치까지의 전체 과정의 내용을 정리하여 경영검토에 제출하여야 한다.
   ② 내부심사결과보고서 작성
   심사팀장은 심사보고서가 심사에 관련된 모든 사항과 결론을 포함하는지 확인해야 하며 결론은 심사팀원에 의해 뒷받침되어야 한다.
   내부심사를 계획하고 실행 및 부적합에 대한 시정조치가 종료되면 내부심사 전체에 대한 결과를 경영자에 보고하여야 한다. 경우에 따라서는 시정조치가 종료되기 전에 보고하는 곳도 있다.
   내부심사보고서에 반영되어야 하는 내용은 다음과 같다.
   ⓐ 심사목적 및 범위 와 심사에 관련된 세부사항으로 심사계획 사항
   ⓑ 심사대상 문서와 방법
   ⓒ 지적된 부적합 및 개선권고사항
   ⓓ 시스템의 적합성 및 효과적인 실행, 유지
   ⓔ 문제점 및 종합의견
   ⓕ 결론 및 향후 일정 등
   추가로 강조하고 싶은 사항은 문제점 및 종합의견을 대부분의 회사에서는 반영하지 않는 사례가 많다. 주관부서에서 보고서를 작성하여 누구에게 보고하는 것인지에 대하여 다시 한번 생각해볼 필요가 있다. 즉 보고서는 나를 위하여 작성하는 것이 아니라 보고 받고 활용하는 인원임을 잊지 말아야 한다.
   내부심사보고서는 보고를 받는 대상이 경영자라는 것이다. 경영자는 시스템을 구축하여 운영하는데 어떤 문제가 있고 무엇이 잘된 것인지 그리고 시스템의 성과와 효과성을 위하여 경영자 자신이 해야 하거나 할 수 있는 일이 무엇인지에 대하여 전체적인 내용을 알고 싶어할 것인데 이것은 생략하고 세부적이고 부분적인 사항만을 보고서에 담게 되면 경영자에 올바른 경영정보를 제공할 수 없다는 것을 알아주기 바란다.

5. 내부심사 프로세스개선

내부심사 완료 후에는 심사운영에 대하여 평가하고, 개선의 여지가 있는지 검토하여 결과에 따라 필요한 조치를 취하여야 한다.
내부심사 수행 결과를 평가하고 부적절한 심사수행에 대해서는 개선할 필요가 있다.
평가결과 나타난 우수사례나 문제점은 심사원에게 전달하거나 이를 개선할 수 있는 프로그램을 준비하는 것이 필요하다.

평가대상에는 심사목적과 범위, 심사기준, 심사기간, 심사원의 선정 및 운용과 관련사항, 부적합판정, 보고서 작성, 심사태도, 대화기술 및 심사요령 등이 있다.

그리고 평가결과에 따른 조치에는 경영시스템에 관련한 절차의 변경이나 운영에 대한 개선 등으로 심사에 대한 평가회의를 개최하거나 심사원에 대한 교육훈련의 개선 등이 개선사항이 된다.

결론적으로 내부심사는 시스템의 유지와 운영 및 개선을 위하여 가장 중요한 업무임에는 재론의 여지가 없지만 실제 현업에서는 시간이 부족하다, 전문지식이 없다, 회사가 바빠서 심사 일정을 뺄 수가 없다 등등의 이유로 형식적으로 흐르는 경향이 있다.
하지만, 내부심사를 통해서 전체 조직이 솔직하게 문제점을 찾아내서 토론하고 문제가 무엇인지와 어떻게 개선할 것인지를 찾는 절호의 기회를 잘 살려주기를 기대해 본다.

다. 심사팀 구성

1. 심사원 자격

내부심사원의 적격성은 안전보건경영시스템에 영향을 많이 미치는 업무를 수행하는 인원의 학력, 교육훈련 또는 경험에 근거하여 내부심사원도 사내자격인정 대상이 된다.
내부심사원에는 심사팀장과 심사원으로 구분할 수 있으며, 심사팀장은 내부심사를 총괄관리하기 위해 지명된 심사원이고, 심사원은 심사팀장을 보좌하고 내부심사를 수행할 자격이 부여된 사람이다.

내부심사원의 자격을 부여하기 위해서는 어떤 교육훈련을 얼마나 이수해야 하는지, 학력은 어느 수준이어야 하는지 또는 어떤 경력이 얼마만큼 있어야 하는지에 대한 기준을 정하여 평가하고 자격을 부여하게 된다.
여기서 중요한 사항은 각 항목에 대한 기준이라 볼 수 있는데 이 또한 조직의 사정에 따라 결정되어야 한다.

자격기준에 따라 평가한 결과 만약 꼭 필요한 인원이 기준을 충족시키지 못할 때는, 교육의 필요성이 되고 필요성에 대한 조치를 취한 경우에는 효과성을 평가하여야 한다.
내부심사원이 이수해야 할 교육내용에는 시스템의 개요, 표준 요구사항과 심사 수행과 관련한 심사계획, 심사진행 중의 인터뷰 방법, 심사발견사항에 대한 부적합보고서와 개선 권고사항의 작성 방법, 수검부서로부터 접수한 시정조치 등에 대한 후속조치 내용 등이 있다.

1) 교육의 방법

  조직 자체의 전문가 또는 외부전문가를 초청하던가 외부교육전문기관에 위탁하여 실시할 수 있는데 각각의 방법에 따른 장단점은 고려하여 결정하는 것이 좋겠다.
  조직 자체의 시스템 전문가가 교육을 담당하는 경우에는 시간과 비용을 절감하고 업무에 지장도 최소화 하면서 유연성 있게 수행할 수 있는 장점이 있는 반면 적격성을 갖춘 강사를 구하기 어렵고 교육장소가 사내이기 때문에 집중적인 교육분위기가 형성되지 않아 효율성을 기대할 수 없는 단점이 있다.

2) 외부전문강사를 사내에 초청하여 교육을 실시하는 경우
회사가 필요로 하는 많은 인원을 교육에 참가시킬 수 있고, 비용도 인원수에 관계없이 일정금액이 소요되며 회사 실정에 부응하는 맞춤형 교육이 될 수 있는 장점이 있으나, 이 역시 교육장이 사내인 경우에는 집중해서 교육이 되지 않고 교육 중에 담당업무를 동시에 수행함에 따라 효율성을 기대하기 어렵다.

3) 외부 전문교육기관에 위탁하여 교육을 실시하는 경우
교육에 참가한 다른 기업들과 정보교류와 벤치마킹 및 인적 네트워크 구축을 기대할 수 있고 회사업무에서 벗어날 수 있어 교육의 효율을 높이고 자격시험을 치르게 됨에 따라 열심히 공부하여 평가를 통과할 경우 자격증을 취득할 수도 있다.
단점으로는 교육비가 많이 소요되고 회사 업무를 처리할 수 없어 업무에 대한 심리적 부담을 안아야 되므로 신중한 판단이 필요하다.

최근에는 사외교육기관에 "내부심사원 양성과정"이 개설되어 있고 이수 후 평가를 거쳐 합격자에 자격증을 부여하는 연수기관도 증가되고 있는 추세이다.

내부심사원의 자격을 취득했다고 바로 심사하기에는 미흡하다고 판단되면 일정기간의 실무훈련을 추가하는 조직도 있는데 이를 위한 방법 중의 하나로 외부심사수검 시에 심사에 참관하게 하는 경우도 있다.

그리고 자격유지에 대한 사항으로 자격을 부여하고 일정기간 마다 재평가를 하거나, 유효기간 내 심사실적이 몇 회 이상 수행해야 하거나 일정기간에 보수교육을 일정시간 이상 이수하게 하는 등의 자격유지에 대한 제한이 필요하다.

심사에서 발견되는 사항 중에는 자격관리대장에 등록된 인원에 대한 사후관리가 미흡하여 퇴사, 전출 등으로 심사에 동원할 수 없는 인원이 등록, 유지되고 있는 경우도 있다.

2. 심사팀의 역할

1) 심사팀장의 역할
　　심사팀장은 계획에서부터 보고서 제출까지 전 과정에 대한 책임을 진다.
　　① 심사계획작성
　　② 수검부서와의 조율
　　③ 심사팀을 대표
　　④ 심사원 선정
　　⑤ 심사보고서 작성 및 제출 등

2) 심사원의 역할
　　① 체크리스트 작성
　　② 심사 요구사항의 준수
　　③ 심사결과를 보고
　　④ 부적합에 대한 시정조치의 유효성 확인
　　⑤ 심사기록 유지
　　⑥ 심사팀장을 지원하는 일

심사원은 시스템 운영의 객관적 증거를 수집하여야 한다.
이를 위해서, 심사원은 심사 영역 내에 있어야 하고, 그 영역 밖에서의 활동 또는 부분에 영향을 받아서는 안 된다.
또 심사원은 수검부서의 인원, 활동 및 정보를 존중하여야 하며 항상 예의 바르게 행동해야 한다.

3) 심사원이 갖추어야할 자질
　　심사원은 임원진 수준과 작업자 수준 모두에게 같은 효과를 줄 수 있는 의사소통 능력이 필요하고, 자신의 견해를 말할 때 조심스러운 단어를 선택하여 부정적으로 받아들여지는 일이 없어야 한다.
　　심사원은 자신이 얻은 모든 단편적인 정보에서 중요성을 판단하고 작은 흠을 찾는 것이 아니라 중요한 사항에 집중하여 그 정보로부터 결론을 유도해야 한다.

4) 심사원의 특질
　　심사원은 항상 전문가로 보이도록 행동할 필요가 있고, 종종 "좋지 않은 소식"을 전달하면서도 상대방(수검자)에게 심사에서 가치 있는 무언가를 얻었다는 느낌을 갖도록 할 필요가 있다.
심사원의 특성 중에, 가장 중요한 것은 공정성으로 심사결과가 어떻든, 공정하게 표현된 결과라면 양측은 모두 이를 긍정적으로 볼 것이다.

심사원은 문제점이 발견될 때까지 "파헤치는 것"을 피해야 한다. 심사원은 샘플을 추출하고 만족스럽다면 다음 장소(부서)로 옮겨야 한다.

부적합사항이 발견되면, 다음 번 샘플을 추출할 준비를 해야 하는데 이것이 바로 편견이 없는(공정한) 접근 방식이 되는 것이다.

이것은 사실성을 확립하기 위하여 상황을 심도 있게 탐사할 필요가 있을 수도 있다.
결론을 끌어내서 단호하고 권위있는 방법으로 표현한다.
대부분의 회사에서는 심사팀장은 주관부서의 팀장이 수행하고 있다.
심사팀이 한 명만으로 구성되는 경우에는 심사팀장과 심사원이 동일인이 된다.

3. 부서별 업무

1) 주관부서의 업무
주관부서는 회사의 안전보건경영시스템 관련업무를 총괄하는 주관부서를 말한다. 일반적으로 심사팀장은 주관부서장이 되는 경우가 많으므로 업무의 중복이 있을 수 있다.

주관부서가 해야 할 업무 중에서 내부심사와 관련된 업무만 살펴보면 아래와 같다.
① 연간심사계획 수립 및 관련부서에 통보
② 심사결과보고 및 부적합에 대한 시정조치 요청과 조치결과 확인
③ 심사결과를 경영자에 보고 및 경영검토자료에 반영
④ 심사관련 문서화된 정보의 유지 및 보유
⑤ 내부심사원 교육, 자격관리
⑥ 심사결과를 토대로 심사프로그램 및 시스템 개선
⑦ 기타 내부심사와 관련된 업무 총괄

2) 수검부서의 업무

  심사를 받는 부서의 업무에 대하여 알아본다.
  ① 심사수검 준비 및 심사수검
  ② 필요 시 심사원에 부서 및 부서업무 소개
  ③ 심사에 필요한 자원 및 자료 제공
  ④ 심사계획, 심사목적 및 심사범위 등을 관련 직원과 의사소통
  ⑤ 심사발견사항에 대한 검토 및 동의
  ⑥ 심사 부적합사항에 대한 시정조치 수행

부 록

참고자료

- KS Q ISO 9000: 2015 품질경영시스템 - 기본사항과 용어
- KS Q ISO 9001: 2015 품질경영시스템 - 요구사항 및 사용지침
- KS Q ISO 45001: 2018 안전보건경영시스템 - 요구사항 및 사용지침
- KS Q ISO 19011 경영시스템 가이드라인
- 고용노동부 고시 제2020-53호(개정 2020.01.04.)
- 산업안전보건기준에 관한 규칙

양식 1 - 내부/외부 이슈파악서

상 황	이슈	내 용	중요도 A	중요도 B	중요도 C	개선대책	관리번호

(작성방법)

① 상황: 내부상황/ 외부 상황
② 이슈: 이슈 제목(인적자원/ 설비노후)
③ 내용: 이슈에 대한 구체적인 내용
④ 이슈에 대한 중요도 평가: A, B, C에 대한 기준설정 필요함.
⑤ 개선대책: 이슈의 중요도가 조직이 정한 것 이상일 경우에 이슈에 대한 개선사항
⑥ 개선사항에 대한 일련번호

양식 2 - 이해관계자 요구사항 파악서

분 류	이해관계자	요구사항	중요도 A	중요도 B	개선대책	비고

(작성방법)

① 분류: 근로자, 고객, 정부기관 등 대분류
② 이해관계자: 분류별에 해당하는 주요이해관계자
③ 요구사항: 주요 이해관계자의 요구사항
④ 중요도: 주요 이해관계자의 요구사항에 대하여 평가기준을 정하여 중요도 평가
⑤ 개선대책: 중요도가 조직이 정한 것 이상일 경우에 요구사항에 대한 개선대책

양식 3 - 프로세스 분석서

프로세스명		표준번호		상위프로세스			작성	검토	승인
제정일자		개정일자	-	페이지 수					
프로세스 목표					성과지표				

단계	업무흐름	입력물	출력물	소요자원	모니터링, 측정			책임자	비고
					관리항목	기준	주기		
PLAN									
DO									
Check									
Act									

양식 4 - 근로자의 참여 및 협의 현황표

구분	항 목	방법 및 내용
협의 대상	1) 이해관계자의 니즈와 기대를 결정(4.2) 2) 안전보건 방침 수립(5.2) 3) 적용 가능한 경우 조직의 역할, 책임 및 권한 부여(5.3) 4) 법적 요구사항 및 기타 요구사항을 충족시키는 방법을 결정(6.1.3) 5) 안전보건 목표 수립과 목표 달성 기획(6.2 참조) 6) 외주처리, 조달 및 계약자에게 적용 가능한 관리 방법 결정(8.1.4) 7) 모니터링, 측정 및 평가가 필요한 사항 결정(9.1) 8) 심사 프로그램의 기획, 수립, 실행 및 유지(9.2.2) 9) 지속적 개선 보장(10.3)	
참여 대상	1) 근로자의 협의와 참여를 위한 방법 결정 2) 위험요인을 파악하고 리스크와 기회를 평가(6.1.1 및 6.1.2) 3) 위험요인을 제거하고 안전보건 리스크를 감소하기 위한 조치 결정 4) 역량 요구사항, 교육 훈련 필요성, 교육 훈련 및 교육 훈련 평가의 결정 5) 의사소통이 필요한 사항과 의사소통 방법을 결정(7.4) 6) 관리 수단과 관리 수단의 효과적인 실행 및 사용 결정(8.1, 8.1.3 과 8.2) 7) 사건 및 부적합의 조사 그리고 시정조치 결정(10.2)	

(작성방법)

① 구분: 협의, 참여
② 항목: 협의대상 사항, 참여대상 사항
③ 협의 및 참여에 대한 방법과 절차의 내용을 기재하여 근로자에 제공(의사소통)

양식 5 - 리스크, 기회 평가

관리번호	분류	개선사항	리스크/기회	평가			관리대책
				A	B	C	

양식 6 - 안전보건정보

업무 (공정)명	안전보건정보		작성자	
			작성일자	
공정(업무) 순서	기구, 기계 및 장치명	유해화학물질	그 밖의 유해위험정보	
			★작업표준, 작업절차에 관한 정보 ★기계기구 및 설비의 사양서, 물질안전보건자료 등의 유해위험요인에 관한 정보 ★기계기구 및 설비의 공정흐름과 작업주변의 환경에 관한 정보 ★도급(일부, 전부 또는 혼재작업) 　□ 유.　□ 무 ★재해사례, 재해통계 등에 관한 정보 ★안전작업 허가증 필요작업 유무 　(□ 유.　□ 무) ★중량물 인력취급 시, 단위중량(15~20kg) 및 취급형태 　(□들기, □밀기, □끌기) ★작업환경측정 　(□측정, □미측정, □해당무) ★근로자 건강진단 유무 　(□ 유.　□ 무) ★근로자 구성 및 경력특성	
			여성 근로자 □	1년미만 미숙련자 □
			고령 근로자 □	비정규직 근로자 □
			외국인근로자□	장애 근로자 □
			★그 밖에 위험성평가에 참고가 되는 자료	

양식 7 - 위험성평가표

평가대상 공정		**위험성평가표** (4M - Risk Assessment)					평가자		
기계장치, 물질							평가일자		
단위 작업내용	평가 구분	위험요인 및 재해 형태	현재 안전조치	현재 위험도			개 선 대 책		관리 번호
				빈도	강도	위험도			
	기계적								
	물질 환경적								
	인적								
	관리적								

양식 8 - 개선실행 계획서

부서명		___개선실행 계획서___		결재	작성	검토	승인
작성일							
개선대상 단위작업 (업무)	관리 번호	재해 형태	개 선 대 책 (위험성평가보다 더 구체적으로)	개선실시내용	개선 완료 일자	확인

양식 9 - 법규목록표

법 규 명		등록일자	개 정 이 력			
산업안전보건법	법					
	시행령					
	시행규칙					

(작성방법)

① 법규명: 산업보건과 관련된 법률명과 법의 3단(법, 시행령, 시행 규칙)을 명기
② 등록일자: 조직에서 최초로 등록한 일자(법의 제정 또는 개정일자와는 무관함)
③ 개정이력: 등록일 이후에 법, 시행령, 시행규칙이 개정된 일자를 명기하는데 조직에 해당되는 사항에 개정된 경우와 그렇지 않은 경우에 대한 구분 필요함.

양식 10 - 법규등록부

법률명			최종개정일	
조항번호	주요내용 및 규제치		해당부서명	비 고

(작성방법)

① 법률명: 법규목록표에 등록된 법규명을 기재한다.
② 조항번호: 법규 요구사항 중에서 조직에 해당되는 조항의 번호와 제목을 기재한다.
③ 주요 내용 및 규제치: 법에서 요구하는 주요내용과 그에 따른 규제 수치를 명기한다.
④ 해당부서명: 주요내용 및 규제치가 적용되는 조직 내의 해당 부서명을 기록한다.
⑤ 비고: 법규 요구사항 이행에 따른 관련자료 등의 정보를 기록한다.

양식 11 - 목표 현황표

구 분	부서명	목 표	세 부 목 표	비 고

(작성방법)

① 구분: 이슈, 이해관계자 요구사항, 위험성, 법규 요구사항, 기타 등으로 구분한다.

양식 12 - 목표 추진계획서

목표 추진계획서											결재	작성	검토	승인
목표								성과지표						
구분	세부목표	추진방법	소요자원	추진일정				모니터링, 측정			책임자	비고	
				1/4	2/4	3/4	4/4	관리항목	기준	주기		

(작성방법)

① 생략

양식 13 - 목표 추진실적 보고서

목표 추진실적 보고서						결재	작성	검토	승인
목표					성과지표			
구분	세부목표	추진방법	추진내용	달성률 (%)	시정조치 (미달성의 경우)			비고

양식 14 - 기계장치(설비) 관리대장

설비명	관리번호	설비사양	방호장치	설치장소	설치일자	비 고

양식 15 - 보건설비 목록

보건설비명	용도	구입일자	관리항목, 기준	비 고

양식 16 - 안전장치 목록

설비(장치)명	안전장치	관리항목	관리기준	비고

양식 17 - 유해물질 목록표

물질명	사용장소	보관장소	유효기간	MSDS 비치	제조회사

양식 18 - 내부자격부여 대상 및 자격기준

내부자격부여대상	자 격 부 여 기 준		
	학력	경력	교육훈련

비고:

양식 19 – 자격인정 관리대장

자격인정 관리대장							결재	작성	검토	승인
자격구분	인적사항			자격인정기준			판정결과	자격 부여 일자	자격 유효기간	
	성명	부서	직급	학력	경력	교육 훈련				

▌양식 20 - 교육훈련 계획서

교육훈련 계획서 (20 년도)									결재	작성	검토	승인
부서명			작성자				작성일자					
구분	교육과정	교육대상자	교육방법	교육일정(월별)					비고			

양식 21 - 교육결과보고서(사내)

교육결과보고서(사내) (20 년도)				결재	작성	검토	승인
과정명		강사명		교육시행일자			
참석자 현황			평가방법			비고	
참석대상	참석자	불참자					
명	명	명	평가결과				
교육 내용 요약 정리							

양식 22 - 교육결과보고서(사외)

교육결과보고서(사외) (20 년도)	결재	작성	검토	승인

과정명		참가자		교육시행기관	
강사		교육기간		교육장소	
교육의 종류	☐ 출장, ☐ 강사초빙, ☐ 정기교육, ☐ 법정교육, ☐ 기타					
교육내용 요약					
평가 여부					
향후조치계획					

■ 양식 22 - 의사소통 관리대장

의사소통 관리대장						결재	작성	검토	승인
순번	의사소통대상	접수 내용	검토결과 (중요도)	조치 내용	조치 일자		조치 결과	

양식 23 - 문서관리대장

문서관리대장								결재	작성	검토	승인
순번	문서명	관리번호	부 서 명								비 고

* 주관부서에는 "◎" 표시를, 관련부서에는 "○" 표시를, 관련이 없는 부서에는 별도의 표시를 하지 않는다.

* 문서를 배포할 때는 주관부서와 관련부서에만 배포하고 별도의 배포대장은 만들지 않는다.

양식 24 - 문서 목록표

<td colspan="7" align="center">**문서 목록표**</td>
순번	문 서 명	관리번호	제정일자	개정일자(번호)	주관부서	비고

양식 25 - 외부출처 문서관리대장

외부출처 문서관리대장						
순번	문 서 명	발행처	발행일자	개정일자	관리부서 배포부서	비 고

양식 26 – 위험요소 감소대책 검토서

구 분	검토내용	실현가능성 상	실현가능성 중	실현가능성 하	문제점
위험요인					
감소대책(안)					
제거					
대체					
기술적 대안					
행정적 조치					
개인보호구					
결론					

양식 27 - 계측기 관리대장

계측기명	관리번호	구입 년도	사용용도 (장소)	관리책임	교정(점검) 주기	교정방법

양식 28 - 모니터링, 측정 계획 및 실적

모니터링, 측정 대상 항목	방법	주기	측정결과			비 고
			계획	실적	달성율(%)	

양식 29 - 측정장비 검교정계획서

계측기명	제조회사	관리번호	교정주기	교정방법	용도	정확도	비고

양식 30 - 준수평가 체크리스트

준수평가 체크리스트						결재	담당	검토	승인
평가자				평가일자					
법규명	조항번호	평가항목(내용)	평가결과		해당부서	관련정보 (객관적 증거)			
^	^	^	적합	부적합	^	^			

양식 31 - 심사일정계획서

심사일정계획서					결재	작성	검토	승인
일자	시간	심사원	부서	비 고			
심사원	1 =	2 =	3 =				
심사준비사항							

양식 32 - 심사 체크리스트

심사 체크리스트

구분	요구사항 번호	확인 사 항 (체크사항)	확인결과			비 고
			적합	부적합	내 용	

구분: 품질(Q), 환경(E), 안전보건(S), 통합(QSE)

양식 33 – 심사보고서

심사보고서

적용규격	
심사범위	
심사기간	

심사팀	구분	성명	비고
	심사팀장		
	심사원		

심사결과	☐ 중부적합(건) ☐ 경부적합(건) ☐ 권고사항(건)	

심시결과 종합	장 점	단 점

위와 같이 심사결과를 보고합니다.

20 년 월 일

심사팀장

양식 34 - 부적합 보고서

<table>
<tr><td colspan="5" align="center">부적합 보고서</td></tr>
<tr><td>적용표준</td><td></td><td>피심사부서</td><td colspan="2"></td></tr>
<tr><td>관련조항</td><td colspan="4"></td></tr>
<tr><td>부적합사항</td><td colspan="4"></td></tr>
<tr><td>발행자</td><td></td><td>부적합 판정</td><td colspan="2">☐ 중부적합
☐ 경부적합</td></tr>
<tr><td>동의</td><td></td><td>심사팀장</td><td colspan="2"></td></tr>
<tr><td rowspan="3">시정조치</td><td>시정</td><td colspan="3"></td></tr>
<tr><td>원인분석</td><td colspan="3"></td></tr>
<tr><td>재발방지</td><td colspan="3"></td></tr>
<tr><td colspan="2">작성자</td><td></td><td>작성일자</td><td></td></tr>
<tr><td colspan="2" rowspan="2">시정조치
사항확인</td><td colspan="3">☐ 만 족
☐ 불만족 (불만족시 후속대책:)</td></tr>
<tr><td>확인자</td><td></td><td>확인일자</td><td></td></tr>
</table>

■ 양식 35 – 개선 권고사항

개선 권고사항

심 사 원		작성일자	

번호	부서명	내 용	비 고

양식 36 - 경영검토 회의록

경영검토 회의록 작성일자:		결재	작성	검토	승인
순번	지시 및 검토 내용		관련부서		

참석자명단	소속	성명	서명	소속	성명	서명

양식 37 - 비상훈련 계획서

비상훈련 계획서 (20 년도)					결재	작성	검토	승인
부서명		작성자			작성일자			
구분	비상사태 대상	훈련주기	훈련방법	교육일정계획(월별)				비고

양식 38 - 비상훈련 결과보고서

	비상훈련 결과보고서		결재	작성	검토	승인

부서명		작성자		작성일자	

훈련명	
훈련일시	
훈련대상(부서)	
훈련장소	
훈련진행내용	
사용장비/보호구	
훈련결과 강평 (평가자, 내용)	
후속조치	
첨부자료	

양식 39 - 비상훈련평가 체크리스트

비상훈련평가 체크리스트

훈련명		훈련일시	
부서명		평가자	

순번	평가항목	평가 점수							비 고
		10	8	6	4	2	0	계	
계									
평가자 의견									

양식 40 - 반입물품 안전점검표

반입물품 안전점검표 (기계, 장치류, 유해화학물질)									결재	담당	검토	승인
작 업 명								물품명				
업 체 명								작업기간				
순번	점검항목	점검방법	점검결과							비 고		
			10	8	6	4	2	0	계			
계												
판정결과	□ 허가,　□ 조건부 허가,　□ 반입 불가　□ 기타											
기타 의견												

양식 41 - 소화기 관리대장

소화기 관리대장					결재	담당	검토	승인
순번	소화기종류	관리번호	구입일자	비치장소	교체일자		비 고	
1								
2								
3								
4								
5								
6								
7								
8								
9								
10								
11								
12								
13								
14								
15								
16								
17								
18								
19								
20								

양식 42 - 안전보호구 관리대장

안전보호구 관리대장						결재	담당	검토	승인
작업장명	필요보후구명	수량	지급기준	폐기, 교체기준		비 고		

양식 43 - 보호구 개인별 지급대장

보호구 개인별 지급대장					결재	담당	검토	승인
작업자명	수행작업명	보호구명	지급기준	지급일자	수령확인		비 고	

양식 44 - 심사 체크리스트

구분	요구사항 번호	확 인 사 항 (체크사항)	확인결과			비고
			적합	부적합	내 용	
비고						

작성자:
검토자:

양식 45 - MSDS 관리대장

MSDS 관리대장						결재	작성	검토	승인
순번	물질명	CAS NO	공급자현황 (전화번호)	제정일자 개정일자	개정일자		비고	

양식 46 – 안전작업허가서(1)

안전작업허가서

안전작업 허가대상	☐ 화기작업　　☐ 고소작업　　☐ 산소결핍작업 ☐ 상온작업　　☐ 고압전기작업　☐ 기타(　　　　　)		
의뢰부서		시행부서(업체)	
부서책임자	(인)	업체 책임자	
작업명		시행부서책임자	
작업장소		공사관리책임자	
작업기간	202 년 월 일	시 ~ 202 년 월 일	시

◆ 작업의뢰부서 조치사항 ◆	◆ 시행부서 및 업체 조치사항 ◆
1. 작업장 주위 가연물 제거 및 불연재로 덮을것 2. 작업(공사)감독자 지정 및 입회 3. 불티방지조치 확인 및 소화장비 준비 4. 안전보호구준비확인 및 안전조치상태 확인 5. 산소, 가스 농도확인 및 환기설비설치(필요시)	1. 소방장비 준비 2. 불티비산방지 조치 3. 공사관리책임자 입회 확인, 안전보호구착용 4. 공사 시작전 점검 및 소방안전교육실시 5. 작업 후 정리정돈 청소 6. 작업종료 또는 준단시 업체책임자 최종확인
작업의뢰부서장 지시사항	작업시행부서장 지시사항
안전관리부서장 지시사항	

상기 조건 및 조치사항을 충실히 이행할 것을 명하여 안전작업허가서를 발부함.
　　　　　　　　　년　월　일
관리담당책임자　　　　(인)　　안전관리자　　　　　(인)

양식 46 - 안전작업허가서(2)

☐ 화기 ☐ 용기출입 작업허가서

사용장비	☐ 용접기 ☐ 전기드릴 ☐ 전단기 ☐ 방폭공구 ☐ TORCH ☐ 비상등 ☐ 건설기계 ☐

팀명		지정구역		외주업체명		작업자수 명

| 작업내용 | | 작업자: (인) |
| | | 작업감독자: (인) |

1) 화기작업발급자 조치 및 검사자 확인	2) 용기출입작업발급자 조치 및 검사자 확인	3) 고소작업관련발급자 조치 및 검사자 확인	5) 작업자 및 비상대기자 준수사항
항목 조치 확인	항목 조치 확인	항목 조치 확인	(1) 작업자대표가 작업시 유의사항 및 작업허가사항 작업자에 교육
(1) 용기, 배관내 청소 ☐☐	(1) 용기내 내용물 폐기 ☐☐	(1) 안전벨트 착용 ☐☐	(2) 허가구역외 작업금지
(2) 밸브개폐 및 태그부착 ☐☐	(2) 용기내 청소 실시 ☐☐	(2) 비개 고정상태 확인 ☐☐	(3) 허가내용과 다른작업 금지
(3) Blind 설치 ☐☐	(3) 용기 flange 에 blind 설치☐☐	(3) 작업발판 확인 ☐☐	(4) 비상대기자 부재시 작업금지
(4) 천막, 수벽 설치 ☐☐	(4) 용기내 송풍기 설치 ☐☐	(4) 안전망 설치 ☐☐	(5) 작업내용변경시안전검사자통보
(5) Open Ditch 차단 ☐☐	(5) 송공기마스크 착용 ☐☐	(5) 가이드 레일 설치 ☐☐	(6) 작업중 특별지시사항 준수
(6) 소화기, 소방호스 비치 ☐☐	(6) 구명 로프 설치 ☐☐	(6) 위험표지판 설치 ☐☐	6) 특별지시사항
(7) 불똥막이설치 ☐☐	(7) 비상대기자 배치 ☐☐	(7) 상하 이동방법 확인 ☐☐	
(8) 주변 가연물 제거 ☐☐	(8) 용기 회전기 전원 차단 ☐☐	(8) 비래, 낙하물 확인 ☐☐	
(9) 용접기 접지 2m 내 설치 ☐☐	(9) 사용장비 정전기 제거 ☐☐	4)병행작업관련 발급자 조치 및 검사자 획인	
(10) 작업장 주변 정리정돈 ☐☐	(10) 방폭장비, 공구사용 여부☐☐	(1)회전기계 전원차단 ☐☐	
(11) 장비 및 공구상태확인 ☐☐	(11) 낙하물 확인 ☐☐	(2)위험표지판 설치 ☐☐	
(12) 내관, 용기 내부 확인 ☐☐	(12) 산소,가연성 유독가스 ☐☐	(3)안전보호구착용 ☐☐	
(13) 가연성 가스 검사 ☐☐	- 측정시간	지하매설 확인	외부업체 비상대기자
- 측정시간	- 가연성 가스	확인자: (인)	작업자: (인)
- 가연석 가스	- 유독가스		작업감독자:
(14) 측정자: (인)	(13) 측정자: (인)		

작업허가증 유효기간: 월 일 시 분~ 시 분	안전검사자	월 일 시 분 (인)
교대인수자 확인:교대팀장: (인). 비상대기자: (인)	비상대기자	월 일 시 분 (인)
작업허가연장	작업연장기간: 월 일 시 분~ 시 분	발급자	월 일 시 분 (인)
	작업허가자: (인), 비상대기자: (인), 안전검사자: (인)	허가자	월 일 시 분 (인)
작업완료확인: 월 일 시 분 (인)	허가협조부서	부서명 팀 과
허가서 관리 백색:작업자 휴대, 황색:허가부서, 분홍색:안전검사부서 보관	확인	월 일 시 분 (인)

원포인트위험예지훈련

어떤 위험이 잠재하고있는가? (빠르고, 정확하게 찾아내어 조치하고 작업하자)	서명날인
중요 위험요소	발급자:
대책수립	비상대기자:
팀의 행동목표	작업자(대표):
One- Point	

▎저자약력

* 글로벌시스템(컨설팅)대표(2000~현재)
* 영남대학교 졸업 동 환경경영대학원 졸업
* ㈜제철화학(포스코켐) 근무(1976~1999)
* 한국심사자격인증원 전문위원(2015~ 2021)
* 한국품질재단(KFQ) 심사원, 강사(1999~ 2021)
* 한국생산성본부 인증원(KPC-QA) 심사원, 강사(2021~현재)

- ISO 심사원 자격

* ISO 9001 품질경영시스템 심사원(1999 ~ 현재)
* ISO 14001 환경경영시스템 심사원(1997 ~ 현재)
* ISO 45001 안전보건경영시스템 심사원(2002 ~ 현재)
* ISO 50001 에너지경영시스템 심사원(2014 ~ 현재)
* ISO 22301 비즈니스연속성경영시스템 심사원(2016 ~ 현재)
* ISO 37001 부패방지경영시스템 심사원(2019 ~ 현재)
* ISO 37301 준법경영시스템 심사원(2021 ~ 현재)
* KOSHA 18001 안전보건경영심사원, 컨설턴트(2015~현재)
* 안전보건컨설턴트(공정안전보고서 작성 및 평가, 유해위험방지계획서 작성, 위험성평가)
* 산업안전보건 강사(2016~ 현재)

- 수상경력

* 산업포장 수상(제1199호)
* 국가기술표준원장상 수상(2021)

E-mail: gmrceo@hanmail.net
연락처: 010-3534-8036

ISO 45001 / KS Q ISO 45001

안전보건경영시스템 운영 매뉴얼

2022년 3월 15일 초판1쇄 인쇄
2022년 3월 22일 초판1쇄 발행

편저자 | 장 종 경
발행인 | 김 영 환
발행처 | 도서출판 다운샘
편　집 | 이아임디자인

05661 서울특별시 송파구 중대로27길 1
전화 02) 449-9172　팩스 02) 431-4151
E-mail : dusbook@naver.com
등록 제1993-000028호

ISBN 978-89-5817-506-3 93530
값 30,000원

ⓒ 2022, 장종경